高等学校心理学专业课教材

心理统计方法与应用

PRACTICAL STATISTICS FOR PSYCHOLOGY

邵志芳 / 著

华东师范大学出版社
·上海·

图书在版编目(CIP)数据

心理统计方法与应用/邵志芳著. —上海:华东师范大学出版社,2024
ISBN 978-7-5760-4689-2

Ⅰ.①心… Ⅱ.①邵… Ⅲ.①心理统计-研究 Ⅳ.①B841.2

中国国家版本馆 CIP 数据核字(2024)第 104895 号

心理统计方法与应用

著　者　邵志芳
责任编辑　范美琳
责任校对　王丽平　时东明
装帧设计　俞　越

出版发行　华东师范大学出版社
社　　址　上海市中山北路 3663 号　邮编 200062
网　　址　www.ecnupress.com.cn
电　　话　021-60821666　行政传真 021-62572105
客服电话　021-62865537　门市(邮购)电话 021-62869887
地　　址　上海市中山北路 3663 号华东师范大学校内先锋路口
网　　店　http://hdsdcbs.tmall.com

印刷者　浙江临安曙光印务有限公司
开　　本　787 毫米×1092 毫米　1/16
印　　张　20
字　　数　422 千字
版　　次　2024 年 7 月第 1 版
印　　次　2024 年 7 月第 1 次
书　　号　ISBN 978-7-5760-4689-2
定　　价　49.80 元

出版人　王　焰

(如发现本版图书有印订质量问题,请寄回本社客服中心调换或电话 021-62865537 联系)

序言

1. 为什么要编写本书

编写本书出于两个目的：一是让学生加深对于初级心理统计的理解；二是帮助高年级本科生和硕士研究生掌握高级心理统计方法。

心理统计学是心理学专业学生的基础课、必修课。学生在后续许多课程（例如实验心理学、心理测量学等）的学习和实践过程中都会不同程度地需要用到统计分析方面的知识，在阅读实证研究文献时更是需要宽阔深厚的统计学基础，所以心理统计学就成为心理学专业的一门核心课程、首发课程。

就国内外高校的课程安排来看，心理统计学课程大致分为三个层次。第一层次主要针对本科一年级的学生，讲授基本的描述统计学知识以及推断统计学中一些较简单的分析方法，例如 t 检验、方差分析、卡方检验等。第二层次主要针对本科二、三年级的学生，讲授相关分析、回归分析、非参数检验等。第三层次主要针对高年级本科生和硕士研究生，讲授各种多元分析方法。前两个层次虽然囊括了完整的初级心理统计，但是高年级本科生在完成平时作业和毕业论文时，很多情况下也要用到比较高级的多元分析方法，所以很多学校也为高年级本科生开设了多元分析方法课程。

但是，在实际的课程安排中，后续课程往往迫切需要本科生在第一学年就掌握完整的初级心理统计知识，因此，比较相宜的做法可能是为一年级本科生开设完整的初级心理统计学课程；同时，为了使高年级学生在完成平时作业和毕业论文时能运用多元分析方法，可以打通本硕课程，为硕士一年级研究生开设完整的多元分析方法课程，并允许有需求且学有余力的本科生直接修读。

也许正是由于初级心理统计课程开设得较早且课时较少，使得专业知识基础尚不深厚的学生难以掌握其精髓；同时，心理学院系研究生中跨专业者很多，他们的统计学基础参差不齐，很多学生对初级心理统计学也是一知半解。以作者向心理学应用型硕士研究生（MAP）讲授"心理统计方法与应用"课程的经验，学生在学习多元分析时，更需要一本兼顾初级和高级心理统计分析技术的教材，这有助于他们深化对于初级心理统计方法的理解，并融会贯通地掌握多元分析等高级心理统计方法。本书的内容及编排即是为了响应这一需求。

2. 本书有什么特色

第一，本书内容涵盖初级和高级心理统计分析技术。

本书的第一部分是对初级心理统计的回顾。但这部分内容并不是简单地重复本科阶段的课程内容，而是采取以下方式回顾重要的基础知识和常用分析方法：

（1）采用软件自动生成的数据，以"实验"的方式演示和复习心理统计学中用到的基本原理（例如各种分布的特征、抽样分布的基本定理等）；

(2) 以例题的形式系统地回顾各种统计检验方法，强调其中容易出错的环节，介绍统计软件的输出形式和结果解读；

(3) 加入了一些初级心理统计课程较少涉及的内容，如随机化检验法、自助法等，讨论了一些重要的问题，如对 P 值的看法等。

以上这些内容都是为了深化学生对初级心理统计中的原理和方法的认识，帮助他们为学习第二部分的多元分析方法打下良好的基础。

本书的第二部分为高级心理统计方法，系统地介绍常用的多元分析方法，包括多元线性回归分析、Logistic 回归分析、聚类分析、判别分析、多元方差分析、因子分析、结构方程建模、多层线性模型等内容。部分硕士研究生的统计学基础较为薄弱，而未来他们需要用到的统计分析方法却往往比较高级，可以想见这些学生的困难之大。因此，本书多元分析部分力戒抽象的纯理论介绍，而是从实际问题出发，并且联系初级心理统计的内容，让学生在阅读过程中顺利地过渡到需要掌握的统计学原理、方法和软件操作技能上。

多元分析的各种方法之间存在密切联系，学过某些高级的方法(例如结构方程建模)后，可以发现之前学习的回归分析、路径分析、中介效应等都是其特例。因此本书第二部分的内容选择以是否需要引入新的原理为主要考虑，参考国内外其他教材的内容体系，在章一级层面删繁就简，去掉了路径分析、中介效应和调节效应等内容，但是这些内容在各章叙述中仍有所体现。另外，虽然多元分析的各种方法间有密切的联系，但是本书各章基本上可以单独学习，学生不用太担心知识的衔接问题。

第二，本书的例题设计尽可能地模拟实际情境。

本书的绝大多数例题都给出了数据(存于 SPSS 数据文件中，可以登录 have.ecnupress.com.cn 下载)，基本上不采取用中间结果(平均数、标准差等)作为已知条件的例题形式。而且例题多以"假想研究"作为背景，避免抽象的例题使学生产生疏远感。要注意的是，这些假想研究的数据大多是用统计软件(R 或 SPSS)模拟生成的，请学生切记这些例题的结果并非实际研究成果。

这种做法的好处是，一方面，可以使初学者较好地把握例题中研究内容方面的难度，避免在阅读和理解研究的内容和程序方面花费太多时间。有些教材采用真实研究内容的例题，这在一定程度上可以吸引初学者，一开始可能会让他们觉得很有兴趣；但是多接触一些这样的例题后就会发现，很多例题所描述的研究内容和方法需要较强的专业知识方能理解，这样反而阻碍了初学者的学习。另一方面，可以方便地控制数据的特征，使之更符合特定的教学目的。例如在多元方差分析的例题中，需要一个"多次一元方差分析结果均不显著、一次多元方差分析结果显著"的例子，符合这种要求的真实数据也许早晚会出现，但是目前未必能找到，而模拟数据可以达到相应的目的。我们在教学中强调，在科学规范的前提下鼓励学生尝试生成不同特征的数据，并比较计算结果，从而更透彻地理解所学的统计方法。

第三，难点适当分散，指标便于检索。

很多硕士研究生，尤其是文科专业的硕士研究生，面对统计学教材时可能会感受到巨大的心理压力。本书除了尽量通俗易懂地介绍统计分析方法之外，还将部分教学内容分散到例题当中，让学生的学习效能感不会被扑面而来的"难点集群"打垮。不过，这样的编写方法也要求初学者在阅读时不能囫囵吞枣、一目十行，而是应该系统、完整、仔细地研读每一节内容、每一道例题。只要能认真细致地阅读，就可以相对轻松地学会各种看上去高度复杂的统计分析方法。

为了便于查找容易忘记的统计指标类的内容，本书多采用表格形式列出其含义、判断标准或使用条件等信息，一般不再列出那些繁杂而无需学生推导和记忆的指标计算公式。

全书除了介绍统计分析方法外，还介绍了相应的 SPSS 操作，部分章节还结合内容介绍了 R 软件的用法。当然，本书不是软件说明书，所以软件知识的编排主要依照教学内容的顺序。

希望本书对心理学专业的硕士研究生和本科生都有所帮助，也能为教授本课程的老师提供参考。

本书内容必有疏漏错误之处，欢迎读者提出宝贵的意见和建议。

邵志芳
2024 年 6 月 1 日
于华东师范大学

目录

第一部分 初级心理统计回顾

第1章 概率与矩阵运算 / 3
- 1.1 概率及其运算 / 3
  - 1.1.1 概率的各种定义 / 3
  - 1.1.2 概率的运算 / 7
  - 1.1.3 条件概率及其应用 / 8
- 1.2 矩阵及其运算 / 10
  - 1.2.1 矩阵的定义 / 10
  - 1.2.2 矩阵的基本运算 / 11
  - 1.2.3 利用 SPSS 进行矩阵运算 / 14

第2章 概率分布 / 17
- 2.1 正态分布 / 17
  - 2.1.1 正态分布的概率密度函数与分布形态 / 18
  - 2.1.2 标准正态分布 / 19
- 2.2 t 分布 / 20
- 2.3 χ^2 分布 / 21
- 2.4 F 分布 / 22
- 2.5 二项分布 / 23
- 2.6 如何用 R 查概率分布表 / 27

第3章 抽样分布 / 29
- 3.1 抽样调查与抽样方法 / 29
  - 3.1.1 抽样调查的基本概念 / 29
  - 3.1.2 抽样方法 / 30
- 3.2 抽样分布 / 31
- 3.3 计算机模拟随机抽样 / 32
  - 3.3.1 利用 R 生成随机数据 / 32
  - 3.3.2 常见的抽样分布 / 35

第4章 参数假设检验 / 43
- 4.1 假设检验 / 43
  - 4.1.1 假设检验的基本概念 / 43
  - 4.1.2 个体差异的显著性检验 / 44

4.2 参数假设检验(t 检验、方差分析) / 46
  4.2.1 t 检验 / 46
  4.2.2 初级的方差分析 / 56
  4.2.3 协方差分析和重复测量的方差分析 / 68

第5章 非参数检验·随机化检验 / 76

5.1 常见的非参数检验 / 76
  5.1.1 单样本游程检验 / 77
  5.1.2 正态分布拟合优度检验 / 81
  5.1.3 双独立样本——曼-惠特尼U检验、柯-斯检验 / 84
  5.1.4 单向秩次方差分析 / 86
  5.1.5 双相关样本——符号检验、符号秩次检验 / 87
  5.1.6 双向秩次方差分析 / 89

5.2 χ^2 检验 / 90
  5.2.1 单向 χ^2 检验 / 91
  5.2.2 独立样本 χ^2 检验 / 94
  5.2.3 相关样本 χ^2 检验 / 97

5.3 随机化检验 / 100
  5.3.1 随机化检验 / 100
  5.3.2 自助法 / 102

第二部分 多元分析方法

第6章 多元线性回归分析 / 107

6.1 从线性回归分析到结构方程模型 / 107
  6.1.1 一元线性回归分析 / 107
  6.1.2 多元线性回归分析 / 108
  6.1.3 中介效应模型与路径分析 / 108
  6.1.4 潜变量、因子分析、结构方程模型 / 108

6.2 多元线性回归模型的前提、建立、检验和应用 / 110
  6.2.1 线性回归模型的前提 / 110
  6.2.2 线性回归模型的建立 / 111
  6.2.3 线性回归模型的检验 / 112
  6.2.4 线性回归模型的应用 / 115

6.3 多元回归分析应用举例 / 115
    6.3.1 一元线性回归 / 115
    6.3.2 多元线性回归——逐步回归 / 120

6.4 分类变量的回归及其与 t 检验、方差分析的关系 / 122
    6.4.1 虚拟变量和效应变量 / 123
    6.4.2 线性回归分析与 t 检验、方差分析的关系 / 123

6.5 回归诊断 / 128
    6.5.1 关于异质子样本 / 128
    6.5.2 关于离群点的影响 / 132
    6.5.3 关于多重共线性 / 135
    6.5.4 关于非线性回归 / 137

第7章 Logistic 回归分析 / 138

7.1 Logistic 回归分析的目的和类型 / 138
    7.1.1 Logistic 回归分析的目的 / 138
    7.1.2 Logistic 回归分析的类型 / 140

7.2 Logistic 回归分析的原理 / 141
    7.2.1 logit P 的引入 / 141
    7.2.2 Logistic 回归系数的含义 / 143
    7.2.3 Logistic 模型的检验 / 143

7.3 Logistic 回归分析法应用举例 / 144
    7.3.1 二项 Logistic 回归分析 / 144
    7.3.2 多项 Logistic 回归分析和序次 Logistic 回归分析 / 150
    7.3.3 与 Logistic 回归分析相近的两种回归分析法 / 157
    7.3.4 Logistic 回归分析与聚类分析、判别分析的关系 / 158

第8章 聚类分析 / 159

8.1 聚类分析的目的和类型 / 159
    8.1.1 聚类分析的目的 / 159
    8.1.2 聚类分析的类型 / 160

8.2 聚类分析的原理 / 160
    8.2.1 总的效果 / 160
    8.2.2 个体或变量间距离的计算 / 160

8.2.3　类间距离的计算　/ 163
　8.3　聚类分析法应用举例　/ 164
　　　8.3.1　系统聚类法（层次聚类法）　/ 164
　　　8.3.2　迭代聚类法（K中心聚类法）　/ 170
　　　8.3.3　使用聚类分析时要注意的问题　/ 176

第9章　判别分析　/ 179

　9.1　判别分析的目的和类型　/ 179
　　　9.1.1　判别分析的目的　/ 179
　　　9.1.2　判别分析的类型　/ 180
　9.2　判别分析的原理　/ 180
　　　9.2.1　距离判别法　/ 180
　　　9.2.2　费舍判别法　/ 181
　　　9.2.3　贝叶斯判别法　/ 183
　9.3　判别分析法应用举例　/ 184
　　　9.3.1　一般判别分析　/ 184
　　　9.3.2　逐步判别分析　/ 192
　　　9.3.3　判别分析中应注意的问题　/ 198

第10章　多元方差分析　/ 200

　10.1　多元方差分析的目的和类型　/ 200
　　　10.1.1　多元方差分析的目的　/ 200
　　　10.1.2　多元方差分析的类型　/ 201
　10.2　多元方差分析的原理　/ 201
　　　10.2.1　多元方差分析的前提　/ 201
　　　10.2.2　Hotelling's T^2 检验的原理　/ 202
　　　10.2.3　费舍判别法的第一判别函数　/ 203
　10.3　多元方差分析应用举例　/ 203
　　　10.3.1　单个2水平自变量的情形　/ 203
　　　10.3.2　多水平自变量的情形　/ 209
　　　10.3.3　多元方差分析中应注意的问题　/ 213

第11章　因子分析　/ 215

11.1　因子分析的目的和类型　/ 215
11.1.1　因子分析的目的　/ 215
11.1.2　因子分析的类型　/ 216

11.2　因子分析的原理　/ 217
11.2.1　有关概念　/ 217
11.2.2　求解初始因子　/ 218
11.2.3　因子旋转　/ 220

11.3　因子分析应用举例　/ 221
11.3.1　准备工作：检验是否满足因子分析的前提　/ 222
11.3.2　确定因子数　/ 224
11.3.3　导出因子负荷矩阵　/ 227
11.3.4　因子旋转　/ 227
11.3.5　因子计分　/ 232
11.3.6　使用因子分析时要注意的问题　/ 234

11.4　综合应用举例——人格测验3个分量表的因子分析　/ 236

第12章　结构方程建模　/ 242

12.1　结构方程建模的目的和组成　/ 242
12.1.1　结构方程建模的目的　/ 242
12.1.2　结构方程模型的组成　/ 243

12.2　结构方程建模的原理　/ 245
12.2.1　估计结构方程模型的基本思路　/ 245
12.2.2　模型识别　/ 245
12.2.3　模型估计　/ 247

12.3　结构方程建模的主要步骤　/ 249
12.3.1　模型设定　/ 249
12.3.2　初步判断模型能否识别　/ 251
12.3.3　模型估计　/ 252
12.3.4　模型评价　/ 255
12.3.5　模型修正　/ 262

12.4　综合应用举例　/ 263
12.4.1　结构方程建模与其他多元分析方法的结合使用　/ 263

12.4.2　因子分析与结构方程建模的关系　/ 265

　　12.4.3　关于模型的重复验证和最终选择　/ 266

　　12.4.4　结构方程建模的局限性　/ 267

　　12.4.5　综合应用举例——某测验3个分量表的结构方程建模　/ 267

第13章　多层线性模型　/ 272

13.1　多层线性模型的目的　/ 272

　　13.1.1　多层数据与独立性问题　/ 272

　　13.1.2　多层线性回归分析的目的　/ 273

13.2　多层线性模型的原理　/ 274

　　13.2.1　多层回归分析的基本思想　/ 274

　　13.2.2　多层回归分析的常见模型　/ 275

13.3　多层线性模型的应用　/ 277

　　13.3.1　数据要求　/ 277

　　13.3.2　无条件模型（零模型）　/ 279

　　13.3.3　随机系数模型　/ 282

　　13.3.4　更复杂的模型　/ 287

　　13.3.5　关于样本容量问题　/ 290

　　13.3.6　模型及其待估参数小结　/ 291

附录　例题SPSS操作指引/ 292

参考文献/ 305

第一部分 初级心理统计回顾

第1章 概率与矩阵运算

第2章 概率分布

第3章 抽样分布

第4章 参数假设检验

第5章 非参数检验·随机化检验

第1章 概率与矩阵运算

📖 本章内容

概率论是统计学的数理基础,矩阵运算是统计计算的重要基础。本章1.1回顾概率的各种定义,概率的运算规则,条件概率的定义及其在全概率公式和贝叶斯公式中的运用。1.2介绍矩阵及其基本运算方法,矩阵运算结果与统计学概念的联系,以及用 SPSS 进行矩阵运算的方法。

📍 学习要点

1. 概率的定义:统计定义;古典定义;公理化定义。
2. 概率的运算:加法定理(事件和的概率);乘法定理(事件积的概率)。
3. 条件概率及其运用:条件概率的定义;全概率公式;贝叶斯公式。
4. 矩阵及其运算:矩阵的定义;矩阵的基本运算(加减法、数乘、转置、乘法运算,求行列式,逆矩阵求法等);矩阵运算结果与统计学概念的联系;如何用 SPSS 进行矩阵运算。

1.1 概率及其运算

1.1.1 概率的各种定义

"概率"这一术语,看似简单,就是指某事件出现的可能性的大小。但是,正如心理学研究中经常要用到"操作性定义"一样,在实际应用中,通过何种过程确定概率的具体数值,却是一件伤脑筋的事。概率取值的寻求方法有多种,对应的就有多种不同的定义。

1. 统计定义

第一种定义称为统计定义。它是通过统计大量次数的随机试验的结果而得到的。**随机试验就是在相同的条件下对随机现象(或随机变量)重复进行的观察**,每一次观察可以得到一个观察值。与随机试验相对应的一个概念是**随机事件**,它指的是**随机试验的每一个可能观察值(结果)**。例如,每抛一次硬币,求得其观察值(正面朝上还是反面朝上),就是一次随机试验。在相同的条件下反复抛硬币,有时看到其正面朝上,有时看到其反面朝上,这两个可能结果就是随机事件。若 $\Omega=\{$正面朝上,反面朝上$\}$。Ω 表示**基本空间**,即**该随机试验所有可能的结果**。

将一枚质地均匀的硬币不加任何人为干扰地抛出,如何确定其正面朝上或反面朝上的概率?最简单的做法就是反复做试验,统计两种结果的次数,计算其比率,这样就可以引入**概率的统计定义**。假定将"正面朝上"称为事件 A,**统计定义**就是:**大量重复试验中随机事件**

A 出现次数的稳定比率。统计定义的公式形式是：

$$P(A) = \lim_{n \to \infty} \frac{m}{n} = p$$

式中，n 表示随机试验的总次数，m 表示事件 A 出现的次数。整个式子的含义是，无穷次随机试验中出现事件 A 的次数所占比率（一个理论上稳定的 p）为事件 A 的概率。

历史上曾有人做过很多次抛硬币的试验，试图观察正面朝上的概率是不是越来越稳定在某个水平上，结果如表 1.1 所示。

表 1.1　硬币朝向试验

试验者	抛掷次数	正面朝上次数	正面朝上比率
德·摩根	2048	1061	0.5181
布　丰	4040	2048	0.5069
皮尔逊	12000	6019	0.5016
皮尔逊	24000	12012	0.5005

从表 1.1 中可以看到，随着试验次数的增加，正面朝上和反面朝上的比率呈现越来越接近的趋势（即稳定在 0.5 附近）。当然，这并不意味着，10000 次试验得到的比率一定比 9999 次试验更逼近 0.5。现在借助计算机，可以用软件按特定概率（如 0.5）瞬间模拟完成成千上万次这样的试验。

R 软件是一种常用的免费统计分析软件。请读者自行上网下载并安装该软件。运行 R 软件时，可以依次点击菜单项：

文件 → 新建程序脚本

打开一个 R 编辑器窗口，将下面方框中的语句（即代码）复制粘贴到该窗口中，然后选择全部内容，单击鼠标右键，在弹出的菜单上点击"运行当前行或所选代码"，就可以看到 R 软件画出的 2048 次抛掷硬币后正面朝上和反面朝上的概率图。

```
#以下语句模拟抛硬币2048次,并画出正面朝上和反面朝上的概率图
set.seed(1)
n<-2048
x<-round(runif(n,0,1))
f=table(x)
f
p<-f/n
```

```
p
barplot(p,names.arg=c("正面朝上","反面朝上"),main="n=2048 次抛硬币模拟结
果",ylim=c(0,0.6))
```

接着,将 n<-2048 中的数字依次改为 4040、12000、24000,反复运行上述程序,每次运行时 R 软件就会画出一张直条图,结果如图 1.1 所示。

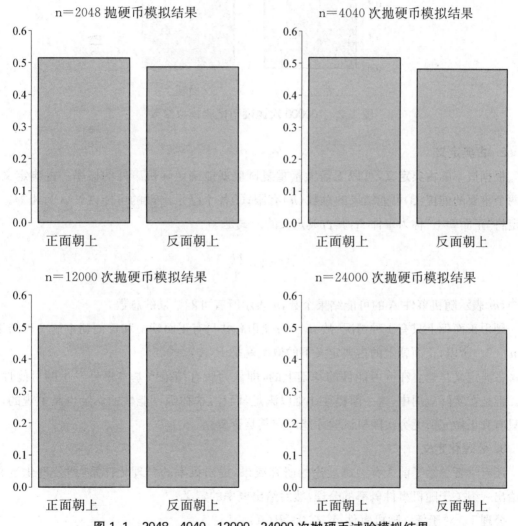

图 1.1　2048、4040、12000、24000 次抛硬币试验模拟结果

最后,我们在"n<-"后面填上 100000,再运行上述程序,看看正面朝上和反面朝上的比率,两者差别是不是很小了呢(如图 1.2 所示)?

统计定义的缺陷显而易见——我们无法真正做无穷次试验,只能用"很多次""足够次数"的随机试验来逼近最终概率。而且,我们也没有理由认为,n 次试验得到的比率一定比 $n-1$ 次试验更逼近真正的概率。

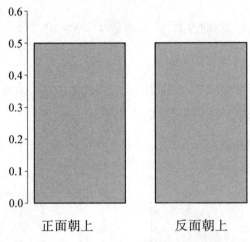

图 1.2　100000 次抛硬币试验模拟结果

2. 古典定义

根据概率的**古典定义**,可以无需大量重复试验就能确定随机事件的概率。古典定义需要两个重要的前提:①可能结果的总数(n)有限;②各个结果出现的可能性被认为相等。仍假定将"正面朝上"称为事件 A,其古典定义的公式是

$$P(A) = \frac{m}{n}$$

式中,m 表示随机事件 A 的可能结果个数,n 表示所有可能结果的总数。

硬币正面朝上只有 1 种情况,故 $m=1$;硬币总共只有正面朝上和反面朝上这 2 种结果,故 $n=2$。所以,正面朝上的古典定义下的概率就是 $P(A)=0.5$。

古典定义是建立在等可能性的基础上的,即认为所有结果或基本事件发生的可能性相等。但是在实际应用中,这一前提往往难以满足,而且,这种等可能性的认定也是主观的,因为只有真正做完那无穷次随机试验才能确定其是否成立。

3. 公理化定义

还有学者总结了前人有关测度论的研究成果,提出概率的公理化体系,即公理化定义:先给出一组关于随机事件概率的公理,然后给出概率的定义。

公理 1　对于任一随机事件 A,有 $0 \leqslant P(A) \leqslant 1$。

公理 2　$P(\Omega)=1$,$P(\phi)=0$。(ϕ 表示不可能事件)

公理 3　对于两两互斥的有限多个随机事件 $A_1, A_2, \cdots, A_n$,有

$$P(A_1 + A_2 + \cdots + A_n) = P(A_1) + P(A_2) + \cdots + P(A_n)$$

在以上公理的基础上,给出概率的**公理化定义**如下:

设实值函数 $P(A)$ 的定义域为所考虑的全体随机事件组成的集合,且这个集合满足公理

1，2，3，则称实值函数 $P(A)$ 为随机事件 A 的概率。

这个定义看上去对求得概率没什么帮助，但是它揭示了概率的重要性质：

(1) 任何随机事件 A 的概率都介于 0 和 1 之间，即公理 1；

(2) 不可能事件的概率等于 0；必然事件的概率等于 1，即公理 2；

(3) 有限多个两两互斥的随机事件 $A_1, A_2, \cdots, A_n$，其和的概率等于其概率的和，即

$$P(A_1 + A_2 + \cdots + A_n) = P(A_1) + P(A_2) + \cdots + P(A_n)$$

这就是公理 3，它同时也是概率的加法定理。

1.1.2 概率的运算

1. 概率的加法定理

概率的加法定理可用于计算事件的和（并）的概率。其完整表述是：设有限多个随机事件 $A_1, A_2, \cdots, A_n$ 两两互斥，它们和的概率等于它们概率的和，即

$$P(A_1 + A_2 + \cdots + A_n) = P(A_1) + P(A_2) + \cdots + P(A_n)$$

需要注意的是，加法定理的前提是随机事件之间两两互斥。但是，很多情况下事件之间未必是互斥关系。例如"喜欢红色"和"喜欢蓝色"就不是互斥的，可以同时发生。这时就要用到**概率的广义加法定理**。其完整表述是：设 A、B 为任意两个随机事件，则它们的和的概率，等于事件 A 的概率加上事件 B 的概率再减去 A 与 B 同时发生的概率，即

$$P(A + B) = P(A) + P(B) - P(A \times B)$$

2. 概率的乘法定理

概率的乘法定理用于计算事件的积（交）的概率，其完整表述是：设有限多个随机事件 $A_1, A_2, \cdots, A_n$ 相互独立，它们的积的概率等于它们概率的积，即

$$P(A_1 \times A_2 \times \cdots \times A_n) = P(A_1) \times P(A_2) \times \cdots \times P(A_n)$$

运用乘法定理的前提是参加运算的事件是独立事件，即一个事件是否发生不会影响另一事件的概率。例如，抛硬币时，第一次抛掷得到的结果无论是正面朝上还是反面朝上，都不影响到第二次抛掷时正面朝上（或反面朝上）的概率。

由于字面意思的相似性，初学者很容易以为互斥事件就是独立事件。其实互斥事件恰恰不是独立事件，因为互斥的含义是：如果 A 出现，则 B 不能出现——A 出现与否直接影响着 B 出现的概率。

【例题 1.1】

在统计分析中，经常要进行假设检验。假设检验可能发生两种错误，Ⅰ型错误和Ⅱ型错误。如果将每一次假设检验犯Ⅰ型错误的概率设定为 0.05，问：进行 10 次假设检验，犯Ⅰ型错误的概率是多少？

【解答】

进行 10 次假设检验,可能在第 1 次假设检验中犯 I 型错误,也可能是在第 2 次、第 3 次……第 10 次时犯错,所以从表面上看,似乎应该计算事件和的概率,即:设"第 i 次犯 I 型错误"为事件 $A_i(i=1,2,\cdots,10)$,所求的概率为 $P(A_1+A_2+\cdots+A_{10})$。

但是,10 次假设检验中出现的任意两次 I 型错误之间都是独立事件,而不是互斥事件,因此,不能简单套用加法定理:

$$P(A_1+A_2+\cdots+A_{10}) = P(A_1)+P(A_2)+\cdots+P(A_{10}) = 0.5$$

由于任意两次 I 型错误之间都是独立事件,因此,可以先用乘法定理计算 10 次假设检验中**不出现 I 型错误**的概率。

很明显,"出现错误"和"不出现错误"才是互斥事件,两者概率之和刚好为 1。既然每一次假设检验犯 I 型错误的概率为 0.05,那么,每次假设检验不犯 I 型错误的概率就是 $1-0.05$,连续 10 次不犯 I 型错误的概率为 $(1-0.05)^{10}=0.599$。

最终,10 次假设检验中出现 I 型错误的概率就是 $1-0.599=0.401$。

1.1.3 条件概率及其应用

1. 条件概率的定义

条件概率的定义是:若 **A** 和 **B** 是一定条件组下的两个随机事件,且 $P(B) \neq 0$,则称在 **B** 发生的前提下 **A** 发生的概率为条件概率,记做 $P(A|B)$。条件概率计算公式是

$$P(A|B) = \frac{P(A \times B)}{P(B)}$$

【例题 1.2】

假设某种疾病的发病率为 1%,该病病人接受某种化验的阳性率为 90%。如果从人群中随机抽取一人,此人既患该病又阳性的概率是多少?

【解答】

根据题意,90% 是一个条件概率,其前提是"该病病人"。因此,如果从人群中随机抽取一人,此人既患该病又阳性的概率 P(患该病×阳性)应该是

$$P(患病) \times P(阳性|患该病) = 0.01 \times 0.9 = 0.009$$

2. 全概率公式

全概率公式计算的是各种原因性事件($A_1, A_2, \cdots, A_n$)发生的条件下某结果性事件 B 发生的总概率。

全概率公式可以这样表述:若事件组 $A_1, A_2, \cdots, A_n$ 为一完备事件组(即两两互斥,且组成基本空间 Ω),则对于任一事件 B 都有

$$P(B)=\sum P(A_i)P(B|A_i)$$

也就是说，各种互斥条件下事件 B 的总概率，就是这些条件下事件 B 的概率总和。从某种意义上讲，全概率公式就是条件概率的加法定理，只是在每个条件概率之前都加上了权重 $P(A_i)$。

【例题 1.3】

假定在例题 1.2 中，化验出现假阳性的概率为 0.1。如果未患该病的人在体检中接受该检验，问：这种检验的总阳性率是多少？

【解答】

根据题意，真阳性率为 $P($阳性$|$患该病$)=0.9$，假阳性率 $P($阳性$|$未患该病$)=0.1$，总阳性率就是该病患者与非患者的阳性率的加权和：

$$P(阳性)=P(患病)\times P(阳性|患病)+P(未患病)\times P(阳性|未患病)$$
$$=0.01\times 0.9+0.99\times 0.1=0.009+0.099=0.108$$

也就是说，如果从人群中随机抽取 1000 人进行检验，结果为阳性（含真假阳性）的人数理论上有 108 人，其中患该病者 10 人，真阳性者 9 人；未患该病者 990 人，假阳性者 99 人。

3. 贝叶斯公式

贝叶斯公式是在全概率公式的基础上，计算**事件 B** 分别是各种原因性事件造成的结果的概率：

如果事件组 $A_1, A_2, \cdots, A_n$ 为一完备事件组（即两两互斥，且组成基本空间 Ω），则对于任一事件 $B(P(B)\neq 0)$，有

$$P(A_i|B)=\frac{P(A_i)P(B|A_i)}{\sum P(A_i)P(B|A_i)}$$

可以看到，贝叶斯公式的分母就是全概率公式，分子是分母中的任意一项。这样算出来的概率，就是知道事件 B 已经发生，各原因性事件造成 B 事件的相对概率。

【例题 1.4】

在例 1.2 和 1.3 中，假定有一个人拿到了一份阳性报告。问：这个人患该病的概率是多少？

【解答】

例题 1.3 已经求出任意一人得到阳性（含真假阳性）的概率是 0.108，但这里问的是这个已知是阳性的人患病（真阳性）的概率。换言之，本题要求出 $P($患病$|$阳性$)$。根据题意，$P($患病$|$阳性$)$其实是 $P($患病$)\times P($阳性$|$患病$)$这一项占分母 $P($患病$)\times P($阳性$|$患病$)+P$

（未患病）×P（阳性｜未患病）的比率。根据例题1.3的计算结果，

P（患病）×P（阳性｜患病）＝0.009

P（未患病）×P（阳性｜未患病）＝0.099

故

P（患病｜阳性）＝0.009/(0.009＋0.099)＝0.0833

通俗地讲，就是例题1.3最后说的那9个真阳性在全部108个阳性中所占的比率。

1.2 矩阵及其运算

学习多元统计学需先了解关于矩阵及其运算的知识。虽然作为应用统计的一个分支，心理统计学的学习并不需要预先掌握很多高难度的数学原理和运算技巧，但是学习一些有助于理解统计分析结果的、基本的数学知识仍是相对有益的。其中，矩阵的基本知识和常用的运算就很值得了解一下。

为了简化计算过程，本节还将介绍怎样用统计软件SPSS进行矩阵运算。

1.2.1 矩阵的定义

将$m \times n$个数据排成m行、n列的一个阵列，就是**矩阵**。矩阵一般用粗体字母表示，例如：

$$A = \begin{bmatrix} 1 & 2 & 3 \\ 4 & 5 & 6 \\ 7 & 8 & 9 \end{bmatrix}$$

这就是一个3×3的矩阵。

我们将数据以个案为行、以变量为列输入表格软件或统计软件，形成一张数据表，这张表其实就是一个矩阵。例如，随机抽取5名被试，对他们进行3个测验，得到的数据就是5个人在3个变量上的取值，形成一个5×3的矩阵X：

$$X = \begin{bmatrix} 11 & 21 & 31 \\ 12 & 22 & 32 \\ 13 & 23 & 33 \\ 14 & 24 & 34 \\ 15 & 25 & 35 \end{bmatrix}$$

如果计算出3个变量的平均数，分别是13，23，33。它们也可以写成矩阵形式：

$$\overline{X} = (13, 23, 33)$$

这是一个1×3的矩阵。只有1行的矩阵称为行向量；相应的，只有1列的矩阵称为列向量。

1.2.2 矩阵的基本运算

矩阵之间可以进行加(减)法、数乘、转置、乘法运算,可以求行列式和逆矩阵等。本节将介绍前面 5 种运算的规则,求行列式和逆矩阵的运算过程过于繁复,这里不再详述,好在矩阵运算都可以用 SPSS 等软件帮助完成。读者学习时应更多注意它们与以往学习过的统计学概念之间的联系。

1. 矩阵的加减法

行列数相同的两个矩阵之间可以进行**矩阵的加法**或**减法运算**。运算时只需将相同位置的元素相加或相减即可。

现在假定将前面的 5 名被试的数据减去相应的平均数,也就是说,将原始数据的矩阵减去由平均数组成的矩阵:

$$\boldsymbol{X}_d = \boldsymbol{X} - \overline{\boldsymbol{X}} = \begin{bmatrix} 11 & 21 & 31 \\ 12 & 22 & 32 \\ 13 & 23 & 33 \\ 14 & 24 & 34 \\ 15 & 25 & 35 \end{bmatrix} - \begin{bmatrix} 13 & 23 & 33 \\ 13 & 23 & 33 \\ 13 & 23 & 33 \\ 13 & 23 & 33 \\ 13 & 23 & 33 \end{bmatrix} = \begin{bmatrix} -2 & -2 & -2 \\ -1 & -1 & -1 \\ 0 & 0 & 0 \\ 1 & 1 & 1 \\ 2 & 2 & 2 \end{bmatrix}$$

$\boldsymbol{X}_d$ 中的 d 表示离差、距离,故 $\boldsymbol{X}_d$ 就是离差矩阵。这一运算等于将所有的变量值做了一个"中心化"处理。

2. 矩阵的数乘

矩阵的数乘就是**将一个矩阵乘以一个常数**。运算时只需将所有元素都乘以这个常数,就可以将数据按比例放大或缩小。例如,将离差矩阵乘以 1/5,就可以将它缩小到原来的 1/5:

$$\boldsymbol{Z} = \begin{bmatrix} -2 & -2 & -2 \\ -1 & -1 & -1 \\ 0 & 0 & 0 \\ 1 & 1 & 1 \\ 2 & 2 & 2 \end{bmatrix} \cdot \frac{1}{5} = \begin{bmatrix} -0.4 & -0.4 & -0.4 \\ -0.2 & -0.2 & -0.2 \\ 0 & 0 & 0 \\ 0.2 & 0.2 & 0.2 \\ 0.4 & 0.4 & 0.4 \end{bmatrix}$$

可以想见,如果原矩阵中的元素是离差平方和与交叉乘积和,该矩阵乘以自由度的倒数就可以得到方差-协方差矩阵。至于离差平方和与交叉乘积和矩阵(简称"离差阵")的求法,就要用到下面讲到的矩阵的转置和乘法了。

3. 矩阵的转置

矩阵的转置就是**将矩阵 $\boldsymbol{A}$ 中的列元素交换成行元素,行元素交换成列元素**,记作 $\boldsymbol{A}'$。

如果将矩阵 $\boldsymbol{A} = \begin{bmatrix} 1 & 2 & 3 \\ 4 & 5 & 6 \\ 7 & 8 & 9 \end{bmatrix}$ 进行转置,结果就是

$$A' = \begin{bmatrix} 1 & 4 & 7 \\ 2 & 5 & 8 \\ 3 & 6 & 9 \end{bmatrix}$$

前面提到的矩阵 X_d，它的转置结果是

$$X'_d = \begin{bmatrix} -2 & -1 & 0 & 1 & 2 \\ -2 & -1 & 0 & 1 & 2 \\ -2 & -1 & 0 & 1 & 2 \end{bmatrix}$$

这个转置矩阵看上去暂时没什么用，但是在计算方差和协方差的时候它的作用就体现出来了。

4. 矩阵的乘法

矩阵的乘法就是将 $m \times n$ 的矩阵 A 与 $n \times p$ 的矩阵 B 相乘，得到一个新的 $m \times p$ 的矩阵 C。矩阵乘法的前提是矩阵 A 的列数和矩阵 B 的行数相等。其过程是：

（1）将矩阵 A 分解为 m 个行向量，每个行向量有 n 个数据；
（2）将矩阵 B 分解为 p 个列向量，每个列向量也有 n 个数据；
（3）各行向量与列向量两两相乘；
（4）每个行向量上的数据乘以列向量上相同序号的数据后求得的总和，就是矩阵 C 中的一个元素，一共有 $m \times p$ 个这样的元素。

例如，一个 2×3 的矩阵 $A = \begin{bmatrix} 1 & 2 & 3 \\ 4 & 5 & 6 \end{bmatrix}$ 与一个 3×2 矩阵 $B = \begin{bmatrix} 2 & 3 \\ 5 & 6 \\ 8 & 9 \end{bmatrix}$ 相乘的结果应该是一个 2×2 的矩阵 $C = \begin{bmatrix} c_{11} & c_{12} \\ c_{21} & c_{22} \end{bmatrix}$。其中

$$c_{11} = (1,2,3)\begin{pmatrix} 2 \\ 5 \\ 8 \end{pmatrix} = 1 \times 2 + 2 \times 5 + 3 \times 8 = 36$$

$$c_{12} = (1,2,3)\begin{pmatrix} 3 \\ 6 \\ 9 \end{pmatrix} = 1 \times 3 + 2 \times 6 + 3 \times 9 = 42$$

$$c_{21} = (4,5,6)\begin{pmatrix} 2 \\ 5 \\ 8 \end{pmatrix} = 4 \times 2 + 5 \times 5 + 6 \times 8 = 81$$

$$c_{22} = (4,5,6)\begin{pmatrix} 3 \\ 6 \\ 9 \end{pmatrix} = 4 \times 3 + 5 \times 6 + 6 \times 9 = 96$$

故 $\boldsymbol{C} = \begin{bmatrix} 36 & 42 \\ 81 & 96 \end{bmatrix}$。

刚才提到矩阵 $\boldsymbol{X}_d = \begin{bmatrix} -2 & -2 & -2 \\ -1 & -1 & -1 \\ 0 & 0 & 0 \\ 1 & 1 & 1 \\ 2 & 2 & 2 \end{bmatrix}$ 的转置矩阵是 $\boldsymbol{X}'_d = \begin{bmatrix} -2 & -1 & 0 & 1 & 2 \\ -2 & -1 & 0 & 1 & 2 \\ -2 & -1 & 0 & 1 & 2 \end{bmatrix}$。如果计算 $\boldsymbol{X}'_d$ 与 $\boldsymbol{X}_d$（注意顺序不能交换）的乘积，因为前者的列数必定是后者的行数，都是3。两者相乘，将得到一个 3×3 的矩阵 $\boldsymbol{C}$。其中

$$c_{11} = (-2, -1, 0, 1, 2) \begin{bmatrix} -2 \\ -1 \\ 0 \\ 1 \\ 2 \end{bmatrix} = (-2) \times (-2) + (-1) \times (-1) + 0 \times 0 + 1 \times 1 + 2 \times 2$$

即 $c_{11} = (-2)^2 + (-1)^2 + 0^2 + 1^2 + 2^2 = 10$

如果你能想到方差的定义公式

$$S^2 = \frac{\sum (X - \overline{X})^2}{n-1}$$

就不难想到 c_{11} 就是第一个变量的离差平方和 $SS_{11} = \sum (X - \overline{X})^2$。这个 c_{11} 除以自由度 $n-1$，就等于第一个变量的方差。同理，c_{22} 是第二个变量的离差平方和 SS_{22}。c_{33} 是第三个变量的离差平方和 SS_{33}。而 c_{12} 就是第一个行向量乘以第二个列向量，得到的是第一个变量与第二个变量离差的交叉乘积和 SS_{12}，这个 SS_{12} 除以自由度后就是两个变量的协方差，依此类推，可知

$$\boldsymbol{C} = \boldsymbol{X}'_d \cdot \boldsymbol{X}_d = \mathbf{SSCP} = \begin{bmatrix} SS_{11} & SS_{12} & SS_{13} \\ SS_{21} & SS_{22} & SS_{23} \\ SS_{31} & SS_{32} & SS_{33} \end{bmatrix}$$

也就是说，我们用离差矩阵的转置矩阵 $\boldsymbol{X}'_d$ 乘以离差矩阵 $\boldsymbol{X}_d$，得到了各个变量的离差平方和与不同变量离差的交叉乘积和矩阵（Sum of Squares and Cross Products，缩写为 SSCP）。将这个矩阵除以自由度，就可以得到一个方差与协方差矩阵

$$\boldsymbol{S} = \frac{\mathbf{SSCP}}{n-1}$$

再进一步，还可以求出方差分析对应于组间平方和的矩阵 $\boldsymbol{B}$，组内平方和的矩阵 $\boldsymbol{W}$ 和对

应于总平方和的矩阵 T。

5. 求行列式

行数和列数相等的矩阵,称为**方阵**。对于方阵 A,可以求其**行列式**,记作 $|A|$。

2×2 的矩阵对应的行列式计算规则是

若 $A=\begin{bmatrix} a & b \\ c & d \end{bmatrix}$,则 $|A|=ad-bc$。

假定我们已经知道两个变量之间的相关系数矩阵 $R=\begin{bmatrix} 1 & r_{12} \\ r_{21} & 1 \end{bmatrix}$,根据 $r=r_{12}=r_{21}$,就可以得到

$$|R|=1-r^2$$

这个 r^2 正是线性回归分析中的确定系数,表示两个变量之间可以相互解释的差异占总差异的比例;$1-r^2$ 是不确定系数,表示不能相互解释的差异所占比例。

在多元分析中,还有一个检验指标,即

$$Wilks'\lambda=|W|/|T|$$

它是两个矩阵的行列式的比率,即组内平方和与总平方和之比。Wilks'λ 值越大,组内平方和相对越大,组间差异相对越小。

6. 逆矩阵

矩阵 A 与其**逆矩阵 A^{-1}** 之间满足以下关系

$$A \cdot A^{-1}=A^{-1} \cdot A=I_n$$

其中 I_n 是一个 n 阶单位矩阵(主对角线上的元素都是 1,其他元素都是 0 的 $n\times n$ 矩阵)。

矩阵求逆在统计学中占重要地位。将矩阵 A 与其逆矩阵 A^{-1} 相乘,相当于两数相除。在方差分析中,最终的 F 等于 MS_b/MS_w,即组间方差与组内方差之比。而 $F=MS_b/MS_w$ 也可以记为 $F=MS_b(MS_w)^{-1}$。在多元方差分析中,检验统计量是组间平方和的矩阵 B 与组内平方和的矩阵 W 的逆矩阵 W^{-1} 的乘积(BW^{-1})。

1.2.3 利用 SPSS 进行矩阵运算

矩阵运算规则复杂,运算量巨大,所以现在基本上都借助电脑进行计算。在常用的统计软件中,SPSS(Statistical Product and Service Solutions,缩写为 SPSS)广受心理学等专业的学者欢迎。在 SPSS 的句法窗口中可以进行矩阵运算。

【例题 1.5】

将"例题 0105-矩阵运算. sav"中的数据视为矩阵,$\overline{X}_1=8.9$,$\overline{X}_2=14.4$,$\overline{X}_3=10$,通过矩阵运算得出各个变量间的协方差。

【解答】

用 SPSS 打开数据文件"例题 0105-矩阵运算.sav",依次点击 SPSS 菜单项

File → New → Syntax

打开一个句法窗口。首先输入"MATRIX.",空一行输入"END MATRIX."(注意,SPSS 的每个语句都以句号"."结束)。然后,在中间的空行输入矩阵元素和运算命令。

输入矩阵时,须用 Compute 命令对矩阵赋值,矩阵各元素用"{ }"聚合而成,元素之间用逗号相隔,行之间以分号相隔。根据本题数据,可以用下面的命令来生成矩阵:

Compute X={8, 14, 9; 10, 13, 10; 9, 18, 12; 9, 13, 10; 6, 14, 8; 6, 11, 8; 9, 12, 9; 13, 17, 13; 10, 16, 12; 9, 16, 9}.

矩阵生成之后,就可以对矩阵进行各种运算了。矩阵乘法用"*"表示,矩阵转置用 T(A) 函数,求逆矩阵用 INV(A) 函数,求行列式用 DET(A) 函数。下面是完整的程序:

```
MATRIX.
Compute X={8,14,9;10,13,10;9,18,12;9,13,10;6,14,8;6,11,8;9,12,9;13,17,13;
10,16,12;9,16,9}.
Compute Xbar={8.9,14.4,10;8.9,14.4,10;8.9,14.4,10;8.9,14.4,10;8.9,14.4,10;
8.9,14.4,10;8.9,14.4,10;8.9,14.4,10;8.9,14.4,10;8.9,14.4,10}.
Compute D=X−Xbar.
Print D.
Compute DTRANS=T(D).
Compute SCP=DTRANS*D.
Print SCP.
Compute S=1/9*SCP.
Print S.
END MATRIX.
```

其中有些简单语句可以合成一个语句,例如

Compute DTRANS=T(D).
Compute SCP=DTRANS*D.
Compute S=1/9*SCP.

可以合成一个语句:

Compute S=1/9*T(D)*D.

完整运行整个程序,计算结果如下,其中 **D** 为离差矩阵,**SCP** 为离差平方和与交叉乘积和矩阵(SSCP 为系统保留字),**S** 为协方差矩阵。

Run MATRIX procedure：

D

−.900000000	−.400000000	−1.000000000
1.100000000	−1.400000000	.000000000
.100000000	3.600000000	2.000000000
.100000000	−1.400000000	.000000000
−2.900000000	−.400000000	−2.000000000
−2.900000000	−3.400000000	−2.000000000
.100000000	−2.400000000	−1.000000000
4.100000000	2.600000000	3.000000000
1.100000000	1.600000000	2.000000000
.100000000	1.600000000	−1.000000000

SCP

36.90000000	22.40000000	27.00000000
22.40000000	46.40000000	27.00000000
27.00000000	27.00000000	28.00000000

S

4.100000000	2.488888889	3.000000000
2.488888889	5.155555556	3.000000000
3.000000000	3.000000000	3.111111111

------END MATRIX------

第 2 章 概率分布

🏛 本章内容

考察数据的概率分布特征是选择统计分析方法的重要前提。本章回顾统计分析中最常用到的概率分布,包括正态分布、t 分布、χ^2 分布、F 分布和二项分布,并用 R 软件生成不同特征的概率分布,直观地展示各种概率分布的定理,最后介绍如何用 R 代替部分的查表工作。

📍 学习要点

1. **正态分布**:概率密度函数;分布形态;标准正态分布;用 R 绘制不同形态的正态分布曲线。

2. **t 分布**:t 分布的概率密度函数;不同自由度的 t 分布曲线;用 R 绘制不同形态的 t 分布曲线。

3. **χ^2 分布**:χ^2 分布的定义;χ^2 分布概率密度函数;用 R 绘制不同形态的 χ^2 分布曲线。

4. **F 分布**:F 分布的定义;F 分布概率密度函数;用 R 绘制不同形态的 F 分布曲线。

5. **二项分布**:二项试验;二项分布;用 R 求二项分布中任意成功次数的概率;用 R 绘制不同形态的二项分布图。

6. **用 R 查表**:利用 R 的 p 族和 q 族函数进行百分位数与百分位(概率)之间的互查。

2.1 正态分布

在相同条件下,特定现象可能发生也可能不发生,可能这样发生也可能那样发生,这种现象就是随机现象。统计学的任务就是研究随机现象的数量规律性。在相同条件下,特定变量可能取这个值,也可能取那个值,这种变量就是随机变量。随机变量是统计学研究的实际对象。

在这个数量规律性中,概率分布就是一种极其重要的规律性,它是各种统计分析方法的基础。

初级心理统计介绍了正态分布、t 分布、χ^2 分布、F 分布以及二项分布等。这些都是生活中常见的概率分布,尤其是正态分布,它还是很多其他概率分布的极限形式。

本章讲述上述概率分布的方式,有别于数理统计学的抽象推理方式,而是用 R 语言软件绘制不同分布的图形,直观地展示这些分布的特点。

在 R 语言中,有一组与概率分布对应的函数,我们可以设定不同的参数,观察其表现,从而理解概率分布的特征。这组函数的名称包括 norm(正态分布)、t(t 分布)、f(F 分布)、chisq(χ^2 分布)以及 binom(二项分布)。如果在这些名称前加上字母 d,就表示这个函数是分布的密度(density)函数。概率分布的特征就是由这些概率密度函数决定的。

2.1.1 正态分布的概率密度函数与分布形态

正态分布的概率密度函数是

$$f(x) = \frac{1}{\sqrt{2\pi}\sigma} e^{-\frac{(x-\mu)^2}{2\sigma^2}}$$

式中的 x 为随机变量,$f(x)$ 为概率密度,π 是圆周率,e 是自然对数的底(约为 2.7183),μ 为正态分布的平均数,σ 为正态分布的标准差。可见,正态分布的形态受 μ 和 σ 的制约,下面我们就可以用 R 语言编写的命令来体现这一点。

展示正态分布的形态受 μ 和 σ 的制约的 R 命令(语句)如下:

```
♯在 R 中,句首标为"♯"的语句仅起注释的作用,R 会自动跳过这些语句。
♯以下语句画出一条以 80 为平均数、8 为标准差,x 取值范围在 40—160,线宽为 3 的正态分布概率密度曲线
curve(dnorm(x,80,8),40,160,xlab="得分",ylab="概率密度",lwd=3)
```

上述语句中,R 只执行最后一行。"curve"表示画一条曲线,"dnorm"表示正态分布的密度,x 为必备项,80 是正态分布的平均数 μ,8 是标准差 σ。40 和 160 分别表示横坐标的起点和终点。xlab 和 ylab 后面引号中的内容分别用来设定横坐标和纵坐标的名称,lwd 表示线的宽度,为求醒目,这里将其设定为 3。这个语句执行的结果就是画出如图 2.1 所示的正态分布图。可以看到正态分布曲线的高点出现在平均数 $\mu=80$ 处,曲线左右对称。

接下来,我们在图 2.1 中添加一条以 80 为平均数、15 为标准差、线宽为 3 的正态分布曲线和一条以 100 为平均数、15 为标准差、线宽为 3 的正态分布曲线,R 语句是

```
curve(dnorm(x,80,15),40,160,add=TRUE,lwd=3)
curve(dnorm(x,100,15),40,160,add=TRUE,lwd=3)
```

注意:语句中的 add=TRUE 表示在已有的图中添加新内容。如果没有这个选项,R 就会擦除已经画好的图,画出一张新图,图中只有本语句要画的内容。上述语句的结果如图 2.2 所示。

从图 2.2 可见,平均数(80 或 100)决定了正态分布的中心在横轴上的位置,标准差(8 或 15)决定了正态分布曲线的峰度(高低宽窄)特征。

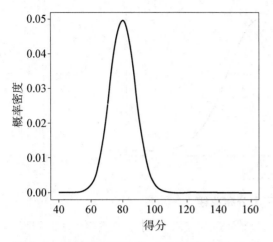 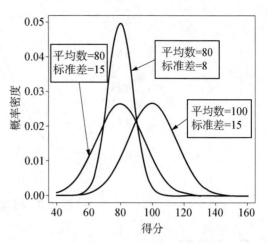

图 2.1 以 80 为平均数、8 为标准差的正态分布曲线

图 2.2 根据不同平均数和标准差画出的 3 条正态分布曲线

2.1.2 标准正态分布

由于正态分布曲线的位置和形态受平均数和标准差的影响,为了使用方便,往往将原始观察值转换成 Z 分数。转换的公式是

$$Z = \frac{X - \mu}{\sigma}$$

经此转换后, $Z \sim N(0, 1^2)$,即**标准正态分布**,其概率密度函数为

$$f(x) = \frac{1}{\sqrt{2\pi}} e^{-\frac{z^2}{2}}$$

要画出一条标准正态分布曲线,只要将前面画正态分布曲线的 R 语句中的平均数改为 0,标准差改为 1 即可。下面这两个 R 语句的结果是一样的。第一句用于画出一条 Z 分数取值范围在 $-4 \sim +4$ 的标准正态分布曲线,注意,dnorm 函数中平均数和标准差的默认值就是 0 和 1;第二句用于在原图中添加一条 Z 分数取值范围在 $-4 \sim +4$ 的标准正态分布曲线,结果如图 2.3 所示。

由于两线重合,我们感觉不到第二个语句的结果。如果想体会第二个语句的存在,可以将语句中的 0、1 略作改动,以观效果。

```
curve(dnorm(x),-4,4,xlab="Z-Score",ylab="概率密度",lwd=3)
curve(dnorm(x,0,1),-4,4,add=TRUE,lwd=3)
```

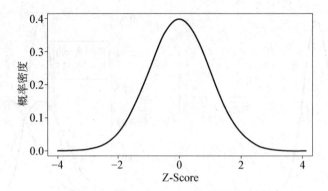

图 2.3 标准正态分布曲线

2.2 t 分布

t 分布是小样本统计理论中的一个重要分布。因为如果从一个总体方差(σ^2)未知的总体中随机抽取一个小样本,只能用样本方差 S^2 代替 σ^2 进行各种推断统计的工作。但是在样本容量较小时,S^2 与 σ^2 之间存在较大的抽样误差。这样一来,样本平均数的抽样分布形态就不是正态分布,而是服从自由度为 $n-1$ 的 t 分布,即

$$t = \frac{\overline{X} - \mu}{S/\sqrt{n}} \sim t_{n-1}$$

t 分布的概率密度函数为

$$f(t) = \frac{\Gamma\left(\frac{n+1}{2}\right)}{\sqrt{n\pi}\,\Gamma\left(\frac{n}{2}\right)} \left(1 + \frac{t^2}{n}\right)^{-\frac{n+1}{2}}$$

其中,$-\infty < t < +\infty$,n 为自由度(实际应用中一般记作 df,与前面 $n-1$ 中的样本容量 n 不是同一含义)。

以下 7 个 R 语句画出的是自由度分别为 300、1、2、5、10、15、30 的 t 分布曲线,其中自由度为 300 的曲线画得较粗(lwd=3),以显示差别。结果如图 2.4 所示。

```
curve(dt(x,300),-4,4,xlab="t",ylab="概率密度",lwd=3)
curve(dt(x,1),-4,4,add=TRUE)
curve(dt(x,2),-4,4,add=TRUE)
curve(dt(x,5),-4,4,add=TRUE)
curve(dt(x,10),-4,4,add=TRUE)
curve(dt(x,15),-4,4,add=TRUE)
curve(dt(x,30),-4,4,add=TRUE)
```

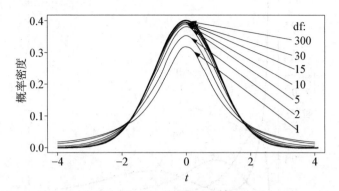

图 2.4 不同自由度的 t 分布曲线

从图 2.4 可以看出,当自由度从 1 增大到 10 时,曲线上升较快;但当自由度继续增加时,曲线上升得越来越慢,自由度为 15、30 和 300 的曲线相差无几。实际上,如果在这个图上再添加一条标准正态分布曲线(R 语句为:curve(dnorm(x,0,1),-4,4,add=TRUE,lwd=3),你几乎看不到什么变化,因为标准正态分布曲线与自由度为 300 的 t 分布曲线几乎是重合的。可见,正态分布是 t 分布的极限形式。

2.3 χ^2 分布

χ^2 分布是在正态分布的基础上建立的——设随机变量 $X_1, X_2, \cdots, X_n$ 相互独立,且都服从标准正态分布,则随机变量

$$\chi^2 = X_1^2 + X_2^2 + \cdots + X_n^2 = \sum X^2$$

或

$$\chi^2 = Z_1^2 + Z_2^2 + \cdots + Z_n^2 = \sum Z^2$$

服从自由度为 n 的 χ^2 分布,即

$$\chi^2 \sim \chi_n^2$$

χ^2 分布的概率密度函数是

$$f(x) = \begin{cases} \dfrac{1}{2^{\frac{n}{2}} \Gamma\left(\dfrac{n}{2}\right)} e^{-\frac{x}{2}} x^{\frac{n}{2}-1} & (x > 0) \\ 0 & (x = 0) \end{cases}$$

可以看到,χ^2 值不可能为负数。

以下 4 个语句画出的一组 χ^2 分布曲线,自由度分别为 1、4、10 和 20,横坐标取值范围在 0—35。结果如图 2.5 所示。

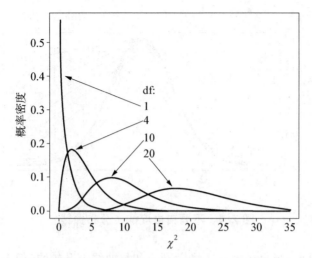

图 2.5 χ^2 分布曲线(df 分别为 1、4、10、20)

```
curve(dchisq(x,1),0,35,xlab="χ²",ylab="概率密度",lwd=3)
curve(dchisq(x,4),add=TRUE,lwd=3)
curve(dchisq(x,10),add=TRUE,lwd=3)
curve(dchisq(x,20),add=TRUE,lwd=3)
```

从图 2.5 可以看到,随着自由度的增大,χ^2 分布曲线的中心位置越来越远离 0,而且越来越接近左右对称的低阔峰形态,其极限形式也是正态分布,即 $\chi^2 \to N(n, 2n)$。

在讲到样本方差的抽样分布时,我们将会看到,如果从正态分布总体中抽取一个简单随机样本,则

$$\frac{\sum(X-\overline{X})^2}{\sigma^2} = \frac{(n-1)S^2}{\sigma^2} \sim \chi^2_{n-1}$$

利用这一原理,可以进行关于总体方差的统计推断。要注意,这个公式中的 n 不是自由度,而是样本容量,自由度 $df = n - 1$。

2.4 F 分布

F 分布是在 χ^2 分布的基础上建立的——设 $X_1 \sim \chi^2_{n_1}$,$X_2 \sim \chi^2_{n_2}$,则

$$F = \frac{X_1/n_1}{X_2/n_2} \sim F_{(n_1, n_2)}$$

若从方差相同的两个正态总体中随机抽取两个独立样本,分别求出两个相应总体方差的估计值 S^2,则这两个 S^2 的比值 F 服从自由度为 $n_1 - 1$ 和 $n_2 - 1$ 的 F 分布,即

$$F = \frac{\frac{(n_1-1)S_1^2}{\sigma_1^2}/(n_1-1)}{\frac{(n_2-1)S_2^2}{\sigma_2^2}/(n_2-1)} \sim F_{(n_1-1, n_2-1)}$$

F 分布的概率密度函数是

$$f(x) \begin{cases} \frac{\Gamma[(n_1+n_2)/2]}{\Gamma\left(\frac{n_1}{2}\right)\Gamma\left(\frac{n_2}{2}\right)} \left(\frac{n_1}{n_2}\right) \left(\frac{n_1}{n_2}x\right)^{\frac{n_1}{2}-1} \cdot \left(1+\frac{n_1}{n_2}x\right)^{-\frac{n_1+n_2}{2}} & (x \geqslant 0) \\ 0 & (x < 0) \end{cases}$$

以下 6 个 R 语句画出的一组 F 分布曲线,横坐标取值范围在 0—4,结果如图 2.6 所示。

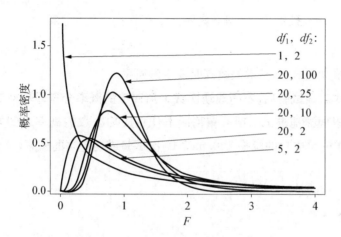

图 2.6 不同自由度下的 F 分布

```
curve(df(x,1,2),0,4,xlab="F",ylab="概率密度",lwd=3)
curve(df(x,20,100),add=TRUE,lwd=3)
curve(df(x,20,25),add=TRUE,lwd=3)
curve(df(x,20,10),add=TRUE,lwd=3)
curve(df(x,20,2),add=TRUE,lwd=3)
curve(df(x,5,2),add=TRUE,lwd=3)
```

从图 2.6 可以看到,F 分布有两个自由度(df_1 和 df_2),每一对自由度决定一个 F 分布的形态。当 $df_1 \leqslant 2$ 时,F 分布密度函数曲线形似 J 曲线;当 $df_1 > 2$ 时,F 分布为正偏态分布;随着 df_1 和 df_2 的增大,曲线显得越来越对称,但是不以正态分布为极限形式。

2.5 二项分布

前面提到的分布,都属于连续变量的情形。而间断变量的最常见概率分布,当属二项分布。二项分布描述的是二项试验结果的概率。

满足以下条件的试验被称为二项试验：(1)一次试验只有两种可能结果，即"成功"和"失败"；(2)试验可以在同样的条件下重复进行；(3)试验的结果可以用计数来表示成功或失败的次数；(4)各次试验中成功的概率 p 相同，失败的概率 q 也相同，且 $p+q=1$；(5)各次试验的结果互不影响，相互独立。

抛硬币就是一种典型的二项试验。每抛一次就是一个二项试验，只有两种可能结果，即正面朝上和反面朝上，可以分别定义为"成功"和"失败"。如果反复进行 n 次这样的试验，就可以求出成功次数 x 为 0—n 的概率(共 $n+1$ 个概率值)，计算公式是

$$P(X=x)=C_n^x p^x q^{n-x}=\frac{n!}{x!(n-x)!}p^x q^{n-x}$$

式中，
$x=0,1,2,\cdots,n$；
$p^x q^{n-x}$ 表示 x 次成功与 $(n-x)$ 次失败同时发生的概率。

重复进行 n 次二项试验后，不同成功次数 x 所对应的概率分布即称为二项分布。

用 R 语句可以便捷地求出二项分布情况下任意成功次数的概率。例如，执行下面的语句就可以求出每次试验成功的概率为 0.5 时 10 次试验成功 5 次的概率：

```
p=dbinom(5,10,0.5,log=FALSE)
p
```

其结果是：0.2460938。

如果想一次性求出成功次数 x 为 0—10 的概率(共 11 个值)，可以用以下语句：

```
x=c(0,1,2,3,4,5,6,7,8,9,10)
#或 x=c(0:10)
p=dbinom(x,10,0.5,log=FALSE)
p
```

结果显示，这 11 个 p 值分别是：0.0009765625，0.0097656250，0.0439453125，0.1171875000，0.2050781250，0.2460937500，0.2050781250，0.1171875000，0.0439453125，0.0097656250，0.0009765625。

执行完上述语句得到 11 个 p 值后，继续执行下面这个语句将上述"成功 0—10 次"的概率绘制成条形图(如图 2.7a 所示)。

```
barplot(p,names.arg=x,col="white",ylim=c(0,0.3),xlab="x",ylab="P")
```

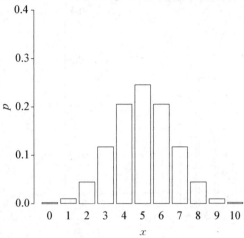

图 2.7a　二项分布图($p=0.5$, $x=0, 1, 2, \cdots, 10$)

从图 2.7a 可以看到,当每次试验成功的概率为 0.5 时,二项分布的形状是左右对称的。

但是,如果每次试验成功的概率不是 0.5,情况会怎样呢?我们可以将前面计算二项分布概率的语句 P=dbinom(x,10,0.5,log=FALSE) 中的 0.5 依次改为 0.1、0.3、0.7、0.9,分别画出二项分布图。结果如图 2.7(b—e)所示。从这些图可以看到,当 $p\ne 0.5$ 时,二项分布不再左右对称。p 离 0.5 越远,偏态程度越大;不过,$p=0.1$ 和 $p=0.9$ 的二项分布,偏离方向相反但偏离程度相同,$p=0.3$ 和 $p=0.7$ 的二项分布也是如此。

以上表现可以总结为:成功概率 p 离 0.5 越远,二项分布偏度越大。p 小于 0.5 时,二项分布呈右偏;p 大于 0.5 时,二项分布呈左偏。偏离 0.5 相同距离的两个成功概率得到的两个分布偏向相反方向,但偏离程度相同。

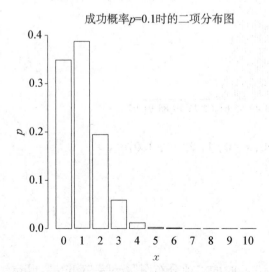

图 2.7b　二项分布图($p=0.1$, $x=0, 1, 2, \cdots, 10$)

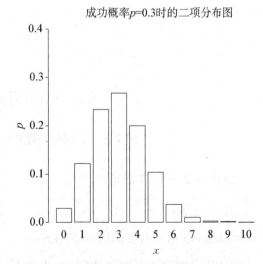

图 2.7c　二项分布图($p=0.3$, $x=0, 1, 2, \cdots, 10$)

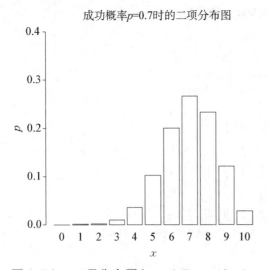 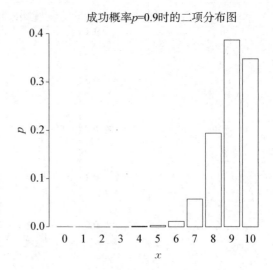

图 2.7d　二项分布图（$p=0.7, x=0, 1, 2, \cdots, 10$）

图 2.7e　二项分布图（$p=0.9, x=0, 1, 2, \cdots, 10$）

n 越大，二项分布越接近正态分布。图 2.8 是 $n=100$，$p=0.5$ 时的二项分布图，可以看到它几乎就是一个正态分布了。所以说，正态分布是二项分布的极限形式。

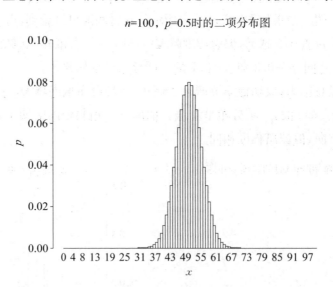

图 2.8　二项分布图（$p=0.5, x=0, 1, 2, \cdots, 100$）

画出图 2.8 的 R 语句是：

```
x=c(0：100)
P=dbinom(x,100,0.5,log=FALSE)
barplot(P,names.arg=x,main="n=100,p=0.5 时的二项分布图",col="white",ylim=c(0,0.1),xlab="x",ylab="P")
```

2.6 如何用 R 查概率分布表

传统的统计学教材都会列出正态分布表、t 分布表、F 分布表、χ^2 分布表,甚至列出二项分布表。而学会 R 语言以后,只需利用其 p 族和 q 族函数,就可以实现百分位(概率)与百分位数之间的互查。p 族函数返回概率(即百分位),q 族函数返回百分位数。

例如,以下利用 p 族函数(pnorm)的语句可以求标准正态分布下 $Z\leqslant1$ 的概率。结果是 0.8413447,如图 2.9 所示。

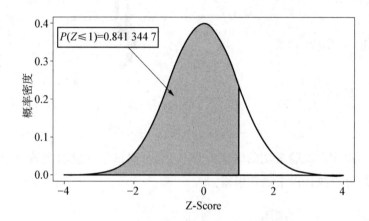

图 2.9 标准正态分布下 $Z\leqslant1$ 的概率

```
pn=pnorm(1,mean=0,sd=1)
pn
```

以下利用 q 族函数(qnorm)语句求标准正态分布下,下侧概率为 0.975(即 97.5 百分位)对应的 Z 分数,结果是 1.959964。

```
qn=qnorm(0.975,mean=0,sd=1)
qn
```

以下语句求平均数为 100、标准差为 10 的正态分布下,下侧概率为 0.975 对应的百分位数,结果是 119.5996。

```
qn=qnorm(0.975,mean=100,sd=10)
qn
```

t 分布、F 分布、χ^2 分布下概率与百分位数的关系依此类推。读者都可以依次运行以下语句,观察 R 给出的结果。

```
pt=pt(1,df=12)
pt
pf=pf(1,df1=3,df2=1)
pf
pchi=pchisq(1,df=1)
pchi

qt=qt(0.95,df=12)
qt
qf=qf(0.95,df1=3,df2=1)
qf
qchi=qchisq(0.95,df=1)
qchi
```

二项分布下,设每次试验成功的概率为0.5,求10次试验中成功次数小于或等于3的概率,即$P(X \leqslant 3)$,可以执行以下语句求得。

```
xp=pbinom(3,10,0.5)
xp
```

其结果为0.171875,即前面算出的0.0009765625($P(X=0)$),0.0097656250($P(X=1)$),0.0439453125($P(X=2)$),0.1171875000($P(X=3)$)之和。

反过来,如果想求某个概率对应的特定百分位数,可以用q族函数。例如,求二项分布第90百分位的特定百分位数,可以执行以下语句,结果是7。

```
xq=qbinom(0.9,10,0.5)
xq
```

第3章 抽样分布

本章内容

抽样的质量决定了统计分析的质量,抽样分布则是推断统计学的基础。本章回顾抽样的基本概念和各种抽样方法,介绍其优缺点;同时,用 R 软件产生随机数据,演示各种抽样分布的特征。

学习要点

1. **抽样调查**:非概率抽样调查;概率抽样调查;抽样误差;非抽样误差。
2. **抽样方法**:简单随机抽样;分层随机抽样;机械抽样;整群抽样;多阶段抽样。
3. **抽样分布**:抽样分布的定义;计算机模拟随机抽样;用 R 生成来自特定分布总体的样本;用 R 生成平均数、平均数之差、方差、方差之比的抽样分布。

3.1 抽样调查与抽样方法

任何统计分析都有一个隐含的前提:获得对总体有足够代表性的样本资料或实验数据。否则,使用的方法再高级,也无法得到对总体情况的正确认识。因此,我们在开展研究之初,就要科学合理地获取样本信息。本章主要介绍抽样调查的基本概念和重要方法。

3.1.1 抽样调查的基本概念

所谓**抽样调查,就是从总体中抽取部分个体组成样本,对该样本进行观察或实验,获得样本信息,进而推断总体的情况**。

抽样调查是一种非全面调查方法,它只针对总体中的部分个体进行观察。抽样调查分为**非概率抽样调查**和**概率抽样调查**。

进行非概率抽样调查时,研究者依据自己的经验,有目的地挑选一部分个体组成样本。典型调查、重点调查就是常见的非概率抽样。一般情况下,我们不能用这种样本来推断总体参数,也无法计算调查结果的理论精确度和可靠程度。

在进行概率抽样调查时,研究者要保证总体中每个个体被抽中的概率是已知的。这样,研究者就可以随机抽取部分个体组成样本,并运用各种推断统计方法进行参数估计和假设检验。在概率抽样调查的情况下,我们还能计算调查结果的理论精确度和可靠程度。绝大多数心理学研究都采用概率抽样调查,本章也只介绍概率抽样调查,为行文简洁起见,将其简称为"抽样调查"。

任何抽样调查都可能产生误差。调查的误差有两种,抽样误差和非抽样误差。**抽样误**

差指的是**根据样本信息推断总体信息时产生的随机误差**；非抽样误差指漏报、错报、测量误差以及在调查结果的登录、汇总等环节中产生的误差。其中，抽样误差是统计学研究的对象。

3.1.2 抽样方法

常用的抽样方法有：简单随机抽样、分层随机抽样、机械抽样、整群抽样和多阶段抽样等。

1. 简单随机抽样

简单随机抽样就是从总体的 N 个个体中，完全以随机形式（不加人为干扰地）抽取 n 个个体组成一个样本。由于不加人为"干扰"，总体中的每个个体被抽到的概率相等，并且任意一个个体被抽取之后总体内成分不变（抽样的独立性）。为了满足抽样的独立性，在有限总体的情况下，理论上应采用有放回的抽样。这样个体被抽取以后，总体成分不会发生变化。

简单随机抽样的优点是，计算统计量的方法简单，抽样误差比较小。因此从理论上讲，心理学研究都需要简单随机抽样，而且最好是有放回的抽样。但是，其缺点在于在心理学等领域中的可行性比较差。

2. 分层随机抽样

相比之下，分层随机抽样就掺入了一点人为"干扰"，可以说是一种有限的随机抽样。

分层随机抽样是**根据某种或某些因素（指标）将总体划分为若干互不重叠的部分（层），再从各层中独立地抽取一定个数的个体，各层抽取的个体合在一起组成一个样本。**

分层抽样方法的主要优点是可以降低抽样误差。当总体中一些个体之间差异较大、另一些个体之间差异较小时，应考虑将整个总体划分为 L 层，将差异比较小的个体集中在同一层中。另外，在任何两层中抽取个体时都要相互独立。分层之后，抽取的个体在总体中散布得更均匀，可以大大降低出现极端数值（离群值）的风险。

在确定从各层抽取个体的个数时，可以采取等比例分层抽样法，也可以采取不等比例分层抽样法（标准差较大的层可以适当增大抽取比例）。

分层随机抽样考虑了总体中不同类型的个体情况，统计量的计算相对要复杂一些。

3. 机械抽样

机械抽样也掺入了一定的人为"干扰"，其做法是，**将总体中的所有个体按顺序编号，然后每隔一定间隔抽取个体，组成样本**。机械抽样又称为系统抽样、等距抽样。

机械抽样的一个优点是简便易行，经常用于在较大规模的抽样调查中代替简单随机抽样；另一个优点是，抽中的个体在总体中的分布是均匀的，所以，机械抽样的抽样误差一般情况下与简单随机抽样很接近。但是，如果研究的变量有很强的周期性，机械抽样的精确性就可能会受到影响。

4. 整群抽样

整群抽样是人为"干扰"程度最强的抽样方式，它是**以整群为单位的抽样——从总体中抽出的个体同属于某个群体**。例如，为了研究小学生的考试焦虑水平，研究者找到一个学校，将该校所有的学生作为样本。它的优点在于使用方便和节省费用，缺点是抽取的个体在总体中分布不均匀,抽样误差常常大于简单随机抽样。

5. 多阶段抽样

整群抽样通常指**单阶段整群抽样**:以整群为抽样单位抽取样本后,对抽中的整群中的全部个体进行调查。而大型研究往往采用**多阶段整群抽样**(简称多阶段抽样或多级抽样),即在抽出大的整群后,再从中抽取小的整群。例如,在研究学生的学习成绩时,先抽取学校作为整群;而在学校中,仅抽取一个小的整群(班级)进行调查。

多阶段抽样同样存在调查结果的精确性不高、统计运算和分析更加复杂的缺点。

在实际的大型研究工作中,研究者往往结合运用多种抽样方法取得样本。例如,经济合作与发展组织在其 PISA 测试(即国际学生评估项目,Programme for International Student Assessment,简称 PISA)和 SSES 测试(即社会与情感能力测评,Survey on Social and Emotional Skills,简称 SSES)中,就采取多阶段抽样、分层随机抽样的方式:第一步,将学校分为各种类型(公立、私立;普通、职业;一贯制、非一贯制等),从不同类型的学校中各抽取若干所;第二步,从每个抽中的学校中随机抽取若干适龄学生。各校抽取学生的总和即为总样本。

3.2 抽样分布

根据样本信息推断总体的情况,就是**统计推断**。统计推断**包括参数估计和假设检验**。但是在进行统计推断之前,必须了解抽样分布。

抽样分布不是样本中观察值的分布,而**是根据样本计算出来的统计量值的分布**。如果研究者要考察初中生的考试焦虑水平,其抽样分布不是研究者抽取的某个样本中学生考试焦虑水平的分布情况,而是假定研究者抽取了特定容量的所有可能的样本之后,这些样本的考试焦虑水平平均值的分布。总之,抽样分布不是原始观察值的分布,而是根据原始观察值算出的统计量(样本平均数、标准差、方差、相关系数等)的观察值的分布。

要在各种不同情况下进行参数估计和假设检验,其前提就是要了解各种不同情况下抽样分布的特点。

一个抽样分布的形态受三个方面因素的影响:总体的分布形态(正态分布还是非正态分布)、样本容量(大样本还是小样本),以及要计算的统计量(样本平均数还是样本方差等)。可见,要估计总体平均数或对总体平均数进行假设检验,就要了解样本平均数的抽样分布特点;要估计两个总体平均数之差或对两个总体平均数之差进行假设检验,就要了解分别来自两个总体的两个样本平均数之差的抽样分布特点;要估计总体方差或对总体方差进行假设检验,就要了解样本方差的抽样分布特点……总之,**抽样分布是参数估计和假设检验的理论基础**。

你在学习初级心理统计时可能学过抽样分布的一些定理。由于统计工作中遇到得最多的是对平均数的参数估计和假设检验问题,初级心理统计的多个定理描述的都是样本平均数与总体平均数的关系。其中最基本的定理有以下几个。

定理 1 设总体 X 服从分布 $F(x)$，$(X_1, X_2, \cdots, X_n)$ 是抽自该总体的一个简单随机样本，则总体平均数 μ 与样本平均数 $\bar{X}$、总体方差 σ^2（或标准差 σ）与样本平均数的方差 $\sigma_{\bar{X}}^2$（或标准差 $\sigma_{\bar{X}}$，又称标准误）之间存在以下关系：

$$\mu_{\bar{X}} = \mu; \sigma_{\bar{X}}^2 = \sigma^2/n, 或 \sigma_{\bar{X}} = \sigma/\sqrt{n}。$$

无论总体是何种分布形态，这一定理都成立。

定理 2 设总体 X 服从正态分布，即 $X \sim N(\mu, \sigma^2)$，$(X_1, X_2, \cdots, X_n)$ 是抽自该总体的一个容量为 n 的简单随机样本，则有两个结论。

(1) 总体平均数 μ 与样本平均数 $\bar{X}$、总体方差 σ^2（或标准差 σ）与样本平均数的方差 $\sigma_{\bar{X}}^2$（或标准误 $\sigma_{\bar{X}}$）之间存在以下关系：

$$\mu_{\bar{X}} = \mu; \sigma_{\bar{X}}^2 = \sigma^2/n, 或 \sigma_{\bar{X}} = \sigma/\sqrt{n}。$$

(2) 样本平均数 $\bar{X}$ 亦服从正态分布，即 $\bar{X} \sim N(\mu, \sigma^2/n)$。

定理 2 中的结论(1)继承自定理 1，结论(2)为正态分布总体所特有，而且 $\bar{X} \sim N(\mu, \sigma^2/n)$ 也包含了结论(1)。

如果不是正态分布总体，那就要用到定理 3。

定理 3 设非正态总体 X 的平均数为 μ，方差为 σ^2，$(X_1, X_2, \cdots, X_n)$ 是抽自该总体的一个容量为 n 的简单随机样本，则

$$\mu_{\bar{X}} = \mu; \sigma_{\bar{X}}^2 = \sigma^2/n, 或 \sigma_{\bar{X}} = \sigma/\sqrt{n}。$$

当样本容量 n 趋于无穷大时，$\bar{X}$ 的分布趋于正态分布，即 $\bar{X} \sim N(\mu, \sigma^2/n)$。

根据定理 3，在非正态总体且小样本的情况下，不能断言样本平均数的分布趋于正态分布，更不能以此为依据进行统计推断。

以上定理仅仅描述了单个样本的平均数的抽样分布特点，如果是其他统计量，如单个样本的方差，来自两个不同总体的样本平均数之差，或样本方差之比等，它们都有各自的抽样分布特征。本章对这些抽样分布不做数学上的讨论，但是希望通过软件来模拟抽样过程，展示不同的抽样分布，让我们对其有一个比较直观的认识。

3.3 计算机模拟随机抽样

3.3.1 利用 R 生成随机数据

利用 R 语言可以展示各种统计量的抽样分布特征。这里要先介绍如何生成不同分布形态的随机数据，即来自不同分布总体的样本的分布。

第 1 章曾介绍用 R 模拟抛硬币，画出正面朝上和反面朝上的概率图。由于这两个概率

相等,产生的样本观察值呈均匀分布形态。利用 R 函数,还可以生成来自各种分布总体的随机数据。这些数据可以被看作来自各种分布总体的随机样本。例如,rnorm(500,mean=80,sd=8)可以生成 500 个随机数,这些随机数形成了一个来自平均数为 80、标准差为 8 的正态分布总体的随机样本。只不过,这 500 个随机数的平均数和标准差与总体平均数 80 和标准差 8 之间存在一定的抽样误差。根据下面的 R 程序产生的样本分布直方图,如图 3.1 所示,图中还叠加了一条正态分布曲线($\mu=80$,$\sigma=8$),可以看到样本分布的直方图很接近正态分布曲线。

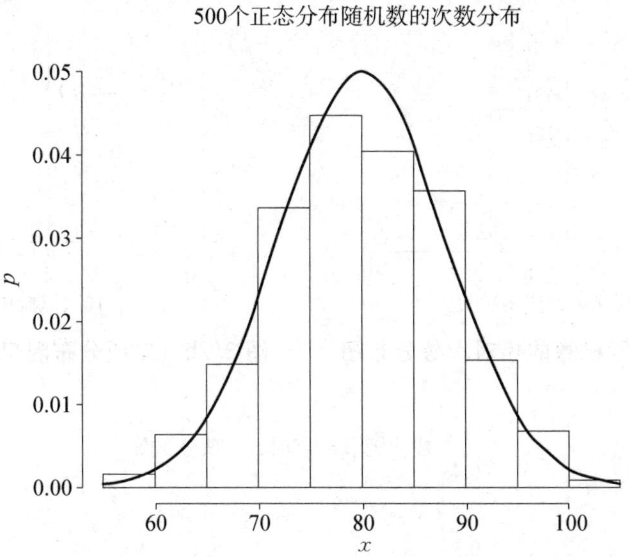

图 3.1　来自正态分布总体($\mu=80$,$\sigma=8$)的 500 个随机数的次数分布图

```
set.seed(2)
#以下语句生成来自正态分布总体(μ=80,σ=8)的 500 个随机数,并四舍五入为整数
x=round(rnorm(500,mean=80,sd=8))
#以下语句画出次数分布直方图
hist(x,prob=T,main="500 个正态分布随机数的次数分布",ylim=c(0,0.05),ylab="P")
#以下语句在直方图上加上平均数为 80,标准差为 8 的正态分布曲线
curve(dnorm(x,80,8),lwd=3,add=TRUE)
```

运行下面的程序,可以模拟进行 1024 次抽样,每次抽样模拟抽取 1 个个体完成 10 次二项试验(比如说,完全凭猜测完成一份由 10 道正误题组成的试卷),生成 1 个来自二项分布($n=10$,$p=0.5$)的随机数(0—10),最后形成一个由 1024 个随机数(相当于 1024 个人完成 10 道正误题的得分)构成的样本;接着,根据这 1024 个随机数绘制其次数分布图。结果如图 3.2a

和图 3.2b 所示。其中图 3.2a 的纵坐标为概率(相对次数),图 3.2b 的纵坐标为简单次数。

图 3.3 与第 2 章介绍过的图 2.7a 相同,是根据二项分布函数绘制的二项分布图,比较图 3.2a、图 3.2b 和图 3.3,可以看到,图 3.2a、图 3.2b 的次数分布形态与图 3.3 很接近,但因为前二者是样本分布,所以与总体分布总是有一定的抽样误差。

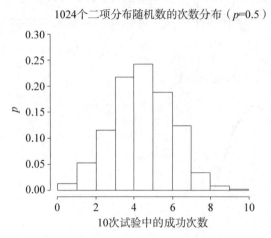
图 3.2a 二项分布随机数的相对次数分布图

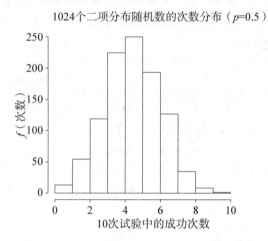
图 3.2b 二项分布随机数的简单次数分布图

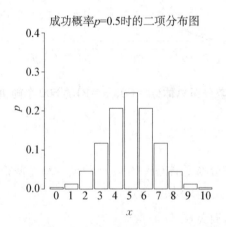
图 3.3 根据二项分布函数绘制的二项分布图

```
set.seed(4)
#以下语句生成 1024 个来自二项分布(10 次二项试验,p=0.5)的随机数(0～10)
xr=rbinom(1024,10,0.5)
#以下语句生成 xr 的直方图,纵坐标为概率
hist(xr,prob=T,main="1024个二项分布随机数的次数分布(p=0.5)",ylim=c(0,0.3),xlab="10次试验中的成功次数",ylab="P")
```

```
#以下语句生成 xr 的直方图,纵坐标为次数
hist(xr,main="1024 个二项分布随机数的次数分布",xlab="10 次试验中的成功次数",
ylab="f(次数)")
#以下语句生成二项分布图(n=10,p=0.5,x=0,1,2,…,10)
x=c(0,1,2,3,4,5,6,7,8,9,10)
p=dbinom(x,10,0.5,log=FALSE)
barplot(p,names.arg=x,col="white",ylim=c(0,0.3),xlab="x",ylab="P")
```

3.3.2 常见的抽样分布

1. 样本平均数的分布——t 分布

前一节介绍的样本平均数的抽样分布的 3 个定理,都建立在总体方差 σ^2(或标准差 σ)已知的前提下。如果 σ^2 未知,就只能用样本方差 S^2(或标准差 S)代替 σ^2(或 σ)。由于 σ^2 与 S^2 之间也存在抽样误差,所以样本平均数的分布就会有所变化。接下来,我们利用 R 模拟生成一系列样本,考察样本平均数的抽样分布特点。

下面这段程序可以模拟生成 1000 个来自正态分布总体 $X \sim N(60,10^2)$ 的、容量为 10 的样本,并计算出这 1000 个样本的平均数、标准差,以及样本平均数的平均数和标准误。这样,我们就能考察这些样本平均数的分布特征,以及统计量之间的关系。请注意,要运行这段程序,需要先安装 psych 包。

```
library(psych)
set.seed(1)
#以下语句生成 1000 行、10 列的矩阵 a,矩阵中共 10000 个服从正态分布的整数,每行看
作 1 个样本,共 1000 个样本
a<-matrix(round(rnorm(10000,mean=60,sd=10)),nrow=1000)
#以下语句求出 a 中 1000 行(样本)的平均数(m1)和标准差(sd1),相当于求出 1000 个 n
=10 的样本的平均数和标准差
m1<-apply(a,1,mean)
sd1<-apply(a,1,sd)
#以下语句求出 1000 个样本平均数的平均数、标准误等统计量指标
describe(m1)
#结果是,1000 个样本平均数的平均数为 59.94,它们的标准误为 3.13
#以下语句将 1000 个样本平均数转换为 t 值,并求 t 值的平均数、标准误等描述统计量
t<-(m1-60)/(sd1/sqrt(10))
describe(t)
```

R 在执行到上述程序的语句 describe(m1) 之后,输出了一系列描述统计结果:

```
      vars    n    mean    sd   median  trimmed  mad    min    max   range  skew
kurtosis    se
X1     1    1000   59.94  3.13   60.1    59.99   3.11   50.2   70.3   20.1  −0.12
0.07    0.1
```

这组结果的意思是,有 1000 个样本平均数,它们的平均数为 59.94,标准误为 3.13。
计算 t 值的语句写成了 t<−(m1−60)/(sd1/sqrt(10)),这是因为

$$t=\frac{\overline{X}-\mu}{S/\sqrt{n}}$$

describe(t1) 报告 1000 个 t 值的平均数、标准差等结果:

```
      vars    n    mean    sd   median  trimmed  mad    min    max   range  skew
kurtosis    se
X1     1    1000  −0.01  1.12   0.03    0.01    1.03  −5.68   3.91   9.59  −0.26
1.14    0.04
```

接下来,我们用 R 的绘图语句将 1000 个平均数的分布图及其核密度曲线画出来。结果如图 3.4 所示。从图中我们可以看到,大多数样本的平均数在总体平均数(60)附近,平均数离 60 越远的样本越少。核密度曲线以曲线形式描述了这些平均数的次数分布。

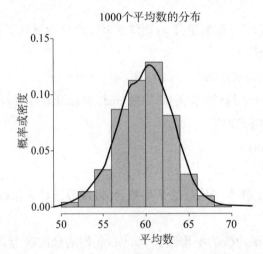

图 3.4　模拟的 1000 个样本平均数的次数分布(直方图)与核密度曲线

♯以下语句画出上述 1000 个样本平均数的概率分布——抽样分布及其核密度曲线

```
hist(m1,freq=FALSE,main="1000 个平均数的分布",ylim=c(0,0.15),xlab="平均
数",ylab="概率或密度")
lines(density(m1),lwd=3)
```

如果将图 3.4 中的样本平均数转换为 t 值,绘制 t 值的分布图和核密度曲线,再叠加一条 t 分布($df=9$)的曲线(图 3.5 中的虚线),我们可以看到核密度曲线与 t 分布很接近。

```
#以下语句画出上述 1000 个样本平均数对应的 t 分数的概率分布曲线与核密度曲线,以
及 t 分布(df=9)的标准形态曲线(lty=2 设置该曲线为虚线)
hist(t,freq=FALSE,main="1000 个 t 值的分布",ylim=c(0,0.5),xlab="t 值",ylab
="概率或密度")
lines(density(t),lwd=3)
curve(dt(x,9),lwd=3,lty=2,add=TRUE)
```

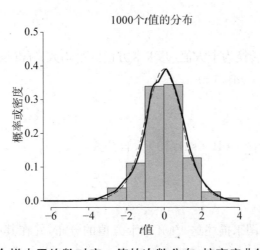

图 3.5 模拟的 1000 个样本平均数对应 t 值的次数分布、核密度曲线和 t 分布曲线(虚线)

这样,我们就能明白,为什么关于样本平均数的抽样分布有这样一个定理。

定理 4 设 $(X_1, X_2, \cdots, X_n)$ 是抽自正态分布总体的一个容量为 n 的简单随机样本,则有

$$t = \frac{\overline{X} - \mu}{S/\sqrt{n}} \sim t_{n-1}$$

其中

$$S^2 = \frac{\sum(X - \overline{X})^2}{n-1}$$

即随机变量 t 服从自由度为 $n-1$ 的 t 分布。

2. 样本方差与 χ^2 分布

同样，我们可以用以下 R 程序模拟生成 1000 个样本的方差，并考察这些样本方差的分布特征。

```r
library(psych)
set.seed(1)
#以下语句生成矩阵 a,其中有 1000 个容量为 10 的样本
a<-matrix(round(rnorm(10000,mean=60,sd=10)),nrow=1000)
#以下语句求出 a 中 1000 行(样本)的平均数和标准差,相当于求出 1000 个 n=10 的样本的平均数和标准差
m1<-apply(a,1,mean)
sd1<-apply(a,1,sd)
#以下语句求出 1000 个样本平均数、标准差的平均数、标准误等
describe(m1)
describe(sd1)
#将 1000 个样本方差转换为卡方值,并求卡方值的平均数、标准误等
chi2<-(10-1)*sd1*sd1/100
describe(chi2)
```

语句 chi2<-(10-1)*sd1*sd1/100 来自公式：

$$\chi^2 = \frac{(n-1)S^2}{\sigma^2}$$

接下来，我们用直方图来描述这 1000 个卡方值的分布，并在其中叠加核密度曲线和 χ^2 分布曲线，代码如下，结果如图 3.6 所示。

```r
#以下语句画出上述 1000 个卡方值的概率分布直方图与核密度曲线,以及卡方分布(df=10-1=9)的标准形态曲线
hist(chi2,freq=FALSE,main="1000 个卡方值的分布",ylim=c(0,0.12),xlab="卡方值",ylab="概率或密度")
lines(density(chi2),lwd=3)
curve(dchisq(x,9),lwd=3,lty=2,add=TRUE)
```

根据图 3.6,我们就可以理解为什么在对样本方差进行统计推断时,要用到这样一个定理。

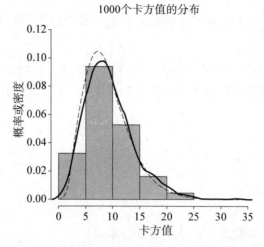

图 3.6 模拟的 1000 个样本方差对应 χ^2 值的次数分布、核密度曲线和 χ^2 分布曲线(虚线)

定理 5 设 $(X_1, X_2, \cdots, X_n)$ 是抽自正态分布总体 $X \sim N(\mu, \sigma^2)$ 的一个容量为 n 的简单随机样本,则其样本平均数 $\overline{X}$ 与样本方差 S^2 为相互独立的随机变量,且

$$\chi^2 = \frac{\sum(X-\overline{X})^2}{\sigma^2} = \frac{(n-1)S^2}{\sigma^2} \sim \chi^2_{n-1}$$

3. 两个样本平均数之差的抽样分布——t 分布

两个样本平均数之差的抽样分布更复杂,这里演示一下总体方差未知但方差齐性的情况。

定理 6 若 $\overline{X}_1$ 是独立地抽自总体 $X_1 \sim N(\mu_1, \sigma_1^2)$ 的一个容量为 n_1 的样本的平均数,$\overline{X}_2$ 是独立地抽自总体 $X_2 \sim N(\mu_2, \sigma_2^2)$ 的一个容量为 n_2 的样本的平均数,且总体方差 σ_1^2 和 σ_2^2 未知,但知道方差齐性 $(\sigma_1^2 = \sigma_2^2)$,则有

$$t = \frac{(\overline{X}_1 - \overline{X}_2)-(\mu_1-\mu_2)}{\sqrt{\dfrac{(n_1-1)S_1^2+(n_2-1)S_2^2}{n_1+n_2-2}\left(\dfrac{1}{n_1}+\dfrac{1}{n_2}\right)}} \sim t_{n_1+n_2-2}$$

下面的程序可以演示上述定理 6。先用矩阵赋值语句生成来自两个总体的各 1000 个样本(语句中调用的 floor 函数用于取整数),然后计算来自两个总体的样本平均数之差,即 $(\overline{X}_1 - \overline{X}_2)$,最后考察其分布。

```
library(psych)
set.seed(80)
#以下语句生成矩阵 a,共 10000 个服从正态分布的整数,分 1000 行,每行算 1 个样本,共 1000 个样本
a<-matrix(floor(rnorm(10000,mean=60,sd=10)+0.5),nrow=1000)
```

```
#以下语句生成矩阵b,也是10000个服从正态分布的整数,分1000行,每行算1个样
本,共1000个样本
b<-matrix(floor(rnorm(10000,mean=50,sd=10)+0.5),nrow=1000)
#以下语句计算a、b两个矩阵的各行平均数和标准差,分别作为1000次抽样中两个样本
的平均数和标准差
m1<-apply(a,1,mean)
sd1<-apply(a,1,sd)
m2<-apply(b,1,mean)
sd2<-apply(b,1,sd)
#以下语句计算样本平均数之差的平均数和标准差
mean(m1-m2)
sd(m1-m2)

#以下语句求出1000个样本平均数之差对应的t值,并求出t值的平均数和标准误
t=((m1-m2)-10)/sqrt(((9*sd1*sd1+9*sd2*sd2)/(10+10-2))*(1/10+1/10))
mean(t)
sd(t)
#以下语句画出上述1000个t值的概率分布直方图与核密度曲线,以及t分布(df=
10+10-2=18)的标准形态曲线(用虚线表示)
hist(t,freq=FALSE,main="1000个样本平均数之差对应t值的分布(n1=10,n2=
10)",xlab="t值",ylab="概率密度",ylim=c(0,0.50))
lines(density(t),lwd=3)
curve(dt(x,18),lwd=3,lty=2,add=TRUE)
```

从图 3.7 可以看出,$(\overline{X}_1-\overline{X}_2)$ 对应的 t 值服从 t 分布。

4. 两个样本方差之比的抽样分布——F 分布

根据定理 7,两个样本方差之比的抽样分布是 F 分布。

定理 7 若独立地从两个正态总体中分别抽取两个样本,当 $\sigma_1^2=\sigma_2^2$ 时,统计量

$$F=\frac{\dfrac{(n_1-1)S_1^2}{\sigma_1^2}/(n_1-1)}{\dfrac{(n_2-1)S_2^2}{\sigma_2^2}/(n_2-1)}=\frac{S_1^2/\sigma_1^2}{S_2^2/\sigma_2^2}=\frac{S_1^2}{S_2^2}\sim F_{(n_1-1,\,n_2-1)}$$

这一定理可以用下面这段 R 程序做出演示(结果如图 3.8 所示)。其中语句 F<-(sd1*sd1)/(sd2*sd2)来自公式

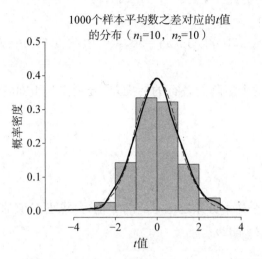

图 3.7　模拟的 1000 个样本平均数之差对应 t 值的次数分布、核密度曲线和 t 分布曲线(虚线)

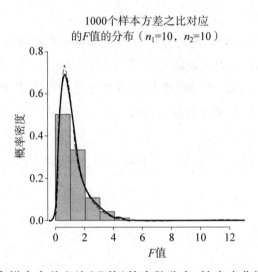

图 3.8　模拟的 1000 个样本方差之比(F 值)的次数分布、核密度曲线和 F 分布曲线(虚线)

$$F=\frac{S_1^2}{S_2^2}$$

从图 3.8 可以看出，S_1^2/S_2^2 服从 F 分布。

```
set.seed(80)
♯以下语句生成矩阵 a，共 10000 个服从正态分布的整数，分 1000 行，每行算 1 个样本，共
1000 个样本
a<-matrix(floor(rnorm(10000,mean=60,sd=10)+0.5),nrow=1000)
♯以下语句生成矩阵 b，也是 10000 个服从正态分布的整数，分 1000 行，每行算 1 个样本，
```

```
#共 1000 个样本
b<-matrix(floor(rnorm(10000,mean=50,sd=10)+0.5),nrow=1000)

#以下语句计算 a、b 两个矩阵的各行的标准差,分别作为 1000 次抽样中两个样本的标准差
sd1<-apply(a,1,sd)
sd2<-apply(b,1,sd)

#以下语句求出 1000 个样本方差之比对应的 F 值,并求出 F 值的平均数和标准误
F<-(sd1*sd1)/(sd2*sd2)
mean(F)
sd(F)

#以下语句画出上述 1000 个 F 值的概率分布曲线与核密度曲线,以及 F 分布(df1=9, df2=9)的标准形态曲线(用虚线表示)
hist(F,freq=FALSE,main="1000 个样本方差之比对应的 F 值的分布(n1=10,n2=10)",xlab="F 值",ylab="概率密度",ylim=c(0,0.80))
lines(density(F),lwd=3)
curve(df(x,9,9),lwd=3,lty=2,add=TRUE)
```

第4章 参数假设检验

本章内容

本章用多个例子回顾各种参数假设检验的方法和 SPSS 操作。假设检验，就是在给定的显著性水平下，从零假设出发，根据检验统计量的值，对关于总体参数（或总体分布）的假设做出拒绝或保留的决策。t 检验用于单样本平均数、双样本（包括独立样本和相关样本）平均数之差的显著性检验；方差分析不仅可以对多个平均数之间的差异进行显著性检验，还可以检验多个自变量对因变量的影响以及自变量之间的交互作用。

学习要点

1. **假设检验**：假设检验的定义、基本步骤；零假设与备择假设；双侧检验与单侧检验；左侧检验与右侧检验；显著性水平；接受域与拒绝域。
2. **关于个体的假设检验**：个体异常判定，规则学习效果的评定。
3. **t 检验**：单样本 t 检验；独立样本 t 检验；相关样本 t 检验。
4. **方差分析（F 检验）**：单因素、双因素方差分析；无交互作用的方差分析；协方差分析；重复测量的方差分析。

4.1 假设检验

4.1.1 假设检验的基本概念

推断统计的两大基本任务，一是参数估计，二是假设检验。心理学研究者更常用到假设检验。

所谓**假设检验**，就是**在给定的显著性水平下，从零假设出发，根据检验统计量的值，对关于总体参数（或总体分布）的假设做出拒绝或保留的决策**。

假设检验通常需要 4 个基本步骤：

1. 提出零假设和备择假设

零假设（H_0）又称原假设、虚无假设或解消假设；**备择假设**（H_1）又称"研究假设"或"对立假设"，其含义就是"零假设不成立"。如果零假设是

$$H_0: \mu = 60$$

备择假设就是

$$H_1: \mu \neq 60$$

前文所说的假设检验是"**从零假设出发**"的意思，就是在零假设成立的前提下，考察检验

统计量的值有没有进入拒绝零假设的区域,从而做出拒绝还是接受零假设的决策。

2. 确定适当的检验统计量并计算其值

假设检验是以抽样分布为数学基础的。学过初级心理统计的人都知道,要根据问题的具体情况,找到适当的抽样分布,选择相应的检验统计量。如果统计量服从正态分布,就要用正态分布的公式计算检验统计量,并查正态分布表求其临界值。

下面这个式子是许多常用检验统计量的通式:

$$检验统计量 = (样本统计量值 - 参数值)/样本统计量的标准误$$

3. 规定显著性水平和检验的方向性

显著性水平就是我们规定的**小概率事件的概率 α**,通常情况下,我们规定 α 为 0.05 或 0.01。

假设检验分为**双侧检验**和**单侧检验**,如果是单侧检验,还有**左侧检验**和**右侧检验**之分。

当规定了显著性水平和检验的方向性之后,就可以设定**零假设**的**接受域**和**拒绝域**。双侧检验时,将 α 等分为左右两个部分,在抽样分布的两侧各设一个拒绝域,中间就是接受域。单侧检验时,要根据问题要求,将与 α 对应的拒绝域全部置于抽样分布的左侧或右侧,其余区域则规定为接受域。

4. 统计决策

算出选定的检验统计量的数值后,判断其落入了接受域还是拒绝域,或者该数值对应的 P 值(在零假设成立的前提下,检验统计量值比所得数值更偏离参数值的概率)是否小于 α,以决定接受还是拒绝零假设。但是要注意,**拒绝零假设并不意味着零假设一定是错误的**,反之亦然。

4.1.2 个体差异的显著性检验

假设检验不是统计学家的专利,它在日常生活中普遍存在。两者的区别在于,我们在日常生活中进行假设检验时,往往凭主观感受做出决断;而在科学研究中运用统计学上的假设检验时,研究者总是根据一定的统计学原理和公式做出决断。

例如,在任何一个群体中,其成员间总会有大小不等的差异。有些人的表现比较接近平均数,有些则远离平均数。如果某位成员在某个方面表现比较极端,例如一个男生留了很长的头发,其长度远远超过男生头发的平均长度,我们就会觉得这个男生比较"另类"。这里所谓的"另类",其含义就是,他首先是"同类",但是其表现又远离同类平均数,甚至更接近另一类个体(女生)的平均数。用统计学的术语来讲,就是在头发长度上,这个男生与其同类之间有显著的差异。

所以,我们可以将在日常生活中判断一个个体是否"另类"的决策活动(其实更像是一种诊断),看成是对"个体与其总体之间无显著差异"这一假设所做的决策。这样,我们就可以提出零假设(H_0)和备择假设(H_1)。

H_0:该男生的头发长度不显著大于男生的平均数

H_1：该男生的头发长度显著大于男生的平均数

再假定我们商定了一种比较合理的测量头发长度的方案，并对全体男生进行了测量，发现只有 3.5% 的男生头发长度等于或大于该男生。这时我们就会说：鉴于该总体中头发长度等于或大于该男生的男生仅占男生总体人数的 3.5%，所以认为该男生的头发长度显著大于男生的平均数。

可见，我们做出"该男生的头发长度显著大于男生的平均数"的决断，只需要知道同一总体中有多大比例的个体的头发比该男生更长就可以了。由于这个比例达到了小概率事件的标准（$P<0.05$），我们就做出了拒绝零假设而接受备择假设的决定。而且，这是一个右侧检验，因为只有在头发长的那一侧，我们才可能做出"另类"的决定。

在科学研究中，假设检验都需要知道检验统计量的抽样分布特点，而在上面这种对个体进行的假设检验中，只需要知道总体分布，得出在零假设成立的前提下，总体中有多大比例的个体观察值比待检验的个体更偏离 H_0 规定的参数值就可以了。

【例题 4.1】

在一个分类学习的实验中，研究者要求参试者通过尝试错误学会某种分类原则。假定任务中只有 2 个类别，属于 2 个类别的样例各占一半。研究者采用下面的方式判断参试者有没有掌握分类原则：每次检验参试者学习效果时，都随机抽出 6 个样例，只要参试者 6 次分类反应都正确，就认为参试者掌握了分类原则。这种方式是否符合假设检验的原理？

【解答】

在判断一位参试者是否掌握分类原则时，我们提出的零假设和备择假设如下：

H_0：该参试者是仅凭瞎猜做出反应的（未掌握分类原则）

H_1：该参试者不是凭瞎猜做出反应的（至少部分掌握了分类原则）

根据题意，这个实验中的分类任务中只有 2 个类别，而且属于 2 个类别的样例各占一半。这就意味着，如果参试者未掌握分类原则，仅凭瞎猜做出反应，则每一次反应正确的概率应该是 0.5，6 次反应全部正确的概率为 $0.5^6 = 0.0156$。这说明，如果零假设成立，6 次反应仅凭瞎猜能全部猜对是一个小概率事件——因为反应正确数等于 6（本应说"等于或大于 6"，但本题不可能出现大于的情况）的参试者的人数占总人数的比例不到 2%，故拒绝零假设，接受备择假设，认为参试者不是凭瞎猜做出反应的（即至少是部分掌握了分类原则）。这种判断方式符合假设检验的原理。

不过，凭瞎猜做出 6 次反应且全都错误的概率也是 0.0156，当参试者 6 次反应全部错误时，要不要拒绝零假设呢？如果也拒绝零假设，那么参试者凭瞎猜做出反应且被认为"掌握了分类原则"的概率将成倍增加，超过 0.03，但这仍属小概率事件。因此，将 6 次反应全错也判定为"掌握了分类原则"并无不妥。有些参试者很可能也掌握了分类原则，其错误反应可能出于某些其他原因，例如，记反了反应要求，将该反应为"A 类"的都反应成了"B 类"，将该反应为"B 类"的都反应成了"A 类"。

【例题 4.2】

动作精确性是大脑健康程度的重要表现。假定健康成人某种动作精确性测验的得分服从正态分布,且总体平均数和标准差分别为 60 和 6。某成年参试者得分为 47,能否认为其脑功能出现了问题?

【解答】

该参试者得分为 47,要判断其是否来自健康成人总体,故提出零假设和备择假设如下:

H_0:该参试者来自健康成人总体

H_1:该参试者不是来自健康成人总体

由于这种动作精确性测验的得分服从正态分布,且总体平均数和标准差分别为 60 和 6,故该参试者的 Z 分数为

$$Z = (X - \mu)/\sigma = (47 - 60)/6 = -2.167$$

查正态分布表,或用 R 命令"pnorm(−2.167, mean=0, sd=1)"得知 Z 分数小于或等于 −2.167 的概率约为 0.0151。这就意味着,如果零假设成立,即该参试者作为一个健康人,其得分等于或小于 47 的概率仅为 0.0151<0.05。这是一个小概率事件,故拒绝零假设,接受备择假设,认为该参试者脑功能很可能出现了问题。

本题涉及的假设检验也是一个单侧检验。因为这种测验得分越高表示脑功能越健全,所以,只有得分偏低才意味着脑功能出现了问题。这样一来,显著性水平 0.05 对应的拒绝域就全部落到了分布的左侧。

更重要的是,尽管拒绝了零假设,我们也只能说"该参试者脑功能很可能出现了问题",而不能完全肯定其出现了问题。因为在本题中,"得分等于或小于 47 的概率仅为 0.0151"的意思是,从理论上讲,10000 个健康成人中得分不高于该参试者的还有 151 个人。换言之,这位参试者的得分固然远远低于健康成人的平均数,但与上述 151 个健康成人相比,他/她的情况还算是好的。

因此,永远不能说,我们证明了零假设或备择假设。

4.2 参数假设检验(t 检验、方差分析)

4.2.1 t 检验

1. 基本公式

t 检验是运用 t 分布对平均数差异进行的显著性检验的统称。一般情况下,我们不知道总体的方差(σ^2),所以平均数差异的显著性检验只能分别采用以下公式。

(1) 单样本平均数差异的显著性检验公式:

$$t = \frac{\overline{X} - \mu}{S / \sqrt{n}}$$

其自由度 $df = n - 1$。

(2) 双独立样本平均数差异的显著性检验公式(方差齐性):

$$t = \frac{\overline{X}_1 - \overline{X}_2}{\sqrt{\frac{(n_1 - 1)S_1^2 + (n_2 - 1)S_2^2}{n_1 + n_2 - 2}\left(\frac{1}{n_1} + \frac{1}{n_2}\right)}}$$

其自由度 $df = n_1 + n_2 - 2$。

(3) 双独立样本平均数差异的显著性检验公式(方差不齐性):

$$t' = \frac{\overline{X}_1 - \overline{X}_2}{\sqrt{\frac{S_1^2}{n_1} + \frac{S_2^2}{n_2}}}$$

其自由度

$$df' = \frac{(S_1^2/n_1 + S_2^2/n_2)^2}{\frac{(S_1^2/n_1)^2}{n_1} + \frac{(S_2^2/n_2)^2}{n_2}}$$

(4) 双相关样本平均数差异的显著性检验公式:

$$t = \frac{\overline{X}_1 - \overline{X}_2}{\sqrt{\frac{\sum D^2 - (\sum D)^2 / n}{n(n-1)}}}$$

其自由度 $df = n - 1$。

虽然在大样本的情况下,t 分布接近正态分布,最终可以查正态分布表,但在总体方差未知的情况下,用 t 分布总是对的。所以我们将样本平均数差异的显著性检验简称为 t 检验。

但是需要强调的是,如果总体方差(σ^2)是已知的,那就务必要采用总体方差已知对应的公式进行检验,因为样本方差与总体方差之间总会存在抽样误差。

2. 单样本 t 检验

【例题 4.3】

一位研究者想研究工作记忆容量(Working Memory Capacity,简称 WMC)的高低会不会影响个体的创造力(Creativity,简称 CRE)。为此,他招募了 54 名参试者,让他们完成一项自编的创造力测验和一项测量工作记忆容量的 2-back 任务。(数据文件可从网址:have. ecnupress. com. cn 下载,文件名为:"例题 0403 - CRE 得分-单样本 t 检验. sav"。)该研究者首先想知道的是,这 54 名参试者的平均 CRE 与 60 有无显著差异,即该样本是否来自平均 CRE 为 60 分的总体?

表 4.1　例题 4.3 的数据

参试者编号(ID)	CRE 得分	参试者编号(ID)	CRE 得分
1	51	28	66
2	60	29	78
3	58	30	59
4	57	31	70
5	41	32	82
6	42	33	54
7	57	34	67
8	78	35	61
9	59	36	66
10	57	37	57
11	57	38	83
12	48	39	85
13	76	40	56
14	51	41	70
15	56	42	75
16	41	43	70
17	44	44	75
18	72	45	72
19	69	46	66
20	67	47	79
21	61	48	71
22	51	49	71
23	77	50	74
24	58	51	57
25	60	52	43
26	75	53	79
27	58	54	82

【解答】

这是一个用单样本数据考察其平均数与给定的平均数有无显著差异的假设检验问题。首先要提出如下假设：

$H_0: \mu = 60$

$H_1: \mu \neq 60$

我们假定 CRE 得分服从正态分布，则其样本平均数也应该服从正态分布，故进行单样本 t 检验。

将上述数据输入 SPSS 数据表，依次点击菜单项

Analyze → Compare Means → One-Sample T-Test

可以看到单样本 t 检验主界面，如图 4.1 所示：

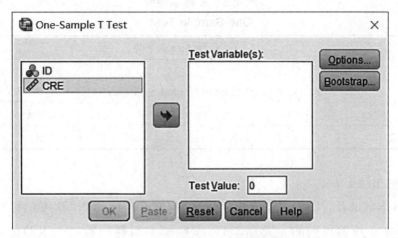

图 4.1　单样本 t 检验主界面

选择 CRE 作为检验变量(Test Variable),并在下面的检验值(Test Value)右侧输入 60,如图 4.2 所示。

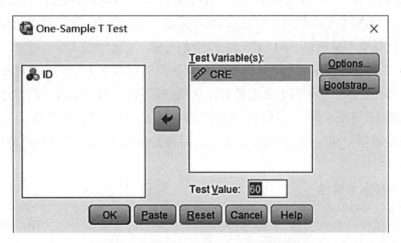

图 4.2　单样本 t 检验主界面操作结果

最后点击 OK 按钮。此时可以看到 SPSS 进行单样本 t 检验的输出结果(如表 4.2 和表 4.3 所示):

表 4.2　单样本统计量
One-Sample Statistics

	N	Mean	Std. Deviation	Std. Error Mean
CRE	54	63.87	11.762	1.601

表 4.3　单样本检验
One-Sample Test

	\multicolumn{6}{c}{Test Value = 60}
	t	df	Sig. (2-tailed)	Mean Difference	95% Confidence Interval of the Difference	
					Lower	Upper
CRE	2.418	53	.019	3.870	.66	7.08

SPSS 的输出结果表明：

（1）这 54 名参试者的 CRE 平均得分为 63.87，标准差为 11.762，平均数的标准误为 1.601。

（2）单样本 t 检验得到的 t 值为 2.418，$df=53$，双侧检验（2-tailed）的情况下 P 值（SPSS 中用 Sig. 表示）为 0.019。

这里有必要再强调一下 SPSS 报告的 P 值的本来意义。用统计学术语来表述，这个 P 值指的是：在零假设成立的前提下，检验统计量值比当前值更偏离 H_0 规定的参数值的概率。

就本例题而言，$P=0.019$ 意味着，在零假设（$H_0:\mu=60$）成立的情况下，仅有 1.9% 的样本的平均数比当前样本平均数（63.87）更远离参数值（60）。因此，我们可以做出拒绝零假设的决策，认为该样本不是来自平均 CRE 为 60 分的总体。

（3）表 4.3 的最后部分呈现的是根据该样本数据估计样本平均数与总体平均数之差的结果。可见，95% 置信水平下两者之差的置信区间（95%CI）为（0.66,7.08）。由于这个区间不包括 0（此点对应于 $\mu=60$），同样可以说明该样本不是来自平均 CRE 为 60 分的总体。也就是说，无论是根据 $P<0.05$，还是根据置信区间是否包括 0，我们都要拒绝零假设，两种判断方式是等价的。

3. 双独立样本 t 检验

【例题 4.4】

例题 4.3 提到的研究意在考察工作记忆容量对创造力的影响，所以，研究者同时也测量了参试者的工作记忆容量（WMC），并根据得分将 54 名参试者分为高低两组。下面的数据中，WMC 为 0 的，表示工作记忆容量较低组；WMC 为 1 的，表示工作记忆容量较高组。（数据文件名为："例题 0404-高低 WMC 参试者 CRE 得分-双独立样本 t 检验.sav"。）现在研究者想知道的是，WMC 较高组与 WMC 较低组参试者的 CRE 得分有无显著差异？

表 4.4　例题 4.4 的数据

参试者编号(ID)	WMC 高低	CRE 得分	参试者编号(ID)	WMC 高低	CRE 得分
1	0	51	3	0	58
2	0	60	4	0	57

续 表

参试者编号(ID)	WMC 高低	CRE 得分	参试者编号(ID)	WMC 高低	CRE 得分
5	0	41	30	1	59
6	0	42	31	1	70
7	0	57	32	1	82
8	0	78	33	1	54
9	0	59	34	1	67
10	0	57	35	1	61
11	0	57	36	1	66
12	0	48	37	1	57
13	0	76	38	1	83
14	0	51	39	1	85
15	0	56	40	1	56
16	0	41	41	1	70
17	0	44	42	1	75
18	0	72	43	1	70
19	0	69	44	1	75
20	0	67	45	1	72
21	0	61	46	1	66
22	0	51	47	1	79
23	0	77	48	1	71
24	0	58	49	1	71
25	0	60	50	1	74
26	0	75	51	1	57
27	0	58	52	1	43
28	1	66	53	1	79
29	1	78	54	1	82

【解答】

由于 54 名参试者被分为两个组，两组个体之间也没有相互关联，因此要采用双独立样本 t 检验来考察两个 CRE 平均数之差是否显著，即以 CRE 得分为观察值，检验 WMC 较高组与 WMC 较低组参试者是否来自同一总体。

设 μ_1 和 μ_2 分别为 WMC 较低组与 WMC 较高组参试者所在总体的平均 CRE，提出如下假设

$H_0: \mu_1 = \mu_2$

$H_1: \mu_1 \neq \mu_2$

将 WMC 数据加入 SPSS 的数据表，依次点击菜单项

Analyze → Compare Means → Independent-Samples T-Test

可以看到独立样本 t 检验主界面，如图 4.3 所示：

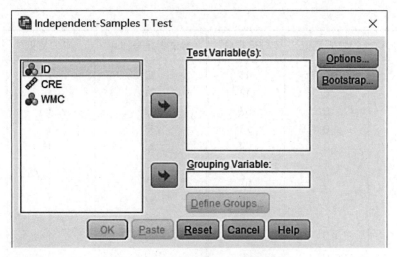

图 4.3 独立样本 t 检验主界面

仍选择 CRE 作为检验变量,再选择 WMC 作为分组变量(Grouping Variable),这时下面的 Define Groups 按钮被点亮,点击该按钮后出现一个定义组别的界面,如图 4.4 所示:

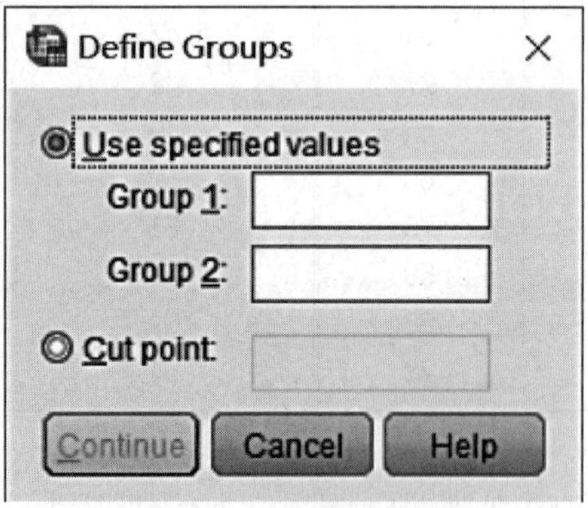

图 4.4 定义组别的界面

在 Group 1 和 Group 2 后面的文本框中分别输入代表两个组的 WMC 值(0、1),再点击 Continue 按钮回到主界面,结果如图 4.5 所示。

最后点击 OK 按钮。SPSS 进行双独立样本 t 检验的输出结果如表 4.5 和表 4.6 所示。

表 4.5 各组统计量
Group Statistics

	WMC	N	Mean	Std. Deviation	Std. Error Mean
CRE	低	27	58.56	10.860	2.090
	高	27	69.19	10.266	1.976

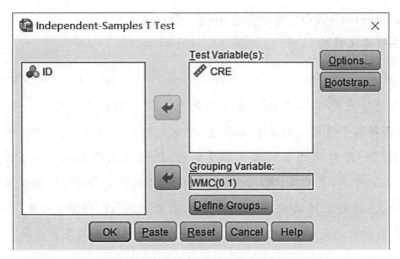

图 4.5　独立样本 t 检验主界面操作结果

表 4.6　独立样本检验
Independent Samples Test

		Levene's Test for Equality of Variances		t-test for Equality of Means						
									95% Confidence Interval of the Difference	
		F	Sig.	t	df	Sig. (2-tailed)	Mean Difference	Std. Error Difference	Lower	Upper
CRE	Equal variances assumed	.001	.972	-3.696	52	.001	-10.630	2.876	-16.401	-4.858
	Equal variances not assumed			-3.696	51.836	.001	-10.630	2.876	-16.401	-4.858

表 4.5 报告了两组参试者 CRE 得分的样本平均数、标准差和平均数的标准误。表 4.6 中呈现的是 t 检验的结果。在 SPSS 中,双独立样本 t 检验同时报告方差齐性与不齐性两种情况下的检验统计量数值,所以这里首先要根据 F 值判断方差是否齐性。由于 F 值对应的 P 值为 0.972,故认为方差齐性,即两总体 CRE 得分的方差相等。接着,读取表中"Equal variances assumed"(假设方差齐性)的那一行结果,可知两样本平均 CRE 之差为 -10.630 分,t 值为 -3.696,P 值为 0.001,95%CI(-16.401,-4.858)中也不包括 0,故认为两个样本来自不同的总体,即 WMC 较高组与 WMC 较低组参试者的 CRE 得分有极其显著的差异。

注意,如果 F 值对应的 P 值小于 0.05,则应认为方差不齐性,接下来要读取的是"Equal

variances not assumed"（假设方差不齐性）的那一行结果。

4. 双相关样本 t 检验

【例题 4.5】

例题 4.4 的结果表明，工作记忆容量较高的人似乎创造力比较强。那么，训练工作记忆容量，能否提高个体的创造力？如果能，那就太好了。为此，研究者对前面提到的 54 名参试者进行了一段时间的工作记忆容量训练，训练结束后又测了一下参试者的创造力，结果如表 4.7 所示，表中 CRE1 指参试者第一次测量的得分，其实就是例题 4.3 和 4.4 中的 CRE。（数据文件名为："例题 0405 - 前二次 CRE 得分 - 双相关样本 t 检验.sav"。）研究者想检验的是，第一次与第二次创造力测验成绩有无显著差异？

表 4.7 例题 4.5 的数据

参试者编号(ID)	WMC 高低	CRE1 得分	CRE2 得分	参试者编号(ID)	WMC 高低	CRE1 得分	CRE2 得分
1	0	51	50	28	1	66	69
2	0	60	69	29	1	78	82
3	0	58	63	30	1	59	67
4	0	57	59	31	1	70	66
5	0	41	47	32	1	82	86
6	0	42	51	33	1	54	57
7	0	57	57	34	1	67	69
8	0	78	71	35	1	61	70
9	0	59	58	36	1	66	67
10	0	57	62	37	1	57	56
11	0	57	56	38	1	83	77
12	0	48	42	39	1	85	88
13	0	76	75	40	1	56	42
14	0	51	54	41	1	70	74
15	0	56	51	42	1	75	79
16	0	41	40	43	1	70	74
17	0	44	48	44	1	75	73
18	0	72	72	45	1	72	72
19	0	69	72	46	1	66	62
20	0	67	71	47	1	79	74
21	0	61	49	48	1	71	64
22	0	51	51	49	1	71	69
23	0	77	80	50	1	74	73
24	0	58	60	51	1	57	59
25	0	60	66	52	1	43	48
26	0	75	69	53	1	79	86
27	0	58	59	54	1	82	81

【解答】

由于 54 名参试者在工作记忆容量训练前后各接受了一次创造力测验,每人得到了 2 个 CRE 分数,所以应采用双相关样本 t 检验来考察 CRE1 与 CRE2 平均数之差是否显著,即检验训练前样本与训练后样本是否来自同一总体?

设 μ_1 和 μ_2 分别为训练前样本与训练后样本代表的两个总体的平均创造力成绩,提出如下假设:

$H_0: \mu_1 = \mu_2$

$H_1: \mu_1 \neq \mu_2$

在 SPSS 中进行双相关样本 t 检验时,先将 CRE2 的数据加入数据表,依次点击菜单项

$\boxed{\text{Analyze}} \rightarrow \boxed{\text{Compare Means}} \rightarrow \boxed{\text{Paired-Samples T-Test}}$

可以看到配对(相关)样本 t 检验的主界面。选择 CRE1 和 CRE2,将其移入配对变量(Paired Variables)框,如图 4.6 所示。

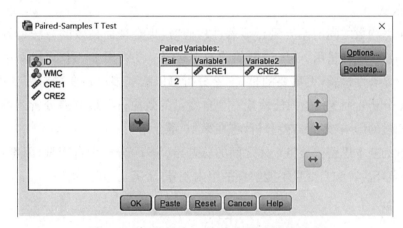

图 4.6　相关样本 t 检验主界面操作结果

点击 $\boxed{\text{OK}}$ 按钮,就可以看到 SPSS 进行双相关样本 t 检验的输出结果(如表 4.8 和表 4.9 所示)。

表 4.8　配对样本统计量
Paired Samples Statistics

		Mean	N	Std. Deviation	Std. Error Mean
Pair 1	CRE1	63.87	54	11.762	1.601
	CRE2	64.56	54	11.963	1.628

表 4.9　配对样本检验
Paired Samples Test

		Paired Differences					t	df	Sig. (2-tailed)
		Mean	Std. Deviation	Std. Error Mean	95% Confidence Interval of the Difference				
					Lower	Upper			
Pair 1	CRE1 – CRE2	−.685	4.963	.675	−2.040	.670	−1.014	53	.315

表 4.8 是两个样本的统计量结果。表 4.9 表明，54 名参试者前后两次创造力测验的平均成绩仅相差 −0.685 分(负号表示 CRE2 略高于 CRE1)；参试者两次测验得分之差 D 的标准差为 4.963，$\overline{D}$ 的标准误为 0.675，t 值为 −1.014，P 值为 0.315，未超过显著性水平(0.05)，显然，参试者训练前后的成绩没有显著差异。

4.2.2　初级的方差分析

1. 基本公式

在对多个平均数之间的差异进行显著性检验时，更合理而高效的方法是方差分析。由于方差分析的检验统计量用 F 表示，故简称为 F 检验。方差分析不仅可以对多个平均数之间的差异进行显著性检验，更重要的是，方差分析可以检验多个自变量对因变量的影响(名为多因素方差分析)，而 t 检验只能检验一个自变量的效应；而且，方差分析还可以检验自变量对多个因变量的影响(多元方差分析，将在第 10 章介绍)。

方差分析的基本思路就是将个体之间的总差异(SST)分解为自变量(因素)可以解释的部分(组间差异，SSA)和自变量不能解释的组内差异(SSE)。其公式是：

$$SSA = \sum n_j (\overline{X}_j - \overline{X}_t)^2$$

$$SSE = \sum \sum (X - \overline{X}_j)^2$$

$$SST = \sum \sum (X - \overline{X}_t)^2$$

SSA 和 SSE 分别除以各自的自由度，就可得出组间方差 MSA 和组内方差(MSE)，$F = MSA/MSE$。查 F 分布表即可知 F 值是否超过临界值，或 P 值是否小于 0.05。

如果需要逐对比较各个平均数，最常用的方法是 LSD(有些学者对该方法嗤之以鼻，但是其实 LSD 在大部分情况下是合理而高效的)，其计算公式是：

$$t = \frac{\overline{X}_i - \overline{X}_j}{\sqrt{MSE\left(\dfrac{1}{n_i} + \dfrac{1}{n_j}\right)}}$$

以上内容在初级心理统计教材中都有详细阐述，这里仅举几个例子，介绍如何用 SPSS

进行方差分析。

2. 单因素方差分析

【例题 4.6】

随着年龄的增长,社会交往能力也应该随之增强。为了考察小学、初中和高中这三个年龄组(依次用 1、2、3 表示)的学生的社会交往能力的差异,研究者编制了一个"社会交往技能量表",试测后得到以下数据。(数据文件名为:"例题 0406-年龄与社会能力-单因素方差分析.sav"。)问:这三个年龄段的学生的社会交往能力有无显著差异?

表 4.10 例题 4.6 的数据

编号	年龄组	得分	编号	年龄组	得分	编号	年龄组	得分
1	1	59	21	2	85	41	3	80
2	1	85	22	2	86	42	3	94
3	1	92	23	2	105	43	3	100
4	1	57	24	2	94	44	3	89
5	1	77	25	2	90	45	3	107
6	1	61	26	2	86	46	3	66
7	1	68	27	2	83	47	3	87
8	1	50	28	2	87	48	3	73
9	1	49	29	2	57	49	3	96
10	1	64	30	2	83	50	3	90
11	1	75	31	2	76	51	3	97
12	1	76	32	2	84	52	3	87
13	1	76	33	2	62	53	3	88
14	1	74	34	2	93	54	3	114
15	1	62	35	2	71	55	3	90
16	1	75	36	2	87	56	3	79
17	1	82	37	2	82	57	3	76
18	1	75	38	2	87	58	3	103
19	1	76	39	2	112	59	3	96
20	1	65	40	2	75	60	3	85

【解答】

本研究的因变量为社会交往技能得分(social),自变量为年龄组(group)。由于因素(自变量)的可能取值有 3 个,形成 3 个样本,故须用方差分析考察自变量对因变量的影响。设 μ_1、μ_2、μ_3 分别为小学生、初中生和高中生社会交往技能的总体平均数,可以提出如下零假设和备择假设:

$H_0: \mu_1 = \mu_2 = \mu_3$

$H_1: \mu_1$、μ_2、μ_3 之间至少有 1 对不等

将上述数据输入 SPSS 数据表中，依次点击菜单项

Analyze → Compare Means → One-Way ANOVA

可以看到单向（单因素）方差分析的主界面。选择 group 作为自变量，移入因素（Factor）框；选择 social 作为因变量，移入因变量列表（Dependent List）框，如图 4.7 所示。

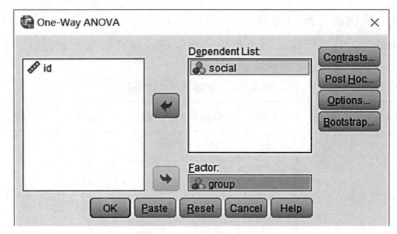

图 4.7　单因素方差分析主界面操作结果

另外，可以视情况分别点击用于事后检验（多重比较）的 Post Hoc... 按钮和选项 Options... 按钮，勾选希望得到的其他结果。这里，我们在事后检验中仅勾选了 LSD 法，如图 4.8 所示；在选项中仅勾选了"方差齐性检验"（Homogeneity of variance test）和平均数折线图（Means plot），如图 4.9 所示。

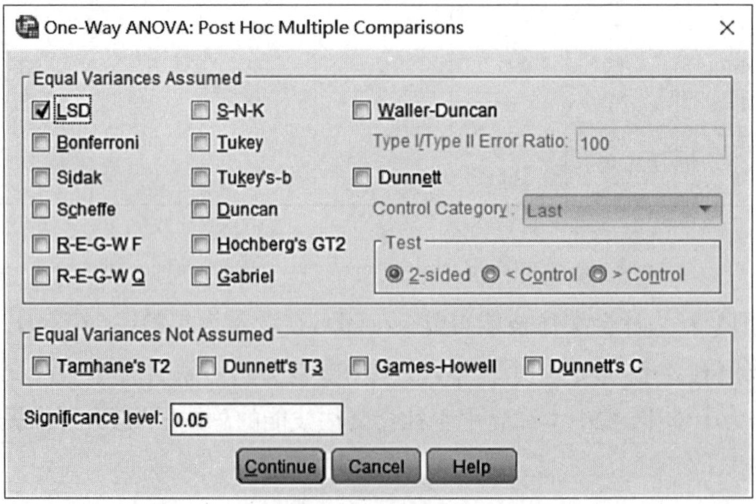

图 4.8　事后检验（多重比较）界面操作结果

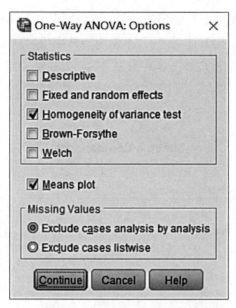

图 4.9 事后检验(多重比较)界面操作结果

回到 One-Way ANOVA 主界面后,点击 OK 按钮,就可以得到如下三个方面的输出结果。

首先是方差齐性检验结果(如表 4.11 所示)。由于 $P=0.932>0.05$,认为方差齐性。方差齐性是参数方差分析的前提。如果方差不齐性,最好采用非参数检验。

表 4.11 方差齐性检验
Test of Homogeneity of Variances

social

Levene Statistic	df1	df2	Sig.
.070	2	57	.932

接着是方差分析表(如表 4.12 所示)。由于 $P<0.001$,故拒绝零假设,认为 3 个年龄段的学生的总体平均数至少有 1 对不同。

表 4.12 单因素方差分析
ANOVA

social

	Sum of Squares	df	Mean Square	F	Sig.
Between Groups	4235.233	2	2117.617	14.990	.000
Within Groups	8052.100	57	141.265		
Total	12287.333	59			

那么,3个平均数之间究竟是1对不同,还是2对甚至是3对不同呢?这就要看多重比较的结果(如表4.13所示)。多重比较结果表明,小学组与初中组、高中组之间都有显著差异,但是初中组和高中组之间没有显著差异。这一点从图4.10各年龄组平均数折线图也可以大概看出。

表4.13　多重比较
Multiple Comparisons

Dependent Variable: social
LSD

(I) group	(J) group	Mean Difference (I-J)	Std. Error	Sig.	95% Confidence Interval	
					Lower Bound	Upper Bound
小学	初中	-14.350*	3.759	.000	-21.88	-6.82
	高中	-19.950*	3.759	.000	-27.48	-12.42
初中	小学	14.350*	3.759	.000	6.82	21.88
	高中	-5.600	3.759	.142	-13.13	1.93
高中	小学	19.950*	3.759	.000	12.42	27.48
	初中	5.600	3.759	.142	-1.93	13.13

*. The mean difference is significant at the 0.05 level.

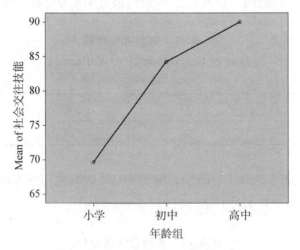

图4.10　各年龄组平均数折线图

这也许说明,到了初中阶段,学生的社会交往技能已经基本定形,至少在高中阶段提升幅度有限。至于他们进入社会之后还会不会"突飞猛进",尚需更多年龄组参试者加入此类研究方能做出判断。

有学者认为,即使在方差分析得出平均数差异显著的结果时,我们也要慎重地、有计划地进行多重比较——不要将每一对平均数都做一次检验,只需比较与理论假设相关的平均数之差异即可。例如,在这个例子中,我们可以将初中组和高中组合并为"中学组",用 1 次 t 检验考察小学生与中学生的社交技能有无显著差异,这样既可以避免多次 t 检验造成的 α 错误概率的累积,又可以避免人为减小 α 而增大了 β 错误的概率。这似乎是在说 Bonferroni 检验,因为 Bonferroni 检验的基本思想是,将显著性水平定为原来的 α 除以检验次数。例如,如果要做 5 次比较,则每一次检验的显著性水平设为 $\alpha'=0.05/5=0.01$,这样 α 错误概率累积起来也不会超过 0.05,但是代价是,每次检验只有当 $P<0.01$ 时才能拒绝零假设。

3. 双因素方差分析(完全随机设计)

【例题 4.7】

因材施教是教育者的理想。关于个体学习风格的研究结果表明,个体中存在多种学习风格。每一个人都有自己的优势学习风格,有人善于通过视觉观察进行学习,这类学习者就属于"视觉型";另有一些人善于通过听觉或动觉进行学习,他们就属于"听觉型"或"动觉型"。如果针对不同的学习风格,开发有针对性的教学策略——用"视觉型教学法"教视觉型学生,用"听觉型教学法"教听觉型学生,会不会事半功倍呢?这就是所谓的学习风格与教学方法的"啮合假设"。某研究者试图验证这一假设。该研究者用学习风格测验将学生分为视觉型学习者和听觉型学习者,又设计了"某氏视觉型教法"和"某氏听觉型教法"。但是要验证啮合假设,必须得到以下结果:用视觉型教学法教视觉型学生(视—视)的成绩显著好于用听觉型教学法教视觉型的学生(听—视)的成绩,同样,用听觉型教学法教听觉型学生(听—听)的成绩显著好于用视觉型教学法教听觉型的学生(视—听)的成绩。因此,该研究者将学生分为上述 4 组,经一段时间教学后得到以下数据。(数据文件名为:"例题0407-学习风格-交互作用方差分析.sav"。)那么,这些数据能否证明啮合假设呢?

表 4.14 例题 4.7 的部分数据

学生编号 (ID)	教学法 (Ttype)	学习风格 (Ltype)	数学成绩 (Math)	语文成绩 (Chinese)
000001	0	0	71	71
000002	0	0	80	66
000003	0	0	77	97
000004	0	0	76	94
000005	0	0	61	103
000006	0	0	62	82
000007	0	0	77	74
000008	0	0	96	88
000009	0	0	78	92
000010	0	0	77	95
000011	0	0	77	88

续　表

学生编号 （ID）	教学法 （Ttype）	学习风格 （Ltype）	数学成绩 （Math）	语文成绩 （Chinese）
000012	0	0	68	86
000013	0	0	94	104
000014	0	0	71	96
000015	0	0	76	88
000016	0	0	62	89
000017	0	0	65	91
000018	0	0	90	79
000019	0	0	87	105
……	……	……	……	……

表 4.14 仅列出前 19 名学生的数据。教学法和学习风格用 0、1 表示，0 表示听觉型，1 表示视觉型。

【解答】

要证明教学方法与学习风格的啮合假设，需要用方差分析考察教学方法与学习风格的一种特别的交互作用。所谓交互作用，这里指的是对于不同的学习风格，教学方法产生的效应是不一样的。例如，对于视觉型的学生，视觉型教学法可能优于听觉型教学法；而对于听觉型的学生，视觉型教学法并不优于听觉型教学法，甚至还不如听觉型教学法。

用"有交互作用的双因素方差分析"可以检验教学方法与学习风格的交互作用是否显著。

在 SPSS 中进行双因素方差分析，可以依次点击菜单项

Analyze → General Linear Model → Univariate

可以看到一元方差分析的主界面。将数学成绩（Math）移入因变量（Dependent Variable）下面的框①，将自变量教学法（Ttype）和学习风格（Ltype）移入固定因素（Fixed Factor(s)）下面的框。结果如图 4.11 所示。

为了检验方差齐性假设，还要点击 Options... 按钮，勾选其中的"Homogeneity test"选项，再回到 Univariate 主界面。另外，为了更直观地观察 4 种不同实验处理下的平均数，点击主界面下的 Plots... 按钮，可以进入绘图界面，指定 Ltype 为横坐标（将 Ltype 移入 Horizontal Axis 下面的框），指定 Ttype 的效应以两条线段加以区分（将 Ttype 移入 Separate Lines 下面的框），点击此时被点亮的 Add 按钮，界面最终变成图 4.12 所示。

---

① 数据中的另一个因变量语文成绩无法移入因变量框，因为这里是单因变量的方差分析。如果希望将数学成绩和语文成绩合在一起同时作为因变量考察，那就是多元方差分析，要依次点击菜单项 Analyze → General Linear Model → Mutivariate 才能完成。

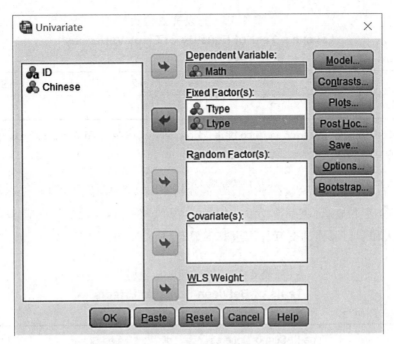

图 4.11　一元方差分析主界面操作结果

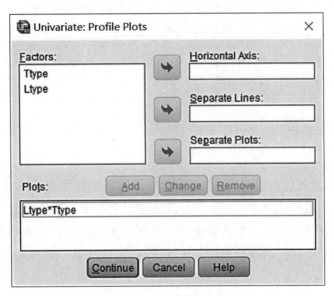

图 4.12　绘图界面操作结果

最后,点击 Continue 按钮回到主界面,点击 OK 按钮,得到方差分析的结果。这些结果可以分为三方面,如表 4.15—4.17 所示。

表 4.15 是方差齐性检验的结果。从中可以看到 $P=0.495>0.05$,满足方差齐性假设。表格下面有一句说明"Tests the null hypothesis that the error variance of the dependent variable is equal across groups",意思是检验各组的因变量误差方差是否相等。

表 4.15 方差齐性检验
Levene's Test of Equality of Error Variances[a]

Dependent Variable: Math

F	df1	df2	Sig.
.802	3	116	.495

Tests the null hypothesis that the error variance of the dependent variable is equal across groups.

a. Design: Intercept+Ttype+Ltype+Ttype*Ltype.

接下来是名为"被试间效应检验"的方差分析表(如表 4.16 所示)。可以看到,教学法(Ttype)的主效应不显著($P=0.746$),但是学习风格(Ltype)的主效应非常显著($P<0.001$),教学法和学习风格的交互作用也非常显著($P<0.001$)。

表 4.16 被试间效应检验
Tests of Between-Subjects Effects

Dependent Variable: Math

Source	Type III Sum of Squares	df	Mean Square	F	Sig.
Corrected Model	7184.092[a]	3	2394.697	22.084	.000
Intercept	737430.408	1	737430.408	6800.646	.000
Ttype	11.408	1	11.408	.105	.746
Ltype	3641.008	1	3641.008	33.578	.000
Ttype * Ltype	3531.675	1	3531.675	32.569	.000
Error	12578.500	116	108.435		
Total	757193.000	120			
Corrected Total	19762.592	119			

a. R Squared=.364 (Adjusted R Squared=.347).

但是,交互作用显著还不足以证明啮合假设,因为我们前面要求的结果是两个"显著好于":用视觉型教学法教视觉型学生(视—视)的成绩显著好于用听觉型教学法教视觉型的学生(听—视)的成绩,同样,用听觉型教学法教听觉型学生(听—听)的成绩显著好于用视觉型教学法教听觉型的学生(视—听)的成绩。所以,我们还应该看一下最后的平均数折线图,如图 4.13 所示。

从图 4.13 可以看到,对于听觉型学生,听觉型教学法显然好于视觉型教学法;但是对于视觉型学生,效应正好反过来——视觉型教学法显然好于听觉型教学法。这样一来,我们就能说,啮合假设对于数学课上的因材施教似乎是成立的。

如果将因变量换成语文成绩,再像刚才那样进行方差分析,我们看到的情况似乎有点异样。尽管学习风格的主效应和交互作用仍然显著。但是,从语文成绩的平均数折线图(如图 4.14 所示)来看,视觉型的学生其实不在乎哪一种教学法,而听觉型的学生最好用听觉型教学法。这时我们的结论是:在语文教学中,应当都用听觉型教学法。视觉型教学法不仅不能

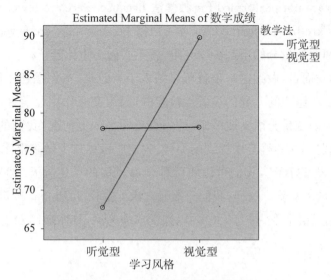

图 4.13　平均数折线图（数学成绩）

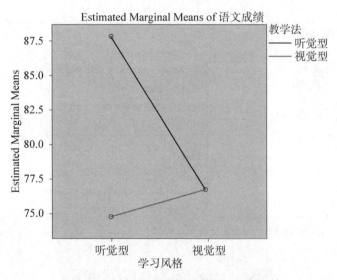

图 4.14　平均数折线图（语文成绩）

显著提高视觉型学生的成绩，而且对听觉型学生来说，简直就是一场灾难！

本例题要不要进行多重比较呢？如果在 Univariate 界面中点击 Post Hoc... 按钮进入多重比较界面，也可以勾选相应的检验，但是 SPSS 不执行 4 个小组之间的逐对比较，它只能分别对两个自变量不同取值分出来的大组进行比较，即所有视觉型的学生与听觉型学生相比较，所有用视觉型教学法教的学生与所有用听觉型教学法教的学生相比较。但是，因为这两个自变量都只有 2 个取值，主效应其实已经说明了比较结果。因此，SPSS 在输出结果时只说了这么两句话：

Post hoc tests are not performed for 教学法 because there are fewer than three groups.
Post hoc tests are not performed for 学习风格 because there are fewer than three groups.
意思是,用这两个变量分的组都少于 3 组,就不必做多重比较了。

就方差分析本身而言,做到这一步就可以结束了。但是,本例题还不能就此结束。在这个例题中,还是需要小组之间差异的显著性检验的,因为交互作用显著并不保证各小组间的差异显著,尤其是当因变量为语文成绩时,这一点更明显。更何况,我们的要求是两个"显著好于",而且正如例题 4.6 的解答中提到的那样,我们应该尽量少做多重比较。就这个例子而言,既然要求两个"显著好于",我们可以将两种学习风格的学生分开,然后分别做一次视觉型与听觉型教学法的 t 检验。这样,我们只需做 2 次 t 检验,可以将 α 设定为 0.05/2=0.025(在 SPSS 中应设定置信水平为 97.5%)。以数学成绩为例,具体操作方法是,点击菜单项

$\boxed{\text{Data}} \rightarrow \boxed{\text{Split File}}$

这时可看到数据文件分组界面,点选"分组组织输出"(Organize output by groups),然后将 Ltype 移入下面的方框中,如图 4.15 所示。

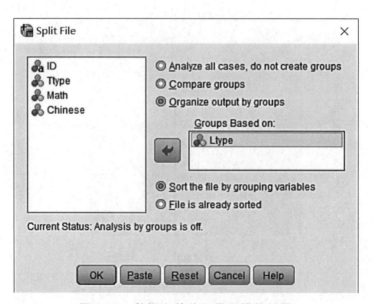

图 4.15 数据文件分组界面操作结果

点击 $\boxed{\text{OK}}$ 按钮,就完成了数据分组。

再依次点击菜单项

$\boxed{\text{Analyze}} \rightarrow \boxed{\text{Compare Means}} \rightarrow \boxed{\text{Independent-Samples T-Test}}$

进入独立样本 t 检验界面。之后的操作一如例题 4.4 所示,以数学成绩(Math)为检验变量,以 Ttype 为分组变量;再点击 $\boxed{\text{Options}}$ 按钮,将置信水平由 95% 改为 97.5%,回到 t 检验界

面点击 OK 按钮,就可以分别得到两种学习风格的学生的 t 检验结果:对于听觉型的学生,听觉型教学法极其显著地好于视觉型教学法,$t=3.713, df=58, P<0.001$;而对于视觉型的学生,视觉型教学法极其显著地好于听觉型教学法,$t=-4.378, df=58, P<0.001$。这样我们就可以做出断言:就数学教学而言,啮合假设是成立的。

另外,考虑到这两次 t 检验都是检验是否"显著好于",我们还可以采用单侧检验,所以置信水平其实可以用 95%。

作为练习,读者可以将语文成绩作为因变量,将上述分析过程重复一下。

4. 无交互作用的方差分析

如果在双因素或多因素方差分析中发现交互作用不显著,可以将其剔除,重新进行方差分析。例如,在例题 4.7 的双因素方差分析中,如果交互作用不显著,不妨重新进入 Univariate 界面,在完成前文提到的各种操作之外,点击 Model 按钮打开相应窗口,点选其中的"设定"(Custom)选项,将原来的全因素模型(Full factorial,亦称"饱和模型")改为自定义模型。接着,点击"构建项"(Build Term(s))框中的下拉式菜单,选择其中的"主效应"(Main effects),随后将左边因素框中的自变量移入右边的模型框,只要不选择菜单中的"交互"(Interaction),方差分析结果中就没有交互项,是一个"非饱和模型",如图 4.16 所示。

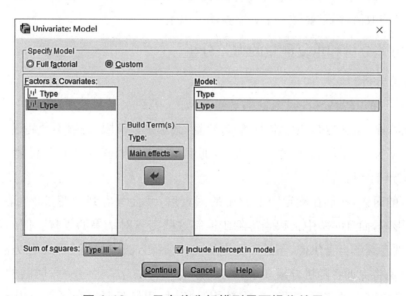

图 4.16 一元方差分析模型界面操作结果

最后点击 Continue 回到主界面,再点击 OK 就可以看到输出结果了。

没有交互作用的方差分析的优点是,当各种处理只有 1 个数据时,也能得出结果。例如,我们想比较小学生对 3 种数学教材的喜爱程度,但又考虑到学校所在地区的经济发展水平也可能影响结果。这种情况下,可以先区分出若干种不同经济发展水平地区(假定为 4 种),然后再分别从这 4 种经济发展水平的地区中各随机抽取 3 所学校,让每所学校的学生只对 1 种教材做出喜爱程度评价，如表 4.17 所示。

表 4.17 无交互作用的双因素（随机区组设计）方差分析的数据结构

		A 因素(教材)		
		甲种	乙种	丙种
B 因素(区组)	高发展水平地区	学校 1	学校 2	学校 3
	较高发展水平地区	学校 4	学校 5	学校 6
	较低发展水平地区	学校 7	学校 8	学校 9
	低发展水平地区	学校 10	学校 11	学校 12

在这里，4 种经济发展水平的地区就构成了 4 个区组，每个区组又有 3 个水平接近的学校，这样就形成了一个 4×3 的双因素实验设计。即便每个学校只有 1 个数据（往往是平均数），用无交互作用的双因素方差分析也能得出关于两个主效应的结果。而所谓的"随机区组设计的方差分析"，其计算方法与无交互作用的双因素方差分析完全相同。

如果发现某个因素的主效应也不显著，那就可以用上述步骤进一步定制一个不包括该因素的模型。这时，原来的双因素方差分析就变成单因素方差分析；而且，如果唯一的自变量只有 2 个可能取值，则只要做一个 t 检验就可以了。

4.2.3 协方差分析和重复测量的方差分析

1. 协方差分析

上一节提到的方差分析，因变量都是连续型的、等距水平的变量，而自变量（因素）都是间断型、称名水平（最多也是顺序水平）的自变量，其水平数有限，一般不会超过 4 个水平。这是因为，如果研究者选择因素的水平数太多，那就意味着进行多重比较时可能要做很多次逐对检验，这无异于自讨苦吃。

但是，有的时候，我们在确定了实验中的因素后，又会考虑到因变量很可能受到一些连续型变量的影响，而且实验中又很难排除或控制这些变量对结果的干扰。例如，我们想通过训练帮助受训者缓解自身焦虑，不过需要先从 3 种训练方法中找到一种最佳方法。这时最简单的办法，就是将受训者随机分成 3 组，各接受一种训练方法，经过一段时间的训练后，比较各组受训者最终测得的焦虑水平——在数据分析时，我们只要进行一次单因素方差分析就行了。但是，同行专家面对这一看似简洁的实验设计时，首先感到的往往不是简洁，而是"粗糙"。他们可能会发出这样的诘问：你不考虑参试者在受训之前的基础焦虑水平吗？虽然这个诘问理论上讲是多余的，因为我们将受训者随机分成 3 组，理论上可以认为这 3 组受训者的基础焦虑水平是相等的，但是不要忘了，在实际研究中，一是随机分组不能绝对保证 3 组处于同一焦虑水平"起跑线"，二是有时候还没办法做到随机分组（例如以学校班级为单位进行干预研究时）。所以在大多数情况下，我们确实有必要对受训者进行至少 2 次测量,训练之前测量一下他们的基础焦虑水平,标出每个人的"起跑线",训练全部结束后再测一次。两次测验分别称为前测与后测。训练的最终结果自然是后测的得分,但是这个后测得分不可避免地与基础焦虑水平有关联。这样一来,我们就希望有一种方法,能够将同为连续型变量的基础焦虑水平对结果的干扰剔除出去。协方差分析就是这样一种方法。

【例题 4.8】

在例题 4.3、4.4、4.5 中,我们提到有位研究者试图通过训练参试者的工作记忆容量来提高他们的创造力水平,但是从例题 4.5 的结果来看,训练前测得的 CRE1 与训练一段时间后测得的 CRE2 之间没有显著差异。研究者认为这可能是因为训练时间不够,于是追加了第二轮训练,然后进行第三次测验,得到了 CRE3。具体数据如表 4.18 所示。(数据文件名为:"例题 0408-WM 训练效果-协方差分析.sav"。)

研究者此时想要考查的是:(1)CRE1 与 CRE3 之间有无显著差异?(2)更更重要的是:参试者 WMC 的高低会不会影响训练的效果?

表 4.18 例题 4.8 的数据

ID	WMC	CRE1	CRE2	CRE3	ID	WMC	CRE1	CRE2	CRE3
1	0	51	50	56	25	0	60	66	56
2	0	60	69	62	26	0	75	69	81
3	0	58	63	53	27	0	58	59	62
4	0	57	59	52	28	1	66	69	65
5	0	41	47	46	29	1	78	82	87
6	0	42	51	44	30	1	59	67	69
7	0	57	57	49	31	1	70	66	68
8	0	78	71	81	32	1	82	86	91
9	0	59	58	63	33	1	54	57	59
10	0	57	62	60	34	1	67	69	70
11	0	57	56	63	35	1	61	70	68
12	0	48	42	51	36	1	66	67	78
13	0	76	75	72	37	1	57	56	55
14	0	51	54	41	38	1	83	77	95
15	0	56	51	54	39	1	85	88	96
16	0	41	40	39	40	1	56	42	71
17	0	44	48	49	41	1	70	74	78
18	0	72	72	81	42	1	75	79	78
19	0	69	72	75	43	1	70	74	80
20	0	67	71	65	44	1	75	73	92
21	0	61	49	59	45	1	72	72	68
22	0	51	51	55	46	1	66	62	74
23	0	77	80	80	47	1	79	74	78
24	0	58	60	63	48	1	71	64	72

ID	WMC	CRE1	CRE2	CRE3	ID	WMC	CRE1	CRE2	CRE3
49	1	71	69	76	52	1	43	48	41
50	1	74	73	80	53	1	79	86	81
51	1	57	59	61	54	1	82	81	93

【解答】

如果仅是为了回答第一个小问题,只需要对 CRE1 和 CRE3 做一次双相关样本 t 检验即可,步骤与例题 4.5 的解答完全相同,读者可自行操作 SPSS 查看结果。但是本题的重点是,不同 WMC 的参试者的 CRE 训练效果可能是不一样的,也许是"普天同庆"——高低 WMC 组的参试者都取得显著进步;也许是"雪中送炭"——低 WMC 组的参试者进步大,高 WMC 组的参试者"原地踏步";当然也可能倒过来,成为"锦上添花"——训练只对高 WMC 组的参试者有促进作用。

这样一来,我们就应该将 WMC 作为自变量,考查高低 WMC 组的参试者的最终成绩 CRE3 有无显著差异,并剔除同为连续型变量的前测成绩 CRE1 对 CRE3 的影响。这需要进行协方差分析,CRE1 以协变量的形式纳入分析。

SPSS 中协方差分析的菜单路径与双(多)因素方差分析相同,仍依次点击菜单项

$$\boxed{\text{Analyze}} \rightarrow \boxed{\text{General Linear Model}} \rightarrow \boxed{\text{Univariate}}$$

打开 Univariate 界面,将 CRE3 移入 Dependent Variable 框,将 WMC 移入 Fixed Factor(s) 框,最后将 CRE1 移入协变量(Covariate(s))框,如图 4.17 所示。

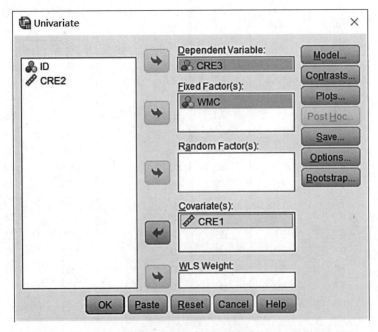

图 4.17 一元方差分析主界面操作结果(含协变量 CRE1)

最后点击 OK 按钮,主要分析结果如表 4.19 所示。

表 4.19 带协变量 CRE1 的方差分析
Tests of Between-Subjects Effects

Dependent Variable: CRE3

Source	Type III Sum of Squares	df	Mean Square	F	Sig.
Corrected Model	9995.133[a]	2	4997.566	181.941	.000
Intercept	5.808	1	5.808	.211	.648
CRE1	6851.725	1	6851.725	249.444	.000
WMC	147.375	1	147.375	5.365	.025
Error	1400.867	51	27.468		
Total	256220.000	54			
Corrected Total	11396.000	53			

a. R Squared=.877 (Adjusted R Squared=.872).

不出所料,前测的结果 CRE1 对后测 CRE3 有极其显著的影响 $F(1,51)=249.444, P<0.001$;同时,在剔除了 CRE1 的影响后,WMC 的主效应仍是显著的($P=0.025$),这说明两组不同 WMC 的参试者得到的训练结果是不一样的。

不过,上述结果仍不能说明,两组不同 WMC 的参试者得到的训练结果怎么不一样。为此,我们可以再次运用例题 4.7 后半部分的做法,点击菜单项

Data → Split File

进入数据文件分组界面,再点选"分组组织输出"(Organize output by groups),然后将 WMC 移入下面的方框中,点击 OK 按钮返回,再依次点击菜单项

Analyze → Compare Means → Paired-Samples T-Test

进入相关样本 t 检验界面。之后的操作就按照例题 4.5 的解答过程,只不过这次配对的是 CRE1 和 CRE3。结果是:

低 WMC 组:$t=-1.234, df=26, P=0.228$;
高 WMC 组:$t=-5.292, df=26, P<0.001$。

这说明,虽然 CRE3 成绩都高于 CRE1,但是其中只有高 WMC 组得到了显著提高。这是一种"锦上添花"式的训练效果。

发现训练干预有效之后,要像本题这样考察训练效果的模式(是"普天同庆""雪中送炭"还是"锦上添花"),还要考察效果能否长期维持。这就需要在训练完成后每隔一段时间就测量一次,查看效应的衰减情况,对应的分析方法之一就是重复测量的方差分析。

2. 重复测量的方差分析

【例题 4.9】

我们仍以例题 4.8 的数据来说明重复测量的方差分析。研究者开展过 2 轮训练、3 次测量,得到了前测 CRE1、中测 CRE2 和后测 CRE3。(数据文件名为:"例题 0409 - WM 训练效果-重复测量方差分析. sav"。)研究者想知道,这 3 次测量的结果有无显著差异?

【解答】

如果要比较同一批参试者 2 次测量的结果,只需做双相关样本 t 检验即可。但是本题需要比较同一批参试者 3 次的测量结果,属于"多个相关样本"的情况,应采用重复测量的方差分析。

依次点击菜单项

Analyze → General Linear Model → Repeated Measures...

可以看到重复测量设计的主界面,如图 4.18 所示。

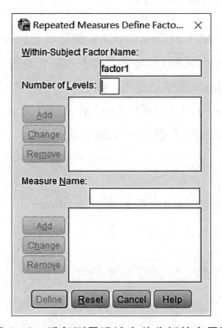

图 4.18　重复测量设计方差分析的主界面

在"水平数"(Number of Levels)后面的框中输入测量的次数(3),点击 Add 按钮,其下框中就出现了"factor1(3)",这就表示系统设定了一个用来表示不同测试时间的新变量 factor1(这个变量也可以自己命名),其有 3 个时间点;点击 Define 按钮进入定义变量的界面,将 CRE1、CRE2 和 CRE3 依次移至右上部的被试内变量(Within-Subjects Variables)框中,将 WMC 移入被试间变量[Between-Subjects Factor(s)]框中(如果不关心 WMC 的影响,也可以忽略本步骤),最后界面如图 4.19 所示。

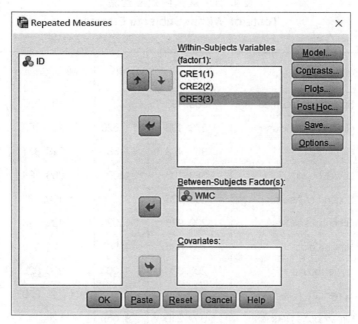

图 4.19 重复测量设计方差分析定义变量界面操作结果

点击 OK 按钮,就可以看到分析结果了。

SPSS 重复测量方差分析的输出有 3 个主要方面。首先要看其球形检验(Mauchly's Test of Sphericity)结果,如表 4.20 所示。

表 4.20 球形检验结果
Mauchly's Test of Sphericity

Measure:MEASURE_1

Within Subjects Effect	Mauchly's W	Approx. Chi-Square	df	Sig.	Epsilon		
					Greenhouse-Geisser	Huynh-Feldt	Lower-bound
factor1	.685	19.322	2	.000	.760	.793	.500

如果球形检验的结果符合球形假设,那就采用其后的被试内效应检验表 Tests of Within-Subjects Effects 中"球形假设成立"(Sphericity Assumed)这一行的结果。但是本题的数据恰恰不符合球形假设:Mauchly's W=0.685,$P<.001$。这时采用的是"球形假设成立"之下 3 行的结果。这 3 行内容是 3 种校正结果,其中以 Greenhouse-Geisser 校正最为常用。

表 4.21 为被试内效应检验结果。尽管 3 种校正方法得出的 P 略有不同,但是 factor1 对应的 P 值都小于 0.005,这说明 3 次测量结果之间有显著差异;factor1 * WMC 对应的 P 值都小于 0.05,说明测量时间与 WMC 之间还存在显著的交互作用。这意味着,WMC 不同的两组参试者 3 次测量结果间的差异模式可能是不同的。

表 4.21 被试内效应检验
Tests of Within-Subjects Effects

Measure：MEASURE_1

Source		Type III Sum of Squares	df	Mean Square	F	Sig.
factor1	Sphericity Assumed	363.198	2	181.599	9.892	.000
	Greenhouse-Geisser	363.198	1.520	238.869	9.892	.001
	Huynh-Feldt	363.198	1.587	228.871	9.892	.000
	Lower-bound	363.198	1.000	363.198	9.892	.003
factor1 * WMC	Sphericity Assumed	200.926	2	100.463	5.472	.005
	Greenhouse-Geisser	200.926	1.520	132.146	5.472	.011
	Huynh-Feldt	200.926	1.587	126.615	5.472	.010
	Lower-bound	200.926	1.000	200.926	5.472	.023
Error(factor1)	Sphericity Assumed	1909.210	104	18.358		
	Greenhouse-Geisser	1909.210	79.065	24.147		
	Huynh-Feldt	1909.210	82.519	23.137		
	Lower-bound	1909.210	52.000	36.716		

另外,不符合球形假设时,也可以采用球形检验表之前出现的多元检验表(Multivariate Tests)中的结果(如表 4.22 所示)。我们可以看到,对于 factor1(即测量时间)而言,4 种检验方法同时得出 $P<0.001$ 的结果,这同样说明 3 次测量结果之间有显著差异。而 factor1 * WMC 后面的 P 都等于 0.009,这也说明测量时间与 WMC 之间还存在显著的交互作用。

表 4.22 多元检验表
Multivariate Tests

Effect		Value	F	Hypothesis df	Error df	Sig.
factor1	Pillai's Trace	.327	12.414	2.000	51.000	.000
	Wilks' Lambda	.673	12.414	2.000	51.000	.000
	Hotelling's Trace	.487	12.414	2.000	51.000	.000
	Roy's Largest Root	.487	12.414	2.000	51.000	.000
factor1 * WMC	Pillai's Trace	.167	5.118	2.000	51.000	.009
	Wilks' Lambda	.833	5.118	2.000	51.000	.009
	Hotelling's Trace	.201	5.118	2.000	51.000	.009
	Roy's Largest Root	.201	5.118	2.000	51.000	.009

最后来看一下表 4.23 的被试间效应检验表(Tests of Between-Subjects Effects)。可以

发现，WMC 后面对应的 $P<0.001$，说明高低 WMC 组参试者的测验结果有显著差异。这一点，我们在讲例题 4.4 的时候就已经知道了。如果前面设定变量时没有将 WMC 移入被试间变量框，这张被试间效应检验表里就没有 WMC 这一行结果，只剩下一般来说不用理会的截距(Intercept)和误差项(Error)。

表 4.23　被试间效应检验表
Tests of Between-Subjects Effects

Measure: MEASURE_1
Transformed Variable: Average

Source	Type III Sum of Squares	df	Mean Square	F	Sig.
Intercept	689790.377	1	689790.377	1964.054	.000
WMC	5940.500	1	5940.500	16.915	.000
Error	18262.790	52	351.208		

前面提到，测量时间与 WMC 之间存在显著的交互作用——WMC 不同的两组参试者 3 次测量结果间的差异模式可能是不同的。其实在协方差分析一节讲例题 4.8 时，我们已经看到训练仅对高 WMC 组参试者有效。但当时第一轮训练后的测验数据 CRE2 没有加入运算。本题将 CRE2 纳入后采用了重复测量的方差分析。如果再将 CRE1、CRE2 和 CRE3 依次移至右上部分的被试内变量(Within-Subjects Variables)框中，将 WMC 移入被试间变量[Between-Subjects Factor(s)]框之后，点击 Plots... 按钮，在 Plots 界面中设定 factor1 为横坐标，WMC 为两条线，则在最后输出结果中可以看到图 4.20。可以看到，低 WMC 组参试者无论怎样训练，其 CRE 成绩一直横在底部，而高 WMC 组参试者在第二轮训练后，CRE 成绩终于得到显著提升。这就解释了测量时间与 WMC 之间的交互作用究竟是怎么来的。

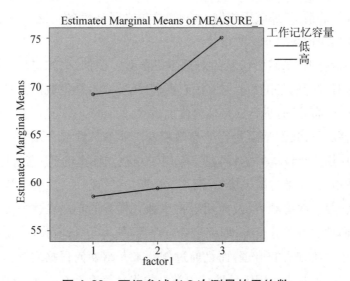

图 4.20　两组参试者 3 次测量的平均数

第 5 章　非参数检验・随机化检验

📛 本章内容

本章回顾传统的非参数检验方法。检验样本随机性时,可以用游程检验;检验两个独立样本的差异时,可以用曼-惠特尼 U 检验(秩和检验)和柯-斯检验;检验两个相关样本的差异时,可以用符号检验和符号秩次检验;检验多个独立样本的差异时,可以用单向秩次方差分析;检验多个相关样本的差异时,可以用双向秩次方差分析;针对频次进行的拟合度检验,一般用 χ^2 检验。本章还介绍了随机化检验和自助法。

📍 学习要点

1. **非参数检验方法**:非参数检验的应用场合;参数检验与非参数检验的配合使用。
2. **常见的非参数检验**:单样本游程检验;正态分布拟合优度检验;曼-惠特尼 U 检验;柯-斯检验;单向秩次方差分析;符号检验;符号秩次检验;双向秩次方差分析;单向 χ^2 检验、独立样本 χ^2 检验与相关样本 χ^2 检验。
3. **其他非参数检验**:随机化检验;自助法。

5.1　常见的非参数检验

在很多情况下,**参数假设检验的前提未必能够满足**。例如,在数据达不到等距水平,仅达到称名或顺序水平时,就不能用参数假设检验;在进行平均数差异显著性检验时,如果是非正态总体、小样本的情况,那就不能做 t 检验;在方差不齐性的情况下,就不能用参数方差分析等。这时,我们应该采取非参数检验法。

还有,在一些情况下,我们要**检验的对象不是参数**。例如,想知道样本中的参试者是不是随机抽取的,这时进行的是随机性检验;又如,想通过样本数据判断总体某个变量是否服从正态分布或其他分布,这时进行的是拟合优度检验。

在以上这些情况下,我们都要进行非参数检验。非参数检验方法丰富多彩,各有所长,比较常见的包括应用于单样本的游程检验、应用于双独立样本的曼-惠特尼 U 检验法(秩和检验)和柯尔莫哥洛夫-斯米尔诺夫检验(简称"柯-斯检验"或"K-S 检验")、应用于双相关样本的符号检验和符号秩次检验,以及应用于多个独立样本的单向秩次方差分析和应用于多个相关样本的双向秩次方差分析等;如果是针对次数(频次)进行检验,一般采用 χ^2 检验。

本书不再赘述上述方法的原理,而是通过例题来介绍如何根据实际需要选择合适的检验方法。表 5.1 列出了初级心理统计教材中常见的非参数检验方法,以及部分参数检验法与非参数检验法的对应关系。

表 5.1 初级心理统计中常见的非参数检验法

数据特点	样本个数	参数检验法	非参数检验法
单样本二值变量	1		单样本游程检验
独立样本秩次变量	2	双独立样本 t 检验	曼-惠特尼 U 检验 柯-斯检验
	≥2	完全随机设计方差分析	单向秩次方差分析
相关样本秩次变量	2	双相关样本 t 检验	符号检验 符号秩次检验
	≥2	随机区组设计方差分析	双向秩次方差分析
点计数据	1		正态分布拟合优度检验(单向 χ^2 检验;柯-斯检验)
	2		双向 χ^2 检验
	≥2		科克伦 Q 检验

虽然理论上所有的参数检验问题都可以用非参数检验解答,但是一般情况下仍应尽量采用参数假设检验,这样可以减少信息的损失;实在不能用参数假设检验时才采用非参数检验。

5.1.1 单样本游程检验

【例题 5.1】

一组研究者希望考察人类的瞳孔直径与智力的关系。研究者假设,静息状态下,瞳孔越大的人智力越高。研究者测量了一批参试者的静息状态下的瞳孔直径,并让他们完成一套智力测验,得到了 3 组数据:言语智力(IQv)、操作智力(IQp)和瞳孔直径(PDsize),部分参试者的数据如表 5.2 所示。研究者们的第一个疑问就是,这组数据的随机性如何?

表 5.2 例题 5.1 的部分数据

编号(ID)	性别(Gender)	言语智力(IQv)	操作智力(IQp)	瞳孔直径(PDsize)
1	1	94	81	86
2	1	106	102	99
3	0	88	81	96
4	1	107	88	95
5	1	76	77	72
6	0	69	71	73
7	1	94	98	95
8	1	132	131	125

续 表

编号(ID)	性别(Gender)	言语智力(IQv)	操作智力(IQp)	瞳孔直径(PDsize)
9	1	104	66	97
10	1	80	91	95
11	1	107	98	95
12	1	79	84	83
13	0	125	132	121
14	1	86	68	87
15	0	83	91	93
16	0	79	77	73
17	0	74	82	77
18	1	109	132	115
19	0	97	97	111
……	……	……	……	……

上表仅列出了前19名参试者的数据,其余数据见数据文件"例题0501-智商与瞳孔直径-非参数检验-单样本游程检验.sav"。性别(Gender)值0表示男性,1表示女性。以上数据都是在原始得分的基础上转换而成的量表分($T=100+10Z$)。

【解答】

参试者的数据本身就可以在一定程度上体现数据的随机性。例如,如果前来报名参试的前一半人都是男性,后一半人都是女性,感觉像背后有人"安排"一样,这就很难说明数据的取得过程是随机的。或者,如果测量结果显示前一半参试者得分都高于平均数(或中位数),后一半参试者都低于平均数(或中位数),我们也可以怀疑数据的随机性。**游程检验**就是一种**检验数据随机性的非参数检验方法**。

打开SPSS数据文件,依次点击菜单项

$\boxed{\text{Analyze}} \to \boxed{\text{Nonparametric Tests}} \to \boxed{\text{One Sample…}}$

进入单样本非参数检验界面。这里有3个选项卡:目标(objective)、变量(域,Fields)和设定(Settings),如图5.1所示。

目标选项卡上有三个选项:

一是自动比较实测数据与假设数据(Automatically compare observed data to hypothesized)。如果接受这个选项,点击$\boxed{\text{Run}}$按钮运行,软件将进行一些它认为可以进行的检验,例如拟合优度检验等;

二是检验序列的随机性(Test sequence for randomness)。点选这个选项后,再点击$\boxed{\text{Run}}$按钮运行,软件将检验各个变量数据的随机性;

三是定制分析(Customize analaysis)。这个选项允许用户自行选择检验方法,并设置检

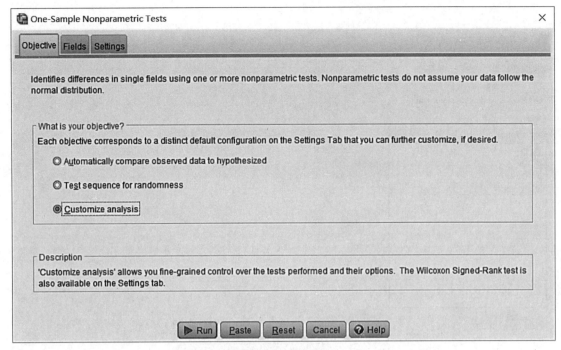

图 5.1　单样本非参数检验目标选项卡（已点选"定制分析"）

验中的一些细节内容。这里点选第三个选项。

点击变量选项卡，可以看到如图 5.2 所示的界面。这个界面的初始选择是"运用预定义变量"（Use predefined roles），此时所有变量都在右侧的检验变量框（Test Fields）中。如果我们只想根据参试者的性别判断数据的随机性，可以将性别（gender）以外的变量都移回到左边的框中。

接下来，点击设定选项卡，点选其中的"定制检验方法"（Customize tests）选项，勾选其下"检验序列的随机性（游程检验）"[Test sequence for randomness (Runs test)]选项。结果如图 5.3 所示。

点击 Test sequence for randomness (Runs test) 下的 Options... 按钮，还可以进入游程检验的选项界面，设定更多细节（如图 5.4 所示）：

由于本例中的性别是一个二值变量，符合"样本中只有 2 类个体"（There are only 2 categories in the sample）的要求，故不做更改。如果个体分为更多类别，可以将其转换为 2 类；如果是连续变量（即 Continuous Fields，本例中的 IQv、IQp 和 PDsize 都是连续变量），可以在界面的下半部分以样本中位数（Sample median）或样本平均数（Sample mean）为分割点将数据分为 2 类。此外，SPSS 还允许用户自行确定分割点。

返回设定选项卡，点击最下面的 Run 按钮，SPSS 的输出结果如表 5.3 所示。表中列出了以下内容：

（1）虚无假设（Null Hypothesis，即零假设）：以性别（男、女）定义的取值序列是随机的；

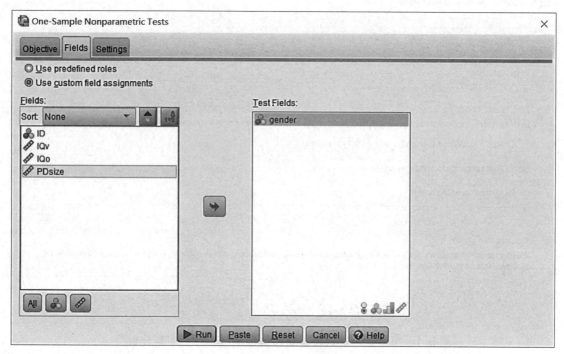

图 5.2 单样本非参数检验变量选项卡（已选定变量 gender）

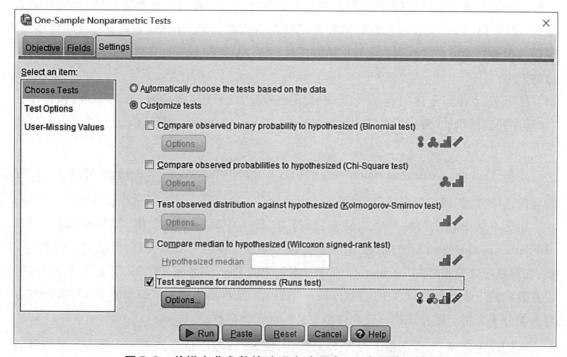

图 5.3 单样本非参数检验设定选项卡（已选定游程检验）

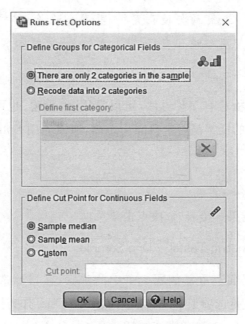

图 5.4　单样本游程检验选项界面

（2）检验方法（Test）：采用单样本游程检验；
（3）显著性（Sig.）：$P=0.502$；
（4）决策（Decision）：维持虚无假设，即零假设。

表 5.3　假设检验概要
Hypothesis Test Summary

	Null Hypothesis	Test	Sig.	Decision
1	The sequence of values defined by 性别＝(女) and (男) is random.	One-Sample Runs Test	.502	Retain the null hypothesis.

Asymptotic significances are displayed. The Significance level is .05.

可见，根据性别这个变量，我们可以认为样本中的数据是随机的，至少没有足够的依据认为其不随机。

5.1.2　正态分布拟合优度检验

严格地说，如果变量不服从正态分布，又只抽取了两个小样本，是不能做 t 检验的。所以，在小样本的情况下，先要判断样本来自的总体是不是正态总体。

【例题 5.2】

在例题 5.1 提到的研究中，研究者接下来的设想是，先确定男女两性的这三个变量是否都服从正态分布，随后根据拟合优度检验的结果决定如何检验两性智力得分的差异。数据文件为"例题 0502-智商与瞳孔直径-非参数检验-单样本拟合优度检验.sav"，其中数据与"例题 0501-智商与瞳孔直径-非参数检验-单样本游程检验.sav"一致。

【解答】

正态分布的**拟合优度检验**有多种方法，可以采用 χ^2 检验，也可以用柯-斯检验等方法。由于我们不清楚男女两性的样本是否来自同一总体，所以先用 Split File 功能将数据分为两组，即依次点击菜单项

| Data | → | Split File |

设定按 gender 分别输出结果。接着，依次点击菜单项

| Analyze | → | Nonparametric Tests | → | One Sample... |

进入单样本非参数检验界面。重复例题 5.1 中的步骤，在目标选项卡上点选"定制分析"（Customize analaysis），在变量选项卡中选取 IQv、IQp 和 PDsize 作为检验变量（如图 5.5 所示）。

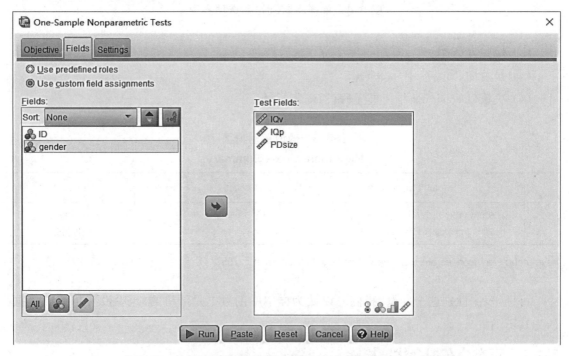

图 5.5　单样本非参数检验变量选项卡（已选定 3 个变量）

点击设定选项卡，进入设定界面；点选"定制检验方法"（Customize tests）选项，勾选其下"检验实测分布与假设分布"[Test observed distribution against hypothesized (Kolmogorov-Smirnov test)]选项，如图 5.6 所示。

点击 Options... 按钮，进入柯-斯检验的选项界面（如图 5.7 所示）。这个界面允许我们选择 4 种假设的分布：正态分布（Normal）、均匀分布（Uniform）、指数分布（Exponential）和

图 5.6 单样本非参数检验设定选项卡（已选定柯-斯检验）

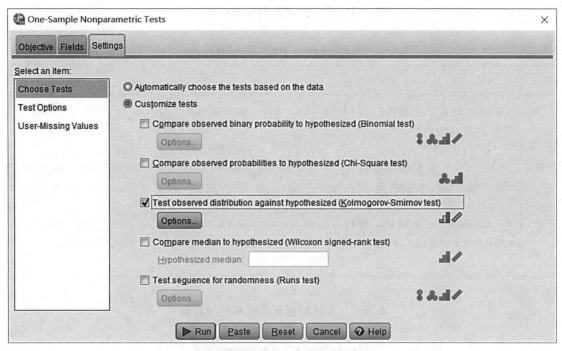

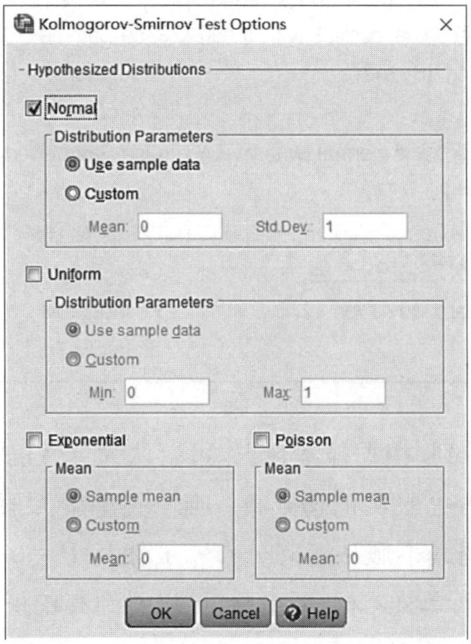

图 5.7 单样本柯-斯检验选项界面

泊松分布(Poisson)。

本题只检验是否服从正态分布，而且不另行指定平均数和标准差，故直接点击 OK 按钮返回设定选项卡，点击最下面的 Run 按钮，SPSS 运行后分别输出表 5.4 和表 5.5。

表5.4 男性数据正态分布检验结果

性别＝男

Hypothesis Test Summary

	Null Hypothesis	Test	Sig.	Decision
1	The distribution of 言语智力 is normal with mean 93 and standard deviation 18.644.	One-Sample Kolmogorov-Smirnow Test	.174[1]	Retain the null hypothesis.
2	The distribution of 操作智力 is normal with mean 95 and standard deviation 22.625.	One-Sample Kolmogorov-Smirnow Test	.135[1]	Retain the null hypothesis.
3	The distribution of 静息状态瞳孔直径 is normal with mean 96 and standard deviation 1.790.	One-Sample Kolmogorov-Smirnow Test	.200[1,2]	Retain the null hypothesis.

表5.5 女性数据正态分布检验结果

性别＝女

Hypothesis Test Summary

	Null Hypothesis	Test	Sig.	Decision
1	The distribution of 言语智力 is normal with mean 101 and standard deviation 16.142.	One-Sample Kolmogorov-Smirnow Test	.200[1,2]	Retain the null hypothesis.
2	The distribution of 操作智力 is normal with mean 99 and standard deviation 20.732.	One-Sample Kolmogorov-Smirnow Test	.200[1,2]	Retain the null hypothesis.
3	The distribution of 静息状态瞳孔直径 is normal with mean 100 and standard deviation 12.633.	One-Sample Kolmogorov-Smirnow Test	.200[1,2]	Retain the null hypothesis.

从以上这两张表可以看到，根据样本数据，可以认为男性的三个变量都服从正态分布，女性的言语智力和操作智力也服从正态分布。唯一拒绝虚无假设的情况是女性的瞳孔直径，SPSS用加亮的方式强调其不服从正态分布。虽然其$P=0.2$，但是如果从"旧式对话"(Legacy Dialogues)方式进行单样本柯-斯检验，可以看到其校正后的P值等于0.032，小于0.05，所以拒绝零假设。

另外，柯-斯检验也可以从菜单项"描述统计"进入，而且在小样本的情况下，还可以看到Shapiro-Wilk检验的结果，第10章"多元方差分析"将会有更多介绍。

5.1.3 双独立样本——曼-惠特尼U检验、柯-斯检验

如果两个相关独立样本之间不能进行t检验，可以考虑采用两种常用的非参数检验

法——曼-惠特尼 U 检验和柯-斯检验。

【例题 5.3】

在例题 5.2 中，研究者如何根据拟合优度检验的结果，选择检验两性差异的方法呢？数据文件为"例题 0503-智商与瞳孔直径-非参数检验-双独立样本.sav"，其中数据与"例题 0501-智商与瞳孔直径-非参数检验-单样本游程检验.sav"一致。

【解答】

例题 5.2 的结果表明，在两种智力得分方面，男女两性都服从正态分布，可以采用 t 检验。但是，女性的瞳孔大小不服从正态分布，加之男性样本容量为 26，是一个小样本，属于"非正态总体、小样本"的情况，这时两个样本平均数之差不服从正态分布，转换成 t 值后也不服从 t 分布，严格来说不适合用 t 检验来检验两性的差异，但可以采用双独立样本非参数检验法——曼-惠特尼 U 检验和柯-斯检验。

依次点击菜单项

Analyze → Nonparametric Tests → Independent Samples...

进入独立样本界面检验界面。重复例题 5.1 中的步骤，在目标选项卡上点选"定制分析"（Customize analaysis），在变量选项卡中选取 PDsize 作为检验变量；将性别变量 gender 移入右下部"分组"（Groups）框中，如图 5.8 所示。

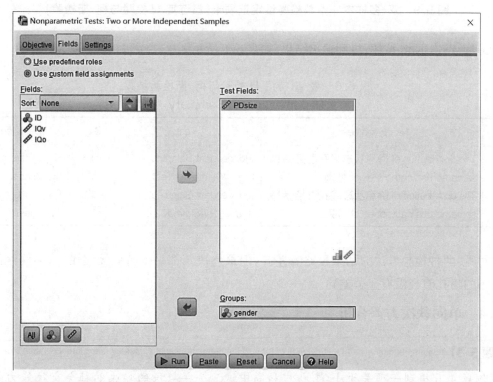

图 5.8　双-多独立样本非参数检验变量选项卡（已选定变量 PDsize 和 gender）

点击设定选项卡,进入设定界面,点选其中的"定制检验方法"(Customize tests)选项,勾选曼-惠特尼 U 检验和柯-斯检验,如图 5.9 所示。

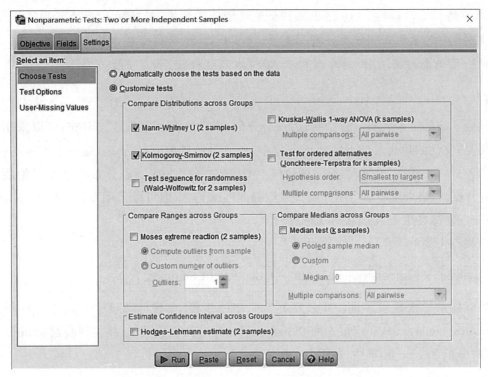

图 5.9 双-多样本非参数检验设定选项卡(已选定 U 检验与柯-斯检验)

最后,点击 Run 按钮,得到输出结果,如表 5.6 所示。

表 5.6 曼-惠特尼 U 检验与柯-斯检验结果

Hypothesis Test Summary

	Null Hypothesis	Test	Sig.	Decision
1	The distribution of 静息状态瞳孔直径 is the same across categories of 性别.	Independent-Samples Mann-Whitney U Test	.429	Retain the null hypothesis.
2	The distribution of 静息状态瞳孔直径 is the same across categories of 性别.	Independent-Samples Kolmogorv-Smirnov Test	.477	Retain the null hypothesis.

可见,两种检验方法的结果虽略有差异,但最终决策都是维持虚无假设,认为两性静息状态下的瞳孔直径没有显著差异。

5.1.4 单向秩次方差分析

【例题 5.4】

例题 4.6 提到一项关于小学、初中和高中这三个年龄段的学生的社会交往能力的差异检验问题,当时采用的是单因素方差分析法。现在假定研究者怀疑这三个样本未必来自正态总体,不满足参数方差分析的正态性前提。请问:如何对这三个年龄段学生的社会交往能力进行差异检验?

【解答】

当研究者怀疑参数方差分析的正态性前提未能满足时,可以考虑非参数检验。例题 4.6 中的研究者采用了**单因素方差分析**,而与之对应的非参数检验就是单向秩次方差分析。其基本思路是将各个年龄段的数据合起来编秩次,再分开计算各个年龄段的秩次之和,如果各年龄段的秩和差异不大,则认为它们没有显著差异,反之,说明至少有两个年龄段之间有显著差异。

在用 SPSS 进行非参数检验时,用户无需将原始数据转换成秩次,软件会自动完成整个分析过程,无需用户干预。

打开"例题 0504 - 年龄与社会能力-非参数检验-单向秩次方差分析. sav"(它与"例题 0406 - 年龄与社会能力-单因素方差分析. sav"的区别在于将变量 social 的 Measure 属性改成了"Scale")。

依次点击菜单项

Analyze → Nonparametric Tests → Independent Sample...

进入独立样本界面检验界面后,在目标选项卡上点选"定制分析"(Customize analaysis),在变量选项卡中选取社会技能(social)作为检验变量;将年龄组(group)移入右下部"分组"(Groups)框中;点击设定选项卡,进入设定界面,勾选"K - W 单向秩次方差分析"(Kruskal-Wallis 1-way ANOVA (k samples))选项,最后点击 Run 按钮,可以看到如表 5.7 所示的结果。其中虚无假设是"各个年龄组的社会技能得分分布相同",如果分布相同就意味着没有差异。但是,此次检验的结果是 $P < 0.001$,故拒绝了这个虚无假设。可见,本例最终结果与例题 4.6 是一致的。

表 5.7 K - W 单向秩次方差分析检验结果
Hypothesis Test Summary

	Null Hypothesis	Test	Sig.	Decision
1	The distribution of 社会技能 is the same across categories of 年龄组.	Independent-Samples Kruskal-Wallis Test	.000	Reject the null hypothesis.

Asymptotic significances are displayed. The significance level is .05.

5.1.5 双相关样本——符号检验、符号秩次检验

如果**两个相关样本之间**不能进行 t 检验,可以考虑采用两种常用的非参数检验法——**符号检验和符号秩次检验**。

【例题 5.5】

例题 4.5 中提到训练参试者的工作记忆容量来提高他们的创造力水平的研究。现在假定需要将原来的参数假设检验（t 检验）改为非参数检验，请问应该怎么做呢？

【解答】

本题和例题 5.6 继续采用例题 4.8 的数据，为方便起见，我们将原数据文件复制并更名为"例题 0505 - WM 训练效果-非参数检验-双相关样本.sav"，并将 3 个 CRE 变量的 Measure 属性都改为 Scale。将其打开后可以完成例题 5.5 和例题 5.6 的 SPSS 操作。

例题 4.5 比较的是第一次测试成绩 CRE1 与第 1 轮训练后的成绩 CRE2。这里用符号检验和符号秩次检验来解答同样的问题。

依次点击菜单项

Analyze → Nonparametric Tests → Related Samples...

进入相关样本非参数检验界面。重复例题 5.1 中的步骤，在目标选项卡上点选"定制分析"（Customize analaysis），在变量选项卡中选取 CRE1 和 CRE2 作为检验变量，移入右侧框中，如图 5.10 所示。

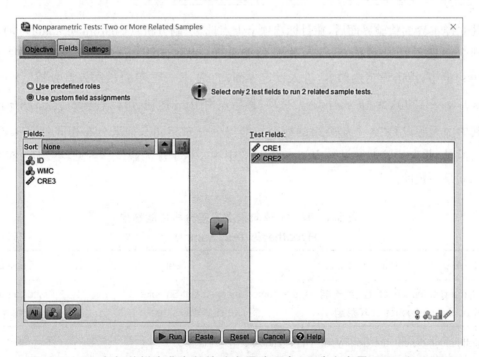

图 5.10　双-多相关样本非参数检验变量选项卡(已选定变量 CRE1 和 CRE2)

点击设定选项卡，进入设定界面，勾选符号检验[Sign test (2 samples)]和威尔柯克森符号秩次检验[Wilcoxon matched-pair signed-rank (2 samples)]选项，如图 5.11 所示。

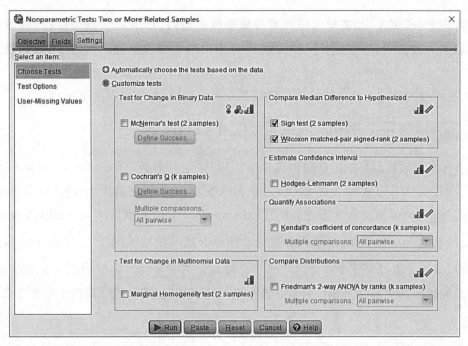

图 5.11 双-多样本非参数检验设定选项卡(已选定符号检验与威尔柯克森符号秩次检验)

最后,点击 Run 按钮,输出结果如表 5.8 所示。可以看到,虽然两种非参数检验方法得出的概率不同(0.322 和 0.168),但这两个概率都大于 0.05,都说明 CRE1 和 CRE2 之间的差异并不显著。

表 5.8 符号检验与威尔柯克森检验结果
Hypothesis Test Summary

	Null Hypothesis	Test	Sig.	Decision
1	The median of differences between WM 训练前 CRE 得分 and 第 1 轮训练后 CRE 成绩 equals 0.	Related-Samples Sign Test	.322	Retain the null hypothesis.
2	The median of differences between WM 训练前 CRE 得分 and 第 1 轮训练后 CRE 成绩 equals 0.	Related-Samples Wilcoxon Signed Rank Test	.168	Retain the null hypothesis.

5.1.6 双向秩次方差分析

【例题 5.6】

将例题 5.5 的数据中的 CRE3 也纳入比较范围(数据文件名为"例题 0506-WM 训练效果-非参数检验-双向秩次方差分析.sav"),问这 3 次测验的成绩有无显著差异?

【解答】

当有 3 个(或更多)相关样本进行差异显著性检验时,如果是参数假设检验,用的就是**重复测量的方差分析**,如例题 4.8 的做法。如果采用非参数检验,可以采用**双向秩次方差分析**。

SPSS 的双向秩次方差分析操作与例题 5.5 大致相同,先依次点击菜单项

Analyze → Nonparametric Tests → Related Samples...

进入相关样本界面检验界面。在目标选项卡上点选"定制分析"(Customize analaysis),在变量选项卡中选取 CRE1、CRE2 和 CRE3 作为检验变量;点击设定选项卡,进入设定界面,勾选右下角的"Friedman 双向秩次方差分析"[Friedman's 2-way ANOVA by ranks(k samples)]选项;最后点击 Run 按钮,输出结果如表 5.9 所示。这一次检验的 P 值仅为 0.004,故拒绝虚无假设,认为 3 组得分至少有 2 组之间是有极其显著差异的。根据例题 4.8 的结果,这个显著差异的原因其实是高 WMC 组参试者在第二轮训练后 CRE 成绩得到了显著提升。

表 5.9 双向秩次方差分析结果

Hypothesis Test Summary

	Null Hypothesis	Test	Sig.	Decision
1	The distributions of WM 训练前 CRE 得分、第 1 轮训练后 CRE 成绩 and 第 2 轮训练后 CRE 成绩 are the same.	Related-Samples Friedman's Two-Way Analysis of Variance by Ranks	.004	Reject the null hypothesis.

比较一下本题与例题 4.8,我们可以进一步认识到,虽然能进行参数假设检验的数据都可以进行非参数检验,而且很多情况下两者可以做出相同的决策,但是这样做会损失不少信息。例题 4.8 中参数假设检验能给出的信息,例题 5.6 中的非参数检验未必能够提供。所以,我们要尽量进行参数假设检验。

5.2 χ^2 检验

遇到以次数(或"频次")为对象的问题,χ^2 检验几乎是少不了的。χ^2 检验的思路也很简单:将实际观察得到的次数(O)与根据零假设得到的理论次数或期望次数(E)进行比较,计算公式是

$$\chi^2 = \sum \frac{(O-E)^2}{E}$$

两者相差越大,χ^2 值就越大,就越难以接受零假设。

5.2.1 单向 χ^2 检验

单向 χ^2 检验主要用于**单变量情况下的拟合优度检验**。例如,研究者可以用 χ^2 检验来判断自己招募来的参试者总体性别比例是不是 1∶1? 如果将参试者的学习成绩分为好、中、差 3 个等级,各等级人数是不是假定的比例(例如 1∶2∶1)? 如果将参试者分为更多等级,例如根据百分制成绩分为 95—100 组、90—94 组、85—89 组等,参试者来自的总体的学业成绩是否服从正态分布(或其他假定的分布)? ……

【例题 5.7】

在例题 5.1～5.3 中,我们用到了两性的智力与瞳孔直径的模拟数据。现在假定将瞳孔直径 PDsize 按照其 Z 分数(ZPDsize)分为 3 个等级:$Z<-1$ 的归入 1 级;Z 介于 -1 和 $+1$ 的归入 2 级,$Z>+1$ 的归入 3 级。这样就得到了表 5.10 的结果。研究者想判断: (1)两性参试者是不是各占一半? (2)瞳孔直径 3 个等级的人数是不是 1∶2∶1?

表 5.10 例题 5.7 的部分数据

编号(ID)	性别(Gender)	瞳孔直径(PDsize)	瞳孔直径等级(PDlevel)	瞳孔直径 Z 分数(ZPDsize)
1	1	86	2	-.81613
2	1	99	2	.08330
3	0	96	2	-.16225
4	1	95	2	-.24971
5	1	72	1	-1.79049
6	0	73	1	-1.69891
7	1	95	2	-.20525
8	1	125	3	1.80498
9	1	97	2	-.07059
10	1	95	2	-.20492
11	1	95	2	-.22905
12	1	83	1	-1.07382
13	0	121	3	1.59210
14	1	87	2	-.77680
15	0	93	2	-.33936
16	0	73	1	-1.71760
17	0	77	1	-1.44861
18	1	115	3	1.16537
19	0	111	2	.87892
……	……	……	……	……

上表仅列出前 19 名参试者的数据,其余数据见数据文件"例题 0507-瞳孔直径-卡方检验.sav"。性别(Gender)值 0 表示男性,1 表示女性。

【解答】

本题的两个小问题要求进行拟合优度检验。第一个小问题"两性参试者是不是各占一半"就是检验这个分布是不是性别比例为1:1的均匀分布;第二个小问题"瞳孔直径3个级别的人数是不是1:2:1"就是检验这个分布是不是我们提出的任意的假设分布。两个小问题的解答方法也都是运用 χ^2 检验的思路:将实际观察得到的次数与根据零假设得出的期望次数进行比较,相差太大就认为拟合优度差,此时应拒绝零假设。

第一小题的零假设就是"两性参试者人数之比是1:1",由于样本中有60名参试者,按照零假设,男女应该各30人。这就是期望次数。

第二小题的零假设就是"瞳孔直径3个级别的人数之比是1:2:1",根据这个比例,期望次数就应该是15、30和15。

用SPSS进行单向 χ^2 检验时,先依次点击菜单项

Analyze → Nonparametric Tests → Legacy Dialogs → Chi-square...

进入 χ^2 检验界面,将性别变量(gender)移入右侧的检验变量表(Test Variable List),由于第一小题的零假设就是"两性参试者人数之比是1:1",属于"各类次数相等"的情形,故维持右下角"All categories equal"选项不变(如图5.12)所示。

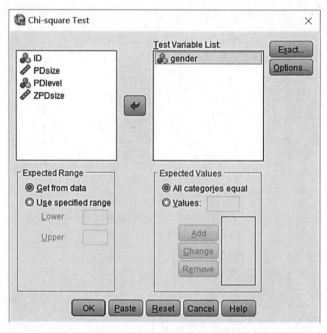

图5.12 χ^2 检验主界面操作结果(例题5.7第1小题)

点击 OK 按钮就可以看到输出结果(如表5.11所示)。由于实际观察到的男性有26人,女性有34人;按照零假设中两性的比例(1:1)以及两性总人数(60),两性的期望次数都是

30，两对 O 和 E 相减，都差 4 人。根据上述两对 O 和 E 算出的 χ^2 值为 1.067，$df=1$，$P=0.302$。由于 P 值大于 0.05，说明即使零假设成立，随机抽样得出更大 χ^2 值的概率仍很大，故接受零假设，认为两性人数之比为 1∶1。

表 5.11　χ^2 检验结果（例题 5.7 第一小题）
Test Statistics

	gender
Chi-Square	1.067
df	1
Asymp. Sig.	.302

第二小题的零假设是"瞳孔直径 3 个级别的人数是 1∶2∶1"，所以在进入 χ^2 检验界面后，将 PDlevel 变量移入右侧的检验变量表，这次不能用"各类次数相等"选项，须点选其下的"取值"(Values)选项，然后在其右侧小方框里依次输入数字 1、2、1，并点击 Add 按钮将它们加入右下角的竖框中，最终得到如图 5.13 所示的结果。

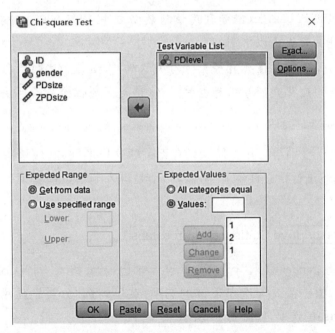

图 5.13　χ^2 检验主界面操作结果（例题 5.7 第 2 小题）

点击 OK 按钮就可以看到输出结果，如表 5.12 所示。按照零假设中设定的比例（1∶2∶1）以及总人数（60），3 个级别的期望次数分别是 15、30 和 15，三对 O 和 E 相减，得到 -5、10 和 -5。根据上述三对 O 和 E 算出的 χ^2 值为 6.667，$df=2$，$P=0.036$。由于 P 值小于

0.05，故拒绝零假设，认为瞳孔直径 3 个级别的人数之比不是 1∶2∶1。

表 5.12　χ^2 检验结果（例题 5.7 第 2 小题）

Test Statistics

	PDlevel
Chi-Square	6.667
df	2
Asymp. Sig.	.036

5.2.2　独立样本 χ^2 检验

独立样本 χ^2 检验用于检验两个变量之间是否相互关联（独立性检验），或在一个变量不同取值的情况下，另一个变量的取值有无显著差异（同质性检验）。两种检验只是名称不同，表达的侧重点不一样，但其分析方法和计算公式却是完全相同的，因为有关联就意味着有差异。

【例题 5.8】

在例题 5.7 数据的基础上（继续利用该题数据文件"例题 0507-瞳孔直径-卡方检验.sav"），我们可以进一步提出以下问题：

（1）参试者的性别与其瞳孔直径等级有关联吗？（这是独立性检验的问法）

（2）男女两性的瞳孔直径等级有差异吗？（这是同质性检验的问法）

【解答】

要回答本题关于性别与瞳孔直径等级有无关联这样的问题，应该采用独立样本 χ^2 检验。但是在用 SPSS 进行独立样本 χ^2 检验时，不是进入非参数检验菜单，而是依次点击菜单项

Analyze → Descriptive Statistics → Crosstabs

进入交叉表界面，将 gender 移入"行"（Row(s)），将 PDlevel 移入"列"（Column(s)），行列反过来也可以；接着，根据需要勾选左下方的选项，这里勾选"分类别显示柱状图"（Display clustered bar charts）的选项，如图 5.14 所示。

为了让 SPSS 进行 χ^2 检验，还要在交叉表主界面上点击 Statistics... 按钮，打开统计量（Statistics）界面后勾选左上角的"卡方"（Chi-square）选项，如图 5.15 所示。

点击 Continue 回到交叉表主界面，最后点击 OK 按钮，即可看到输出结果（如图 5.16、表 5.13 和表 5.14 所示）。

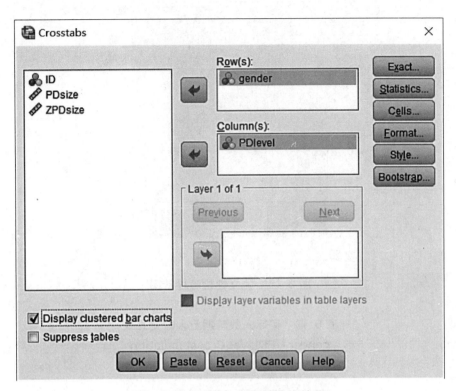

图 5.14 交叉表主界面操作结果

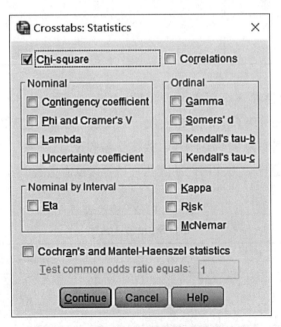

图 5.15 交叉表统计量界面操作结果

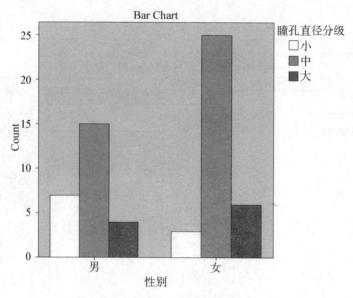

图 5.16 独立性检验柱状图

表 5.13 实际人数与期望人数交叉表
gender * PDlevel Crosstabulation

Count

		PDlevel			Total
		小	中	大	
gender	男	7	15	4	26
	女	3	25	6	34
Total		10	40	10	60

图 5.16 体现了两性在 3 个等级上的人数，表 5.13 列出了 6 个单元格中的实际人数（O），以及分别按性别和等级算出的边和人数和总人数。表 5.14 为 χ^2 检验表，其中显示 χ^2 值为 3.495，双侧检验概率为 0.174＞0.05，故接受零假设，认为参试者性别与其瞳孔直径等级没有显著关联，这也意味着男女两性的瞳孔直径等级没有显著差异。

表 5.14 χ^2 检验表
Chi-Square Tests

	Value	df	Asymptotic Significance (2-sided)
Pearson Chi-Square	3.495	2	.174
Likelihood Ratio	3.505	2	.173
Linear-by-Linear Association	1.802	1	.179
N of Valid Cases	60		

在 SPSS 中，还可以先算出 6 个单元格的实际人数，然后像图 5.17 这样，在数据表中填写不同的 gender 和 PDlevel 取值所对应的人数（f），见数据文件"例题 0508-瞳孔直径-独立样本卡方检验.sav"。随后，依次点击菜单项

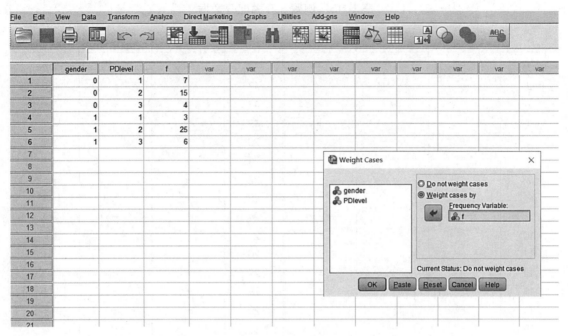

图 5.17　直接用人数（f）进行 χ^2 检验

Data → Weight Cases

将次数 f 作为权重。

返回主界面后，依次点击菜单项

Analyze → Descriptive Statistics → Crosstabs

进行与前面同样的操作，可以得到相同结果。

5.2.3　相关样本 χ^2 检验

如果相关样本的数据也以点计形式出现，例如对同一组参试者在训练前后各进行一次测验，并得知每次测验哪些人合格、哪些人不合格，这时就可以选择 McNemar 检验，它对应于参数假设检验中的双相关样本 t 检验；如果进行 3 次或更多次测验，同样得知每一次测验哪些人合格、哪些人不合格，就可以选择科克伦 Q 检验，它对应于参数假设检验中的随机区组设计的方差分析（或重复测量的方差分析）。

【例题 5.9】

假定研究者对 60 名参试者进行批判性思维训练，并在训练前、第一轮训练后和第二

轮训练后各进行了一次批判性思维能力测验,得到了三次测验的成绩(test1、test2 和 test3),数据文件名为"例题 0509-前中后三次测验-相关样本卡方检验"。假定现在只知道参试者是否合格(分别用＋和－表示,如表 5.15 所示),如何检验训练的效果?

表 5.15 例题 5.9 的部分数据

ID	test1	test2	test3	ID	test1	test2	test3
1	+	−	+	16	−	−	+
2	+	−	−	17	−	+	+
3	−	+	+	18	+	+	+
4	+	+	+	19	−	+	+
5	+	−	−	20	−	−	−
6	−	+	+	21	+	+	+
7	+	−	+	22	−	−	−
8	+	−	−	23	−	−	−
9	+	−	+	24	+	−	+
10	+	−	+	25	−	+	−
11	+	+	+	26	−	−	−
12	+	+	+	27	−	−	−
13	−	−	+	28	+	−	+
14	+	−	−	29	−	+	+
15	−	+	+	30	−	+	+
……	……	……	……	……	……	……	……

【解答】

如果想检验两次测验成绩之间的差异,这时可以采用 McNemar 检验。如果想同时检验 3 次测验之间的差异,可以采用科克伦 Q 检验。

将数据输入 SPSS 时,可以用 0 表示不合格、1 表示合格,然后在数据表的变量界面对变量 test1、test2 和 test3 的 Value 属性进行相应设定,形成如图 5.18 所示的结果。

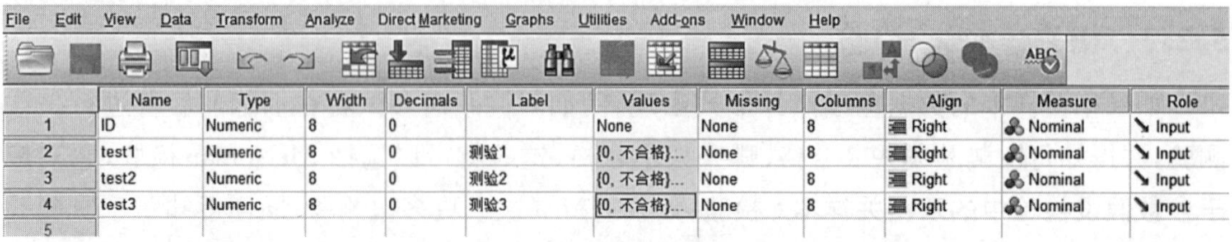

图 5.18 例题 5.9 的变量界面 Value 属性设定

接着,回到数据表的数据界面,点击菜单项 View 后勾选"值标签"(Value Labels),表中的 0、1 就变成了"不合格""合格"。

接下来依次点击菜单项

Analyze → Nonparametric Tests → Related Samples...

进入相关样本界面检验界面。在目标选项卡上点选"定制分析"(Customize analaysis),在变量选项卡中选取 test1 和 test2 作为检验变量;点击设定选项卡,进入设定界面,勾选"McNemar 检验"[McNemar's test (2 samples)]选项,如图 5.19 所示。

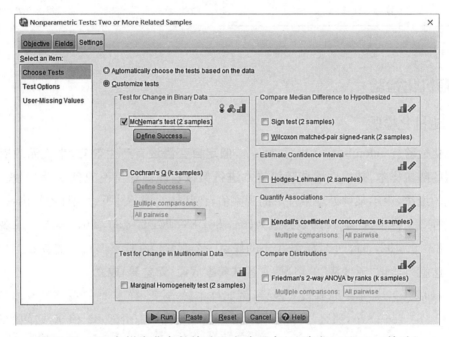

图 5.19　双-多样本非参数检验设定选项卡(已选定 McNemar 检验)

最后,点击 Run 按钮,输出结果如表 5.16 所示。McNemar 检验结果表明,前两次测验得分的分布情况大体相同,两者没有显著差异。

表 5.16　前 2 次测验 McNemar 检验结果

Hypothesis Test Summary

	Null Hypothesis	Test	Sig.	Decision
1	The distributions of different values across 测验 1 and 测验 2 are equally likely.	Related-Samples McNemar Test	.742	Retain the null hypothesis.

如果在变量选项卡中选取 test1、test2 和 test3 作为检验变量,并在图 5.19 的设定选项卡中勾选"科克伦 Q 检验"[Cochran's Q (k samples)]选项,运行后就可以得到三次测验之间有无显著差异的结果,如表 5.17 所示。科克伦 Q 检验表明,三次测验成绩之间有显著差异。

如果还想知道是哪两次测验成绩之间有显著差异,可以进行逐对比较。

表 5.17　全部 3 次测验科克伦 Q 检验结果
Hypothesis Test Summary

	Null Hypothesis	Test	Sig.	Decision
1	The distributions of 测验1,测验2 and 测验3 are the same.	Related-Samples Cochran's Q Test	.000	Reject the null hypothesis.

5.3　随机化检验

5.3.1　随机化检验

随机化检验(randomization test)指的是,假定自变量没有产生效应,生成无效应的情况下所期望的随机样本,并根据这些随机样本进行假设检验。这里说的自变量"无效应"是一种一般化的说法,表示某种处理条件下的观察值,在其他处理条件下也同样容易出现。

假定有 2 个样本,样本 A 的观察值为(84,86,88,90,93,93,96),样本 B 的观察值为(84,87,87,90,92,94,96),样本 A 中的任意一个观察值在样本 B 中很容易找到相同或接近的值。这就是所谓"无效应"的情况,它意味着零假设(无差异)成立。

但是,如果 2 个样本之间有较大差异,例如样本 A 不变,样本 B 的观察值变为(74,77,77,80,82,84,86,87),那么,2 个样本中相重叠的数据只有介于 80 和 90 之间的观察值,90 以上的观察值就只会出现在样本 A 中,80 以下的观察值只会出现在样本 B 中,换言之,样本 A 中的观察值出现在样本 B 中的概率大大下降了。

现在,样本 A(84,86,88,90,93,93,96)的平均数为 90,样本 B(74,77,77,80,82,84,86,87)的平均数为 80.875,怎样进行随机化检验呢?

随机化检验的基本思路可以通过下面这个举例来解释。例如,我们把 54 张普通扑克牌打乱(随机化)之后重新分成两堆。正常情况下,我们会认为这两堆牌应该差不多,事实上大多数情况下也确实如此(否则打牌之前就不用洗牌了)。但是,长期打牌的经验告诉我们,即使完全规规矩矩地洗牌,偶尔也会抓到一副烂牌(对方则抓到一副好牌)。这种情况就像从同一个总体中抽出的 2 个随机样本的平均数,多数情况下两者相差不大,但少数情况下也会相差很多,以至于被判断为有显著差异。

随机化检验的思想跟洗牌后判断好牌烂牌差不多。首先,将上述 2 个样本的 15 个数据合并,好像形成一个"总体"。然后,从这个"总体"中不放回地随机抽取个体放入样本 A 和样本 B,直至 2 个样本达到原来的个体数($n_1=7$, $n_2=8$)。这就好像把牌洗乱后发给 2 个牌友一样。多数情况下,这 2 个样本的数据都差不多,体现出"无效应"的状态,但是极少数情况下也会出现相差甚远的情况。在经过许多次这样的"洗牌"(抽样),或者列出所有可能的洗牌结果后,就可以得到许多个平均数之差;接着将这些平均数之差排序,并考察原来那 2 个样本平均数之差在其中的位置。如果只有不到 2.5%(双侧检验,$\alpha=0.05$)的平均数之差比原平均数之差更远离 0,就可以做出"有显著差异"的统计推断。

【例题 5.10】

样本 A 为(84,86,88,90,93,93,96),平均数为 90;样本 B 变为(74,77,77,80,82,84,86,87),平均数为 80.875。请问:怎样进行随机化检验?

【解答】

先计算原来的 2 个样本平均数之差,结果就是前文所说的"原平均数之差":$90-80.875=9.125$。这个结果稍后会用到。

接着,将 2 组数据合并,然后按照原来 2 个样本的容量(分别为 7 和 8),从中不放回地随机抽取个体,组成两个容量分别为 7 和 8 的样本;每次完成抽样后,计算 2 个样本的平均数之差。在进行了很多次(例如 10000 次)这样的抽样后,可得到 10000 个平均数之差,并将这 10000 个差数排序。如果有可能(例如用计算机自动完成"洗牌"),也可以列出所有可能的"洗牌"结果,算出所有可能的平均数之差。接着,计算这些平均数之差中更远离 0(本例为超过 9.125)的个数及其相应比率。如果这个比率小于 2.5%,就认为原来的 2 个样本之间有显著差异。

本例题只是描述了随机化检验的过程,在数据量较大的情况下,手工完成上述过程几乎是不可想象的。这就是为什么随机化检验的思想早已有之,但是真正的广泛应用还是在计算机运行速度达到一定水平后发生的。

下面的 R 代码可以完成上述过程。在执行这些代码之前,先要用命令

install.packages("coin")

安装一个名为"coin"的包。

```
#以下语句完成双独立样本随机化检验
library(coin)
score<-c(84,86,88,90,93,93,96,74,77,77,80,82,84,86,87)
treatment<-factor(c(rep("A",7),rep("B",8)))
mydata<-data.frame(treatment,score)
oneway_test(score~treatment,data=mydata,distribution="exact")
```

R 的输出结果是:

```
Exact Two-Sample Fisher-Pitman Permutation Test
data: score by treatment (A,B)
Z=2.7542, p-value=0.002642
alternative hypothesis: true mu is not equal to 0
```

我们看到,代码 oneway_test(score~treatment,data=mydata,distribution="exact")中的有一个参数项 distribution="exact",它表明让软件算出观察值分派到两个样本所有可能的排列组合(即所有可能的"洗牌"结果,不限于 10000 种)。这是只有高速计算机才能做到的事。本例的 P 值为 0.002642,意思是,在零假设成立(即"无效应")的情况下,2 个样本所有可能的平均数之差大于 9.125 的概率不超过 0.3%。因此,我们只能拒绝零假设,认为样本 A 和样本 B 来自平均数不同的总体。

如果与之前学过的统计分析方法做一比较,我们就可以看到,随机化检验与曼-惠特尼 U 检验和柯-斯检验一样,**对总体的方差和分布形态都没有特别的要求**。而 t 检验则强调正态分布总体(非正态总体时须是大样本);如果是方差分析,还要求方差齐性等。所以,随机化检验的应用范围比参数假设检验要广泛得多。

5.3.2 自助法

自助法(bootstrapping)是随机化检验的另一种形式。不过有些统计学家认为,自助法更适于参数估计。自助法的过程与随机化检验基本相同,两者最大的区别在于抽出个体的放回与否——**自助法采取放回的抽样,随机化检验采取不放回的抽样**。

自助法也常常用于严重偏离正态分布的数据。在非正态分布且小样本的情况下,我们无法根据样本平均数的抽样分布特点对总体平均数做区间估计。这时,自助法可以助我们一臂之力。自助法将样本中的有限数据当成一个"微缩"总体,从这些数据中以放回的方式抽取一个相同容量的新样本。可以想到,如果抽出的个体不放回,那么无论如何抽取,最终得到的样本总是和原来一模一样的。但是采用放回方式后,情况就有了微妙的变化:任何一个个体都有可能被抽到 0 次、1 次、2 次、3 次甚至更多次,这样每次抽出的样本就很可能不同了。自助法对每次抽出的样本都计算统计量的值(例如平均数),重复 1000 次抽样就可以得到 1000 个平均数。这 1000 个平均数的平均数就作为总体平均数的估计值,接着再将所有平均数排序,找出最高和最低 2.5% 位置上的平均数,它们就是总体平均数 95% 置信区间的上下限,两者之间的区间就是置信区间。

只要有了置信区间,就可以进行显著性检验。如果根据自助法求出的置信区间不包括零假设中的参数(比如 $H_0:\mu=60$),就说明该样本来自 $\mu\neq 60$ 的总体,应拒绝零假设。

【例题 5.11】

用自助法对例题 4.3 的数据做单样本平均数检验,考察其是否来自 $\mu=60$ 的总体。

【解答】

与解答例题 4.3 相同,采用 SPSS 中的单样本 t 检验(One Sample T-Test)。操作过程基本相同,仅在原来的基础上点击主界面上的 Bootstrap 按钮打开自助法界面,勾选其中的采用自助法(Perform bootstrapping)选项,其他选项都有缺省值,一般情况下不必修改,如图 5.20 所示。

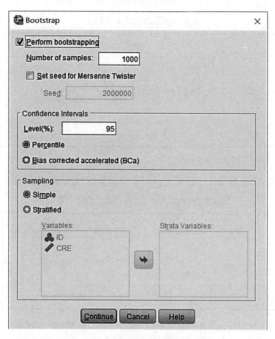

图 5.20　自助法界面操作结果

回到主界面,运行 t 检验。SPSS 的主要输出结果如表 5.18—5.20 所示。可以看到,运用自助法算出来的平均数、标准差都出现了负向偏差(Bias);t 检验的情况下,样本平均数与总体平均数之差为 3.87,其 95% 置信区间为(0.66, 7.08),P 值为 0.019;而自助法得出的 95% 置信区间较小,为(0.761, 6.999),P 值为 0.012。两种方法得出的 P 值都小于 0.05,故都不能认为样本来自 $\mu=60$ 的总体。

表 5.18　单样本统计量
One-Sample Statistics

		Statistic	Bootstrap[a]			
			Bias	Std. Error	95% Confidence Interval	
					Lower	Upper
CRE	N	54				
	Mean	63.87	−.04	1.56	60.76	67.00
	Std. Deviation	11.762	−.163	.872	9.816	13.279
	Std. Error Mean	1.601				

a. Unless otherwise noted, bootstrap results are based on 1000 bootstrap samples.

表 5.19 单样本检验($H_0: \mu = 60$)
One-Sample Test

	Test Value = 60					
	t	df	Sig. (2-tailed)	Mean Difference	95% Confidence Interval of the Difference	
					Lower	Upper
CRE	2.418	53	.019	3.870	.66	7.08

表 5.20 自助法单样本检验($H_0: \mu = 60$)
Bootstrap for One-Sample Test

	Mean Difference	Bootstrap[a]				
		Bias	Std. Error	Sig. (2-tailed)	95% Confidence Interval	
					Lower	Upper
CRE	3.870	−.038	1.559	.012	.761	6.999

a. Unless otherwise noted, bootstrap results are based on 1000 bootstrap samples.

第二部分 多元分析方法

第 6 章　多元线性回归分析

第 7 章　Logistic 回归分析

第 8 章　聚类分析

第 9 章　判别分析

第 10 章　多元方差分析

第 11 章　因子分析

第 12 章　结构方程建模

第 13 章　多层线性模型

第 6 章 多元线性回归分析

📖 本章内容

多元线性回归分析是初级和高级心理统计方法之间的结合部。它是 t 检验和一元方差分析的推广,又是结构方程建模的特例。本章从一元线性回归分析出发,全方位展现多元分析方法,系统介绍多元线性回归模型的前提、建立、检验和应用;还以例题的形式介绍如何用 SPSS 和 R 进行多元回归分析,如何建立自变量为类别变量的回归方程;最后介绍可能影响线性回归分析的部分问题。

📍 学习要点

1. **多元分析方法的全景**:一元线性回归;多元线性回归;中介效应模型与路径分析;潜变量;因子分析;结构方程模型。

2. **多元线性回归模型**:前提;建立;检验(确定系数、调整的确定系数、偏确定系数、对回归方程显著性的检验、对回归系数的显著性检验、自变量的筛选);应用(点估计和区间估计)。

3. **回归诊断**:异质子样本;离群点的影响;多重共线性;非线性回归。

4. **线性回归分析的主要结果(指标)**:截距;回归系数;标准回归系数;确定系数;偏确定系数;容忍度;方差膨胀因子;条件指数等。

6.1 从线性回归分析到结构方程模型

6.1.1 一元线性回归分析

在现代统计学中,回归分析指根据一个(或一组)变量的变化来估计或预测另一个(或一组)变量的变化。

想必大家还记得中小学课堂上学习的一元线性方程,它就是有一个自变量 X,另有一个因变量 Y 的直线方程。X 与 Y 两者之间的关系是

$$Y = a + bX$$

这其实就是一元线性回归分析的最简单版本。以前用这个方程的时候无需考虑随机误差——给定了一个 X 值之后,就可以得出精准的 Y 值。不过,我们都知道,心理现象往往是一种随机现象,其变量的取值往往带有一定的随机性。假定我们通过研究得到室温(X,单位:摄氏度,即℃)与反应时(Y,单位:毫秒)之间的一元线性方程是

$$Y = 200 + 10X$$

现在这个房间的温度为22摄氏度,我们当然不能认为每个参试者每次对刺激的反应时都是刚好是 $200+10 \times 22=420$(毫秒),因为每个参试者的反应速度都可能不同,甚至同一参试者每次的反应时也不同,总会在420(毫秒)上下波动。因此,真正的 Y 值应该是在这个 Y 值的基础上加一个误差项 e。

这样一来,我们心目中的数学模型就从中小学时不带随机误差的一元线性方程($Y=a+bX$)变成了带随机误差的模型($Y=a+bX+e$)。这两个 Y 值符号总得有个区分,于是我们就令 $\hat{Y}=a+bX$,这样一来,实际的 Y 值就变成了 $Y=\hat{Y}+e$。$\hat{Y}$ 被称为 Y 的估计值或预测值。

一元线性回归分析就是在带有随机误差的数据基础上建立仅有 1 个自变量 X 的回归模型;而运用该模型由给定的 X 值估计 Y 值时,要考虑随机误差(e),如图 6.1 所示。

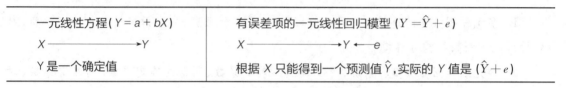

图 6.1　一元线性回归分析

6.1.2　多元线性回归分析

如果在上述模型中加入多个自变量 X_1、X_2……X_p,建立多元线性回归方程,那就是多元线性回归分析,如图 6.2 所示。

如果线性关系不能较好地预测因变量的值,可以尝试对自变量加以转换,建立非线性回归模型。

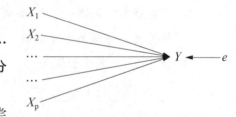

图 6.2　多元线性回归分析的含义

6.1.3　中介效应模型与路径分析

在有些情况下,我们还希望考察自变量 X 和因变量 Y 之间可能存在的中介变量 M,就产生了这样一系列回归分析:分别建立 Y 与 X、Y 与 M、M 与 X 之间的回归方程,这样就可以**考察 Y 受 X 的直接影响和通过 M 的间接影响**,这就是所谓的"中介效应模型",可以说是最简单的路径分析(如图6.3所示)。在**路径分析**中,某些变量不仅是因变量,同时又是另一个变量的自变量,这样我们就可以考察变量间更复杂的关系。

6.1.4　潜变量、因子分析、结构方程模型

在心理学研究中,很多变量是无法直接测量的,甚至是研究者通过理论分析构建出来的概念,例如"智力",它本身是一个看不见摸不着的特质,以至于不同的理论对智力的定义都有很大的差异。目前所谓的智力测验,其实只是测量参试者在特定任务中的表现,例如数字广度

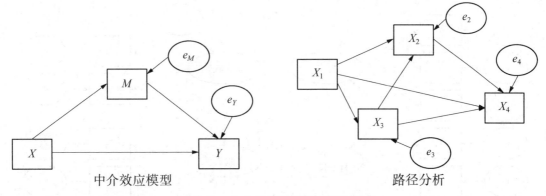

图 6.3 中介效应模型和路径分析

测验、计算能力测验、语词能力测验等。可以假定,参试者在这些测验中的成绩很大程度上受制于他们的智力水平,但这些测验成绩归根结底还只是智力的外在表现,我们还是无法直接测量智力本身。所以,在研究工作中,像智力这种变量就被称为"潜变量"或"因子"(又称"因素"),各项智力测验成绩是智力的外在指标,称为"显变量""测量变量""观察变量"或"标识"。

如果我们设计各种测验或量表,再通过这些测量变量考察其背后的因子,那就是在运用一种更高级的分析方法——**因子分析**,如图 6.4 所示。**因子分析**可以让我们理解人类在各种**任务中的表现受到哪些潜在因子的制约**。图 6.4 中潜在的 2 个因子(F_1 和 F_2)是自变量,各个 X 是因变量。

因子之间也可以有相互影响。如果我们想研究多个因子之间的关系,那就是在研究**潜变量之间的复杂关系**。例如,假定以智力和社交能力为原因性变量,以学业成就和职业成就为结果性变量,研究这两组潜变量间的复杂关系,如图 6.5 所示。到目前为止,这种分

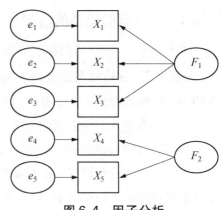

图 6.4 因子分析

析几乎可以说是应用心理学领域量化研究的"终极武器"——**结构方程建模**。这个模型不仅可以体现各个外显的测量变量与各自对应的潜变量(因子)之间的关系(X_1—X_5 分别用来测量智力和情绪社交能力,X_6—X_9 分别体现学业成就和职业成就),而且可以体现 4 个因子之间的关系。例如,智力和情绪社交能力对职业成就有直接影响,但是智力可能很大程度上还通过学业成就间接地影响着职业成就。

从多元线性回归、路径分析到因子分析、结构方程建模,这就是多元分析的主干内容。除此之外,还有其他一些分析方法,如 Logistic 回归、泊松回归、对数线性回归、聚类分析、判别分析、多元方差分析、多层线性模型等,也与这些主干方法有着密切的关系。本书试图将这些方法的脉络清晰地呈现出来,让读者能够精准地把握这些工具,为自己的学习和研究服务。

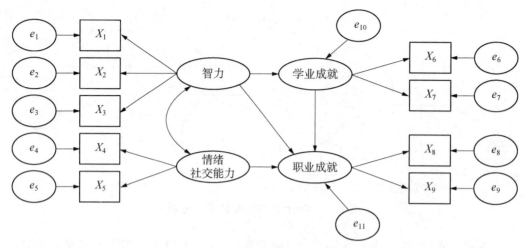

图 6.5　结构方程建模

6.2　多元线性回归模型的前提、建立、检验和应用

6.2.1　线性回归模型的前提

在统计学中,线性回归模型对数据有很高的要求:因变量 Y 为随机变量;X_1,X_2,…,X_p 为自变量,且是没有测量误差的非随机变量;模型的误差项应该是一个服从正态分布 $N(0,\sigma^2)$ 的随机变量。正是由于这个误差项的随机性,使得 Y 也是一个随机变量。

上述前提包含 5 个方面的含义:第一,对于任意 X 值,随机误差 ε 都服从正态分布——正态性;第二,随机误差 ε 的平均数为 0——零均值性;第三,对于任意 X 值,随机误差 ε 的方差相等——方差齐性;第四,误差项之间相互独立;第五,误差项与自变量之间相互独立。在上述前提得到满足的情况下,运用最小二乘法估计线性回归模型将是无偏的、有效的,即样本数据的最小二乘估计是总体参数的最佳线性无偏估计(Best Linear Unbiased Estimator,简称为 BLUE)。

如果违反了上述前提,回归分析的结果将受到一定的影响,具体情况如表 6.1 所示。

表 6.1　违反回归分析前提的影响

违反的前提	影　响
正态性	最小二乘估计不再是最佳线性无偏估计(BLUE)
零均值性	对截距(常数项)的估计产生偏差
方差齐性	影响最小二乘估计的有效性,使之不再是最佳线性无偏估计(BLUE)
误差项间相互独立	与违反方差齐性前提的影响相同
误差项与自变量间相互独立	联立回归方程组的情况下,影响最小二乘估计的无偏性和一致性

在实际应用中，要满足所以这些条件实在有些苛刻，很多情况下就由研究者灵活变通处理了。例如，实际研究中的自变量往往是随机变量，但是这一点经常被忽略，尤其是当 X 的随机变化范围与自己的值域相比很小时。另外，研究者也应当针对实际情况，采用某些特殊的方法进行多元回归分析，减少因违背上述前提造成的差错。

6.2.2 线性回归模型的建立

运用最小二乘估计法建立一个多元线性回归模型，其实就是解一个多元线性方程组，求得多个回归系数。假定要建立一个二元线性模型，就要解以下方程组：

$$\begin{cases} b_1 L_{11} + b_2 L_{12} = L_{1Y} \\ b_1 L_{21} + b_2 L_{22} = L_{2Y} \end{cases}$$

其中各个 L 都是相应的离差平方和或交叉乘积和（SS）：

$$L_{11} = SS_{11} = \sum (X_1 - \overline{X}_1)^2$$

$$L_{22} = SS_{22} = \sum (X_2 - \overline{X}_2)^2$$

$$L_{12} = SS_{12} = \sum (X_1 - \overline{X}_1)(X_2 - \overline{X}_2) = L_{21} = SS_{21}$$

$$L_{1Y} = SS_{1Y} = \sum (X_1 - \overline{X}_1)(Y - \overline{Y})$$

$$L_{2Y} = SS_{2Y} = \sum (X_2 - \overline{X}_2)(Y - \overline{Y})$$

解方程求出的 b_1、b_2，分别是 2 个自变量的斜率，即回归系数。

$$b_1 = \frac{L_{1Y} L_{22} - L_{2Y} L_{12}}{L_{11} L_{22} - L_{12}^2}$$

$$b_2 = \frac{L_{2Y} L_{11} - L_{1Y} L_{21}}{L_{11} L_{22} - L_{12}^2}$$

这两个回归系数都是指在控制了其他自变量对因变量的影响后，其对应的自变量对因变量的"净"影响，其全称为"偏回归系数"。

而截距 a 的求法则是

$$a = \overline{Y} - b_1 \overline{X}_1 - b_2 \overline{X}_2$$

这个截距也经常被称为回归系数 b_0。

将自变量个数增加到 p 个，就是**解一个 p 元线性方程组，求得 p 个回归系数**：

$$\begin{cases} b_1 L_{11} + b_2 L_{12} + \cdots + b_p L_{1p} = L_{1Y} \\ b_1 L_{21} + b_2 L_{22} + \cdots + b_p L_{2p} = L_{2Y} \\ \quad \cdots \\ b_1 L_{p1} + b_2 L_{p2} + \cdots + b_p L_{pp} = L_{pY} \end{cases}$$

式中各个 L 的含义可根据二元线性回归的情形类推。

截距 a(或称为 b_0)的求法也可类推：

$$a = \overline{Y} - b_1\overline{X}_1 - b_2\overline{X}_2 - \cdots - b_p\overline{X}_p$$

为了比较多个自变量在估计预测因变量时所起作用的大小，需要**将各个变量分别转换成标准分数**，然后根据标准分数建立标准回归方程：

$$\hat{Z}_Y = b_1^* Z_{X_1} + b_2^* Z_{X_2} + \cdots + b_p^* Z_{X_p}$$

再根据方程中的标准回归系数来判断自变量作用的大小。需要注意的是，由于标准分数的平均数总是 0，所以标准回归模型的截距 a 永远为 0。

6.2.3 线性回归模型的检验

回归模型建立在样本数据的基础之上，必然带有抽样误差，需要进行显著性检验。

如果是一元线性回归模型，只要用以下三种等效的方法之一即可完成显著性检验：(1)对回归模型进行方差分析；(2)对自变量与因变量间相关系数进行总体零相关的显著性检验；(3)对回归系数进行显著性检验。

如果是多元回归模型，则可以先在等价的方法(1)和方法(2)之间任选一种[SPSS 报告方法(1)的结果]，考察模型的显著性；然后用方法(3)检验各个偏回归系数的显著性。需要注意的是，**即便模型是显著的，偏回归系数未必都显著**，甚至可能产生模型显著，偏回归系数都不显著的情形。

1. 确定系数

在检验回归模型的显著性时，我们经常用**确定系数来表示模型对样本数据的拟合程度**。所谓确定系数，指的是回归平方和 $\sum(\hat{Y}-\overline{Y})^2$ 在总平方和 $\sum(Y-\overline{Y})^2$ 中所占的比例，这个比例越大，意味着误差(残差)平方和所占的比例越小，模型拟合度越高，预测效果越好。确定系数其实也就是相关系数的平方。

$$R^2 = \frac{\sum(\hat{Y}-\overline{Y})^2}{\sum(Y-\overline{Y})^2}$$

多个自变量与因变量之间的复相关系数和复确定系数也可以由此式求得。

相应的，$1-R^2$ 被称为**不确定系数**。

2. 调整的确定系数

R^2 受自变量个数与样本容量之比($k:n$)的影响。在样本容量较小的情况下，自变量个数增加会导致 R^2 明显增大，即使增加的自变量与 Y 没有显著关联。于是有人提出对 R^2 做某种校正，其结果就是调整后的确定系数 R^2_{adj}。

$$R^2_{adj} = 1 - \frac{n-1}{n-k-1}(1-R^2)$$

当 k/n 的值小于 0.2 时，R^2 容易被明显高估。故一般而言，$k:n$ 最好达到 1:10 以上。不过也有统计学家认为不必理会 R_{adj}^2。

3. 偏确定系数

偏确定系数是用来考察单个自变量对因变量的"影响力"的指标，就是在**扣除了模型中其他自变量能解释的因变量差异后，该自变量能解释的部分占因变量差异剩余部分的比例**。

如果把因变量 Y 比作一个公司，k 个自变量比作员工，那就好像是说，这个公司有 k 个员工，每个员工都可以为公司做很多事情；而某个员工的"偏确定系数"就是去掉了另 $k-1$ 个员工能做的事情后，剩下的事情中该员工能够做的比例。

以二元线性回归模型为例，X_2 的偏确定系数就是在扣除了 X_1 能解释的因变量差异后，X_2 能解释的部分占因变量差异剩余部分的比例。

$$R_{Y2\cdot1}^2 = \frac{R_{Y\cdot12}^2 - R_{Y\cdot1}^2}{1 - R_{Y\cdot1}^2}$$

式中 $R_{Y2\cdot1}^2$ 表示 X_2 的偏确定系数，$R_{Y\cdot12}^2$ 表示 X_1 和 X_2 与 Y 的复确定系数，$R_{Y\cdot1}^2$ 表示 X_1 对 Y 的确定系数。

图 6.6 用文氏集合图表示偏确定系数 $R_{Y2\cdot1}^2$ 的含义。图中与偏确定系数有关的互不重叠的区域是 a、b、c、d。$R_{Y\cdot12}^2$ 为 b、c、d 之和，剔除 $R_{Y\cdot1}^2$（即 $b+c$），故偏确定系数 $R_{Y2\cdot1}^2$ 的分子就是 d；分母 $(1-R_{Y\cdot1}^2)$ 为 a、d 之和，故偏确定系数 $R_{Y2\cdot1}^2$ 的分母为 $a+d$，$R_{Y2\cdot1}^2$ 为 $d/(a+d)$。

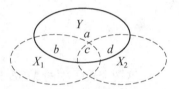

图 6.6 表示偏确定系数的文氏图：$R_{Y2\cdot1}^2$ 为 $d/(a+d)$，$R_{Y1\cdot2}^2$ 为 $b/(a+b)$

相应的，$R_{Y1\cdot2}^2$ 为 $b/(a+b)$。

4. 对回归方程显著性的检验

回归方程的显著性可以用方差分析进行检验，就是将总平方和 $\sum(Y-\overline{Y})^2$ 分解为回归平方和 $\sum(\hat{Y}-\overline{Y})^2$ 与误差（残差）平方和 $\sum(Y-\hat{Y})^2$，然后分别除以各自的自由度，得到两个方差。这两个方差之比就是 F 值：

$$F = \frac{\sum(\hat{Y}-\overline{Y})^2/k}{\sum(Y-\hat{Y})^2/(n-k-1)} \sim F_{(k,n-2)}$$

式中的 k 为自变量个数，n 为样本容量。所以，检验一元线性回归模型的显著性时，公式就是

$$F = \frac{\sum(\hat{Y}-\overline{Y})^2}{\sum(Y-\hat{Y})^2/(n-2)} \sim F_{(1,n-2)}$$

或

$$F = \frac{R^2}{(1-R^2)/(n-2)} \sim F_{(1,n-2)}$$

5. 对回归系数的显著性检验

对于一元线性回归模型而言，只要模型整体显著，就意味着其唯一的回归系数也显著，反之亦然。可以用 t 检验考察回归系数的显著性：

$$t = \frac{b_{YX} - \beta}{S_{b_{YX}}} = \frac{b_{YX} - 0}{\dfrac{S_{YX}}{\sqrt{\sum(X-\overline{X})^2}}} = \frac{b_{YX}\sqrt{\sum(X-\overline{X})^2}}{S_{YX}} = \frac{b_{YX}\sqrt{\sum(X-\overline{X})^2}}{\sqrt{\sum(Y-\hat{Y})^2/(n-2)}}$$

对于多元线性回归模型中的偏回归系数，也采用 t 检验考察其显著性。二元回归模型的偏回归系数 t 检验公式是

$$t_{b_1} = \frac{b_1 - 0}{\sqrt{\dfrac{MSE}{L_{11}(1-r_{12}^2)}}}$$

$$t_{b_2} = \frac{b_2 - 0}{\sqrt{\dfrac{MSE}{L_{22}(1-r_{12}^2)}}}$$

这两个式子中的 MSE 即误差（残差）的方差：

$$MSE = \frac{\sum(Y-\hat{Y})^2}{n-3}$$

6. 自变量的筛选

在不知道自变量与因变量的关联程度的情况下，我们往往先将全部自变量都纳入(Enter)方程。这是最简单的选择方式，即建立一个包含全部自变量的模型，无论各个自变量是否显著。

但是，经过回归系数的显著性检验，我们会发现，并非所有的自变量都对因变量有显著关联。这时，可以采取多种方式筛选合乎条件的自变量进入方程。主要筛选方式包括以下三种：

向前回归(Forward)，指的是按显著性由高到低逐一加入变量，直到所有符合标准的变量都进入模型。

向后回归(Backward)，指的是先将全部自变量纳入模型，然后根据标准剔除一个显著性最低的变量，接着再做一次回归确定是否需要剔除其他变量，如此循环，直至留在模型中的变量都符合要求。

逐步回归(Step-wise)则结合了向前回归和向后回归两种方式，按每个自变量对因变量的显著性由高到低逐个纳入方程。每纳入一个自变量后，都对方程内所有自变量进行显著性检验，剔除其中最不显著的变量。这样边纳入、边剔除，直至所有显著的自变量都已纳入，所有不显著的自变量都已剔除，就得到了最终的回归方程。

以上三种方法都涉及纳入和剔除自变量的标准,一般来说,纳入自变量时要求 F 值至少达到 3.84,其对应的概率 $P \leqslant 0.05$;剔除自变量时 F 值应不高于 2.71,其对应的概率 $P \geqslant 0.10$。

6.2.4　线性回归模型的应用

有了回归模型,我们就可以用它估计(预测)因变量的回归值($\hat{Y}$)。而且,这里有三个不同层次的估计方法:点估计、区间估计、真值区间估计。

我们以一元线性回归模型为例,分别解释这三个层次的估计。

点估计是最简单的方法,就是将自变量的值代入回归方程,计算 $\hat{Y}$ 的值。也就是说,假设自变量 X 的值为 X_0,则 Y 的估计值($\hat{Y}_0$)为

$$\hat{Y}_0 = a + bX_0$$

区间估计,顾名思义,就是在点估计的基础上,以一定的置信水平($1-\alpha$)给出 $\hat{Y}_0$ 的取值区间。为此,我们就要知道估计误差的标准差(S_{YX})

$$S_{YX} = \sqrt{\sum (Y-\hat{Y})^2 / (n-2)}$$

这样,当自变量取值 X_0 时,在 $1-\alpha$ 的置信水平下,$\hat{Y}_0$ 的置信区间为

$$(\hat{Y}_0 \pm t_{\frac{\alpha}{2}, n-2} S_{YX})$$

前面的点估计和区间估计都建立在由样本数据得出的回归方程的基础上,由于方程中的 a 和 b 都存在抽样误差,$\hat{Y}_0$ 也随之成为一个随机变量。这时就要考虑引入一个新的标准误——误差标准误,它是自变量值 X_0 相对应的预测值 $\hat{Y}_0$ 与真值 Y_0 之间的误差的指标

$$S_{(\hat{Y}_0 - Y_0)} = S_{YX} \sqrt{1 + \frac{1}{n} + \frac{(x_0 - \bar{x})^2}{\sum (x - \bar{x})^2}}$$

这样,当要根据自变量值 X_0 及其相对应的预测值 $\hat{Y}_0$ 对真值 Y_0 进行区间估计时,在 $1-\alpha$ 的置信水平下,Y_0 值的置信区间为

$$(\hat{Y}_0 \pm t_{\frac{\alpha}{2}, n-2} S_{(\hat{Y}_0 - Y_0)})$$

6.3　多元回归分析应用举例

6.3.1　一元线性回归

【例题 6.1】

研究者想考察智商与大脑皮质面积的关联。研究者采集了 60 名参试者的数据(见"例题 0601-智商与皮质面积-相关回归.sav")。请问如何建立以智商 IQ 为因变量、大脑皮质面积 g 为自变量的回归模型?

【解答】

先观察以智商 IQ 为因变量、皮质面积 g 为自变量的散点图，直观地确定一下两者之间是否存在线性关系。打开数据文件，依次点击菜单项

Graphs → Legacy Dialogs → Scatter/Dot...

可以看到如图 6.7 所示的界面。

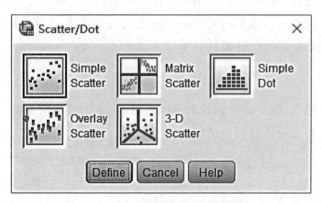

图 6.7　绘制散点图的界面

点选第一种图型(Simple Scatter)，点击 Define 按钮进入简单散点图界面(如图 6.8 所示)：

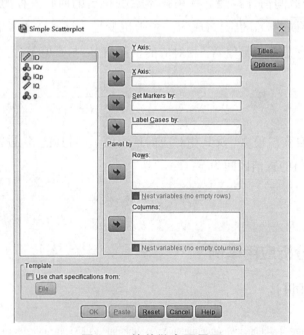

图 6.8　简单散点图界面

选择 IQ 作为 Y 轴，选择 g 作为 X 轴，然后点击下面的 OK 按钮，即可看到 SPSS 画出的散点图(如图 6.9 所示)。

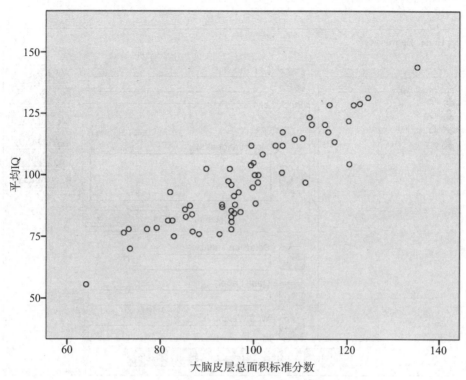

图 6.9 例题 6.1 数据(IQ 和 g)的散点图

从图 6.9 可以看到,自变量 IQ 和因变量 g 之间基本符合线性关系。接下来就可以依次点击菜单项

Analyze → Regression → Linear...

可以看到如图 6.10 所示的线性回归主界面。

选择 IQ 为因变量(Dependent),g 为自变量(Independent(s)),方法(Method)保持原样(Enter),点击下面的 OK 按钮,SPSS 的分析结果如表 6.2—6.4 所示。

本例只有一个自变量 g(标签为"大脑皮质总面积标准分数"),采用全部纳入法,g 未被剔除。

表 6.2 说明模型中自变量与因变量的相关系数(R)、确定系数(R Square)、调整的确定系数(Adjusted R Square),以及估计量的标准误(Std. Error of the Estimate,用于描述模型的精确度)。

表 6.2 模型概要

Model Summary

Model	R	R Square	Adjusted R Square	Std. Error of the Estimate
1	.901[a]	.812	.809	8.060

a. Predictors: (Constant), g.

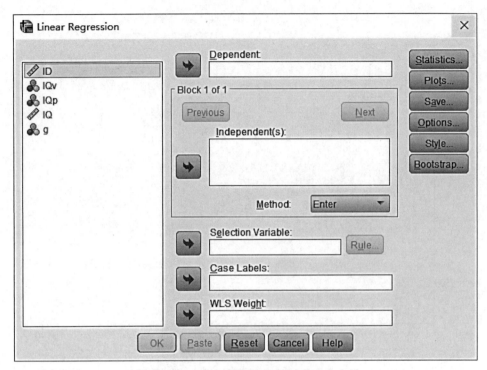

图 6.10 线性回归主界面

表 6.3 是对方程进行方差分析的结果。其中的 F 值越大,说明回归平方和占总平方和的比率(确定系数)越大,方差分析结果表明,本例线性模型极其显著($P<0.001$)。

表 6.3 方差分析结果

ANOVA[a]

Model		Sum of Squares	df	Mean Square	F	Sig.
1	Regression	16282.669	1	16282.669	250.626	.000[b]
	Residual	3768.144	58	64.968		
	Total	20050.813	59			

a. Dependent Variable: IQ.
b. Predictors: (Constant), g.

表 6.4 说明截距(Constant)和 g 的回归系数分别为 -14.707 和 1.141,其标准误分别为 7.156 和 0.072;g 的标准回归系数为 0.901,截距的标准回归系数恒为 0,故省略;对截距和 g 的回归系数进行 t 检验,显示两者都显著,其中截距(与 0 的差异)达到显著水平($P=0.044$),g 的回归系数与 0 的差异则达到极其显著水平($P<0.001$)。

表 6.4　回归系数表

Coefficients[a]

Model		Unstandardized Coefficients		Standardized Coefficients	t	Sig.
		B	Std. Error	Beta		
1	(Constant)	−14.707	7.156		−2.055	.044
	g	1.141	.072	.901	15.831	.000

a. Dependent Variable：IQ.

用以下 R 语句还可以画出回归线的置信区间：

```
library(basicTrendline)
trendline(g, IQ, model = "line2P", summary = TRUE, CI.level = 0.95, yhat = TRUE,
yname = "IQ", xname = "g")
```

执行上述语句后,可以看到图 6.11。这个图中贯串诸多散点的直线就是根据样本数据得出的回归线,阴影部分就是回归线的置信区间。可以看到,当自变量的值接近平均数时,

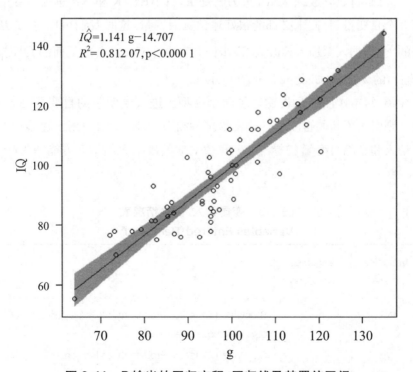

图 6.11　R 输出的回归方程、回归线及其置信区间

置信区间最窄,说明此处回归线的截距和斜率的抽样误差最小;而自变量取值于两端时,抽样误差最大。

6.3.2 多元线性回归——逐步回归

【例题 6.2】

假定有一组学者想考察推理能力对学业成绩的影响。他们从一个大型推理测验中选用了 3 个分测验——抽象推理测验(Abstract Reasoning,简称 AR)、言语推理测验(Verbal Reasoning,简称 VR)和数字推理测验(Numerical Reasoning,简称 NR),测量了 200 名七年级学生,并且记录了他们的各科学习成绩。请根据部分数据(见"例题 0602 - 推理与数学-多元回归.sav")建立以 AR、VR 和 NR 为自变量估计数学成绩(Math)的多元回归模型。

【解答】

本例略去散点图的观察,直接建立回归模型。与例题 6.1 中所做的一样,依次点击菜单项

Analyze → Regression → Linear...

进入线性回归界面,将数学成绩 Math 选为因变量,将 AR、VR 和 NR 选为自变量。

本题有 3 个自变量,它们未必都能很好地预测因变量,这时我们可以将"方法"菜单中的选项从原来的"全部纳入"(Enter)改为"逐步回归"(Stepwise),点击下面的 OK 按钮,可以看到 SPSS 的输出的 5 张表(如表 6.5—6.9 所示)。

表 6.5 介绍说,本次回归分析建立了两个模型。进入模型 1 的自变量为数字推理得分(NR);模型 2 则引入了新的自变量——言语推理得分(VR)。因为用了逐步回归法,所以表中还交待了纳入和剔除自变量的标准——F 值对应的概率 $P \leqslant 0.05$ 方能纳入;$P \geqslant 0.10$ 即可剔除。

表 6.5 变量纳入/剔除情况表

Variables Entered/Removed[a]

Model	Variables Entered	Variables Removed	Method
1	NR	.	Stepwise (Criteria: Probability-of-F-to-enter <= .050, Probability-of-F-to-remove >= .100).
2	VR	.	Stepwise (Criteria: Probability-of-F-to-enter <= .050, Probability-of-F-to-remove >= .100).

a. Dependent Variable: Math.

表 6.6(模型概要)的意思是,在第一个模型中,预测因子(Predictors,即自变量)只有 1 个,即数字推理得分(NR),其与 Math 的相关系数为 0.644,R^2 为 0.415。在第二个模型中,在 NR 的基础上又加入言语推理得分 VR 作为自变量,两个自变量与 Math 的复相关系数略有增大,为 0.657,复确定系数 R^2 为 0.432。

表 6.6　模型概要
Model Summary

Model	R	R Square	Adjusted R Square	Std. Error of the Estimate
1	.644[a]	.415	.412	.772
2	.657[b]	.432	.426	.763

a. Predictors: (Constant), NR.
b. Predictors: (Constant), NR, VR.

根据方差分析表(表 6.7)可知,对于两个模型的显著性检验值 F 分别为 140.191 和 74.926,两个模型对应的 P 值小于 0.001,都达到极其显著水平。

表 6.7　方差分析表
ANOVA[a]

Model		Sum of Squares	df	Mean Square	F	Sig.
1	Regression	83.599	1	83.599	140.191	.000[b]
	Residual	118.071	198	.596		
	Total	201.669	199			
2	Regression	87.128	2	43.564	74.926	.000[c]
	Residual	114.541	197	.581		
	Total	201.669	199			

a. Dependent Variable: Math.
b. Predictors: (Constant), NR.
c. Predictors: (Constant), NR, VR.

根据回归系数表(如表 6.8 所示),可知模型 1 的截距(Constant)为 −0.967,NR 的回归系数为 0.615,标准回归系数为 0.644。经检验,截距达到显著水平($P=0.014$),NR 的回归系数达到极其显著水平($P<0.001$)。而模型 2 中,截距和 NR 回归系数仍达到显著水平,VR 的回归系数为 0.172,其 $P=0.015$,也达到了显著水平。

表 6.8 回归系数表
Coefficients[a]

Model		Unstandardized Coefficients		Standardized Coefficients	t	Sig.
		B	Std. Error	Beta		
1	(Constant)	-.967	.392		-2.470	.014
	NR	.615	.052	.644	11.840	.000
2	(Constant)	-2.251	.649		-3.469	.001
	NR	.504	.068	.528	7.415	.000
	VR	.172	.070	.176	2.464	.015

a. Dependent Variable: Math.

虽然我们将抽象推理得分（AR）也纳入了模型，但是它在逐步回归中被从模型中剔除了。其结果可见剔除变量表（Excluded Vraiables，如表 6.9 所示），它告诉我们，无论在模型 1 还是模型 2 中，对 AR 的回归系数检验均显示为不显著（P 值分别为 0.069 和 0.186），故不再留在模型中。

表 6.9 剔除变量表
Excluded Variables[a]

Model		Beta In	t	Sig.	Partial Correlation	Collinearity Statistics
						Tolerance
1	AR	.119[b]	1.826	.069	.129	.692
	VR	.176[b]	2.464	.015	.173	.568
2	AR	.088[c]	1.326	.186	.094	.658

a. Dependent Variable: Math.
b. Predictors in the Model: (Constant), NR.
c. Predictors in the Model: (Constant), NR, VR.

解答本题时，我们采用了逐步回归法来筛选自变量。但是，在不少研究者看来，这种数据驱动的方式有很大的弊端，是一种"傻瓜"式（step-stupid）的分析法。**它很可能让我们难以发现一些其实是有意义的自变量。**例如在例题 6.2 中被剔除的抽象推理（AR）得分，它与数学成绩之间确实是有显著相关的（$r=0.439$，$P<0.001$），而且，数学是一门高度抽象的学问，说它与抽象推理能力无关，理论上无论如何也讲不通。所以，像逐步回归这类数据驱动的分析方法常见于试探性的预备研究，在此基础上更应开展有一定理论推演和导向的研究。

6.4 分类变量的回归及其与 t 检验、方差分析的关系

心理学研究经常需要考察一些分类变量对因变量的影响。所谓**分类变量，就是将事物分为若干类别的间断型的变量**，即称名水平或等级（顺序）水平的变量，例如性别、民族、婚姻

状况、受教育水平、社会经济地位等。由于它们属于称名量表,最多也仅属于顺序量表,故不能将其直接纳入回归模型,而是应该先做编码,形成一组新的变量,然后进行回归分析。编码的方式主要有两种,一种是**虚拟编码**,其产生的一组新变量称为**虚拟变量**;另一种是**效应编码**,产生的一组变量称为**效应变量**。此外还有正交编码和非正交编码等。尽管编码方法不一,但是这些编码最终得到的回归模型的含义是一致的。

事实上,t 检验和方差分析与回归分析有着特例和推广的关系。t 检验是方差分析的特例,方差分析是回归分析的特例。本节将用同一组数据的分析结果来说明这一问题。

6.4.1 虚拟变量和效应变量

1. 虚拟变量

虚拟编码产生虚拟变量。虚拟编码是简单的 0—1 编码,如果一个个体具备某个特征,就编码为 1,不具备该特征就编码为 0。

例如,当自变量为人的生理学性别时,可以设置 2 个变量:男、女。如果个体是男性,这两个变量的取值就分别是 1 和 0;如果个体是女性,其取值就是 0 和 1,如表 6.10 所示。

表 6.10 类别变量的 0—1 编码方式

性别	男	女
男	1	0
女	0	1
女	0	1
男	1	0

由于两个类别是互斥的,"男"取值为 1,"女"必然只能取 0,所以我们可以只保留"男"或只保留"女"这一列的取值。这样,我们就可以只留下 1 个变量做虚拟变量。

类似的,如果分 3 类(A、B、C),即自变量有 3 个值,我们就可以设置 A 和 B 两个变量,C 可以根据 A 和 B 的取值推断出来:1—0 表示 A,0—1 表示 B,0—0 表示 C。

推而广之,如果**分类变量取 k 个值,需要建立 $k-1$ 个虚拟变量**来表示它。

2. 效应变量

效应编码产生效应变量(effect variable)。效应编码与虚拟编码只有一个区别,就是最后一类编码为 -1。也就是说,前 $k-1$ 个类别也采用 0—1 编码,第 k 类以前面 $k-1$ 个变量取 -1 来表示。以 A、B、C 三类为例,如果个体属于 A 类,其编码为 1—0;B 类为 0—1;C 类为 -1— -1。

6.4.2 线性回归分析与 t 检验、方差分析的关系

在初级心理统计教材中,都会提到 t 检验和方差分析的关系。t 检验与 2 个样本情况下(自变量仅取 2 个值)的方差分析结果是一致的,所以 t 检验是方差分析的特例,方差分析是 t 检验的推广。而回归分析又是 t 检验和方差分析的推广,例题 6.3 将展现这一点。

【例题6.3】

某研究者试图将学生的性别(gender)和所在班级(Class)这两个因素纳入回归方程，考察两者对学生数学成绩(Math)的影响。数据文件名为"例题0603-类别变量-回归分析.sav"。请注意数据文件中的性别和班级采用了不同的编码方式。由于性别只有两种，只需一个虚拟变量即可表达，故数据表中直接用gender表示性别，0为男性，1为女性。学生分为4个班级，故Class下有1—4的值。但是这个Class不能直接纳入回归模型，须先进行编码。研究者对其采用了效应编码。请问：性别和班级因素对数学成绩分别有何影响？

【解答】

这个问题其实可以用t检验和方差分析来解答。因为性别对成绩的影响，无非就是男女两个样本的平均数之差是否显著，适合t检验；班级对成绩的影响，无非就是4个样本的平均数之差是否显著，适合方差分析。但是在这里，回归分析可以代替这两种检验。

性别(gender)已经是0—1编码的变量，可以直接当作虚拟变量来用。在选择自变量时，应将$k-1$个虚拟变量同时纳入模型，同进同出，故不能用逐步回归法，只能用全部纳入法(Enter)。以Math为因变量，gender为自变量。SPSS的输出结果如表6.11—6.16所示。

表6.11 变量纳入/剔除情况表
Variables Entered/Removed[a]

Model	Variables Entered	Variables Removed	Method
1	gender[b]	.	Enter

a. Dependent Variable: Math.
b. All requested variables entered.

表6.12 模型概要
Model Summary

Model	R	R Square	Adjusted R Square	Std. Error of the Estimate
1	.227[a]	.051	.020	10.392

a. Predictors: (Constant), gender.

表6.13 方差分析表
ANOVA[a]

Model		Sum of Squares	df	Mean Square	F	Sig.
1	Regression	175.781	1	175.781	1.628	.212[b]
	Residual	3239.688	30	107.990		
	Total	3415.469	31			

a. Dependent Variable: Math.
b. Predictors: (Constant), gender.

表 6.14 回归系数表

Coefficients[a]

Model		Unstandardized Coefficients		Standardized Coefficients	t	Sig.
		B	Std. Error	Beta		
1	(Constant)	76.438	2.598		29.422	.000
	gender	4.688	3.674	.227	1.276	.212

a. Dependent Variable: Math.

表 6.15 男女生数学成绩(Math)的描述统计结果

Group Statistics

	gender	N	Mean	Std. Deviation	Std. Error Mean
Math	male	16	76.44	10.770	2.693
	female	16	81.13	9.999	2.500

表 6.16 t 检验结果(自变量:gender)

Independent Samples Test

		Levene's Test for Equality of Variances		t-test for Equality of Means						
		F	Sig.	t	df	Sig. (2-tailed)	Mean Difference	Std. Error Difference	95% Confidence Interval of the Difference	
									Lower	Upper
Math	Equal variances assumed	.236	.631	−1.276	30	.212	−4.688	3.674	−12.191	2.816
	Equal variances not assumed			−1.276	29.836	.212	−4.688	3.674	−12.193	2.818

从这些表中可以看到,性别与数学成绩的相关系数为 0.227,这个相关并不显著。这意味着数学成绩没有显著的性别差异。方差分析表和回归系数表的检验都表明性别没有起显著作用,P 都等于 0.212。

如果我们对男女生的数学成绩做 t 检验,可以得到表 6.15 和表 6.16 所示的结果。

表 6.15 列出男生和女生的平均成绩,注意男生的平均成绩为 76.44。看前面的回归系

数表，我们可以发现其中的截距(Constant)是 76.438，保留 2 位小数，正是 76.44。

再看表 6.16，这是 t 检验的结果。可以看到方差齐性检验的结果是不显著，即方差齐性。故 $t=-1.276, df=30$，而且我们再次看到了 $P=0.212$——t 检验的结果与回归分析一致。最后，男女生的数学成绩之差为 -4.688。这个数字刚好等于回归模型中 gender 前的回归系数。

所以，本题建立的回归方程（尽管不显著）$\widehat{Math}=76.438+4.688 \times gender$ 可以这样解释：如果你是男生，你的 gender=0，所以你的成绩就是 76.44，即以男生的平均成绩作为你的数学成绩估计值；如果你是女生，gender=1，你的预期成绩就是男生的平均成绩 76.438 加上男女生成绩之差 4.688，$76.438+4.688 \times 1=81.126$，保留 2 位小数，正是女生的平均成绩 81.13。

数据表中已经有了 Class 变量的效应变量 Class1、Class2 和 Class3。而 Class4 则是以 Class1、Class2 和 Class3 都取 -1 实现的。

将 Class1、Class2 和 Class3 一起纳入回归模型，可以看到以下主要结果（如表 6.17—6.19 所示）。从表 6.17 和表 6.18 可以看出，班级与成绩的相关系数达到了 0.664，方差分析表明回归模型极其显著。

表 6.17　模型概要

Model Summary

Model	R	R Square	Adjusted R Square	Std. Error of the Estimate
1	.664[a]	.441	.381	8.256

a. Predictors: (Constant), Class3, Class2, Class1.

表 6.18　方差分析表

ANOVA[a]

Model		Sum of Squares	df	Mean Square	F	Sig.
1	Regression	1506.844	3	502.281	7.369	.001[b]
	Residual	1908.625	28	68.165		
	Total	3415.469	31			

a. Dependent Variable: Math.
b. Predictors: (Constant), Class3, Class2, Class1.

再看表 6.19 中回归系数的显著性检验结果。虽然只有 Class2 的回归系数是显著的，但是 Class1—4 属于一个因素的 4 个水平，只要其中一个有显著意义，整个因素包含的效应变量就都应该纳入回归方程

$$\widehat{Math}=78.781-0.906 \times Class1-8.406 \times Class2-1.406 \times Class3$$

表 6.19 回归系数表
Coefficients^a

Model		Unstandardized Coefficients		Standardized Coefficients	t	Sig.
		B	Std. Error	Beta		
1	(Constant)	78.781	1.460		53.978	.000
	Class1	-.906	2.528	-.062	-.358	.723
	Class2	-8.406	2.528	-.575	-3.325	.002
	Class3	-1.406	2.528	-.096	-.556	.582

a. Dependent Variable: 数学成绩.

如果我们以班级(Class)作为自变量,对 4 个班的学生的数学成绩做单因素方差分析,可以得到如表 6.20 和表 6.21 所示的结果。

表 6.20 各班数学成绩(Math)的描述统计结果
Descriptives

Math

	N	Mean	Std. Deviation	Std. Error	95% Confidence Interval for Mean		Minimum	Maximum
					Lower Bound	Upper Bound		
1	8	77.88	9.403	3.324	70.01	85.74	61	89
2	8	70.38	10.225	3.615	61.83	78.92	58	86
3	8	77.38	8.434	2.982	70.32	84.43	69	91
4	8	89.50	2.928	1.035	87.05	91.95	85	95
Total	32	78.78	10.496	1.856	75.00	82.57	58	95

表 6.21 方差分析结果(自变量:Class)
ANOVA

Math

	Sum of Squares	df	Mean Square	F	Sig.
Between Groups	1506.844	3	502.281	7.369	.001
Within Groups	1908.625	28	68.165		
Total	3415.469	31			

可以看到,Class1 的平均成绩等于

$$\widehat{Math} = 78.781 - 0.906 \times 1 - 8.406 \times 0 - 1.406 \times 0 = 77.88$$

同理，Class2 的平均成绩等于

$$\widehat{Math} = 78.781 - 0.906 \times 0 - 8.406 \times 1 - 1.406 \times 0 = 70.38$$

Class3 的平均成绩等于

$$\widehat{Math} = 78.781 - 0.906 \times 0 - 8.406 \times 0 - 1.406 \times 1 = 77.38$$

Class4 的平均成绩等于

$$\widehat{Math} = 78.781 - 0.906 \times (-1) - 8.406 \times (-1) - 1.406 \times (-1) = 89.50$$

表 6.21 显示的单因素方差分析的结果（$F = 7.369, P = 0.001$）与表 6.18 中回归模型的方差分析结果也是一模一样的。

最后的结论就是，回归分析是方差分析的推广，它可以代替方差分析和 t 检验。

6.5 回归诊断

回归诊断涉及多方面的技术，用于考察对回归分析结果有重大影响的问题。回归诊断的内容繁多，包括（但不限于）**线性回归前提（误差的正态性、方差齐性、独立性等）的检验，异质子样本的探测、离群值的处理、共线性问题**等。繁杂的诊断内容一方面说明回归分析博大精深，另一方面也说明这种方法破绽不少，绝非尽善尽美。所以，我们不要迷信任何一种统计分析方法，认为它一定会告诉我们正确答案。在运用统计分析方法之前，我们首先要用专业素养对自己面临的各种心理变量做出合理的假设。

6.5.1 关于异质子样本

一个样本内的个体可以按个体特性区分为多个子样本。最常见的莫过于将一个样本按个体性别分为男、女两个子样本。虽然在大多数的情况下，男女两性遵循共同的心理学规律。但是某些情况下，男性身上体现出的规律，女性未必同样遵循。这样，男女两个样本就会成为所谓的"异质子样本"。例题 6.4 就体现了这样一个异质子样本问题。

【例题 6.4】

某研究者想探讨人格特征中的支配性与工作绩效的关系。研究者抽取了 100 名有多年工作经验的参试者，测量其支配性程度，并记录其工作绩效。数据经整理和转换后存入文件"例题 0604 回归分析-子样本问题.sav"。研究者想知道，支配性（X）对工作绩效（Y）的预测效果究竟如何。

【解答】

如果不考虑性别差异，直接以全体参试者的支配性得分为自变量，以工作绩效为因变量,就可以建立一个一元线性模型。采用 SPSS 的线性回归分析,可以得到回归系数表(如表 6.22 所示)。从这个表可以看出,支配性得分的回归系数为 0.364,标准回归系数为 0.526。对于回归系数的显著性检验表明该方程是极其显著的。

表 6.22 支配性与绩效:回归系数表
Coefficients[a]

Model		Unstandardized Coefficients		Standardized Coefficients	t	Sig.
		B	Std. Error	Beta		
1	(Constant)	28.516	2.216		12.871	.000
	X	.364	.059	.526	6.129	.000

a. Dependent Variable: Y.

但是,在人格特质之类的问题上,我们还是要多留个心眼——支配性与工作绩效的关系上,男性和女性真是一样的吗?如果我们用 Split File(文件分割)功能将数据分为男女两组,然后计算支配性得分与工作绩效之间的相关系数,可以看到表 6.23 和表 6.24 中的结果。

表 6.23 绩效(Y)与支配性(X)的相关(男)
Correlations[a]

		Y	X
Y	Pearson Correlation	1	.480**
	Sig. (2-tailed)		.000
	N	50	50
X	Pearson Correlation	.480**	1
	Sig. (2-tailed)	.000	
	N	50	50

**. Correlation is significant at the 0.01 level (2-tailed).
a. gender=男.

表 6.24 绩效(Y)与支配性(X)的相关(女)
Correlations[a]

		Y	X
Y	Pearson Correlation	1	−.050
	Sig. (2-tailed)		.729
	N	50	50

		Y	X
X	Pearson Correlation	−.050	1
	Sig. (2-tailed)	.729	
	N	50	50

a. gender=女.

从上面表 6.23 和表 6.24 可以发现，对于男性而言，支配性与工作绩效的关系存在极其显著的相关(积差相关系数为 0.48)。换言之，用支配性得分来预测工作绩效，多少还靠谱一点。但是女性的支配性与工作绩效并无显著关联(其相关系数为−0.05,跟 0 差不多)。

在画全体参试者数据的散点图时，可以用"性别"这一变量标记数据点——将 gender 拉入"Set Markers by"(以……标记)下的方框即可(如图 6.12 所示)。

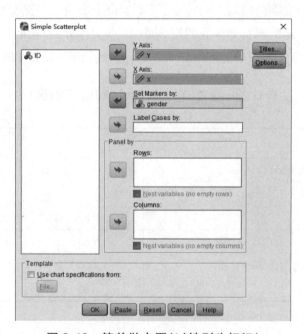

图 6.12　简单散点图(以性别为标记)

这样一来，最终的散点图就变成了图 6.13 的样子。该图中两种性别符号是画出散点图后利用编辑功能修改而成的，主要是为了方便在单色印刷品上做出区分。实际运用时，不同组的数据点以颜色区分就足够清楚了。这幅散点图表明，两性的散点(各 50 个)呈现了不同的趋势，男性的散点很明显提示存在正相关，但是女性的散点显示零相关。也就是说，用支配性得分来预测工作绩效，对男性来说还算有用，但是对女性而言，几近盲目猜测。

如果分组建立一元线性回归模型，结果还是男性显著(如表 6.25 所示)、女性不显著(如表 6.26 所示)。

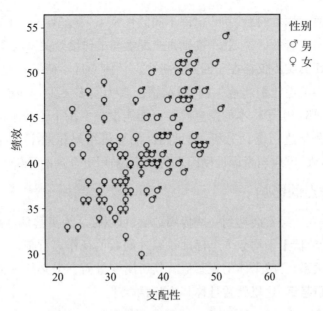

图 6.13 绩效与支配性的散点图（分性别）

表 6.25 回归分析结果（男）

Coefficients[a, b]

Model		Unstandardized Coefficients		Standardized Coefficients	t	Sig.
		B	Std. Error	Beta		
1	(Constant)	22.631	5.757		3.931	.000
	X	.511	.135	.480	3.795	.000

a. gender＝男．
b. Dependent Variable：Y．

表 6.26 回归分析结果（女）

Coefficients[a, b]

Model		Unstandardized Coefficients		Standardized Coefficients	t	Sig.
		B	Std. Error	Beta		
1	(Constant)	40.900	4.633		8.829	.000
	X	−.052	.150	−.050	−.348	.729

a. gender＝女．
b. Dependent Variable：Y．

你也许注意到，在一元线性回归模型中的标准回归系数与两变量间积差相关系数是相同的。这不是巧合。

性别方面的异质子样本问题说明，也许不同的性别下，支配性与工作绩效之间存在着不同的关系。用某些研究者的话说，就是性别是**支配性与工作绩效关系的调节因素**。

异质子样本问题其实不仅存在于回归分析中。任何心理学研究都要求足够数量的男女参试者。如果样本中两性比例严重失调（目前情况多为女多男少），如果确有异质子样本问题，个体数比例低的那一个子样本的信息就很可能淹没在另一个子样本的信息中。因此，比较稳妥的办法是先分组进行统计分析，如果两性的分析结果相差不大，再合并数据进行分析；如果结果相差较大，就应当考虑性别因素的作用，采用更合理的分析方法。

6.5.2 关于离群点的影响

在实际工作中，我们经常会遇到一些**极端数值，可以称之为离群值**（Outliers）。就单个变量而言，可以将高于或低于平均数 3 个标准差以外的数值视作离群值。不过，回归分析考察的是多变量之间的关系，有些个体的观察值就其所属变量而言未必能视为离群值，但是其**在散点图上的位置离群甚远**，这里就暂且称其为"**离群点**"。

【例题 6.5】

对下表数据做回归分析，Y 为因变量，X 为自变量，注意尽量消除离群值的影响。

表 6.27　例题 6.5 的数据

ID	Y	X
1	59	54
2	78	70
3	65	63
4	80	41
5	76	75
6	78	71
7	77	88
8	50	99
9	73	78
10	72	67
11	81	98
12	71	74
13	70	73
14	70	99
15	73	70
16	73	72
17	57	60
18	66	57

【解答】

用 SPSS 对数据直接进行回归分析，得到回归系数表（如表 6.28 所示）。可以看到，回归系数几乎是 0，自变量对因变量没有任何预测作用。

表 6.28　回归分析结果（含离群值）

Coefficients^a

Model		Unstandardized Coefficients		Standardized Coefficients	t	Sig.
		B	Std. Error	Beta		
1	(Constant)	70.526	9.899		7.124	.000
	X	.000	.133	−.001	−.003	.998

a. Dependent Variable: Y.

但是，如果我们用 SPSS 画出散点图，并且在图上标明各点编号，就会看到可能影响回归分析结果的几个"离群点"。而想要得到标明各点编号的散点图，只需要在进入散点图界面后，将表示编号的变量 ID 拖入"Label Cases by"（以……标记个案）下面的方框，并点击 Options...（选项）按钮，勾选选项界面中的"Display chart with case labels"（呈现带个案标记的图）即可，如图 6.14 所示。

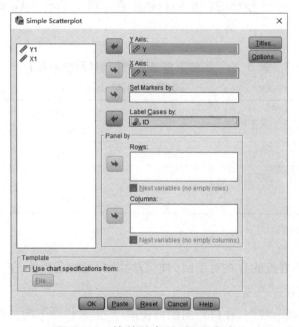

图 6.14　简单散点图（标记个案）

SPSS 画出的散点图，如图 6.15 所示。从该图中可以看到，第 4 个和第 8 个点离其他点很远，明显的"离群索居"，而且，这两个点的存在使得点的分布更加散漫，明显减弱了变量间的相关。

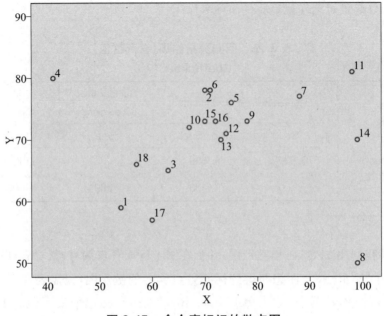

图 6.15 含个案标记的散点图

接下来,我们将第 4 个和第 8 个点的数据删去(剩下的数据分别列在变量 X1 和 Y1 之下),再建立回归模型,SPSS 输出的标准回归系数竟变成了 0.643,模型也极其显著了,如表 6.29 所示。

表 6.29 剔除离群值后的模型(回归系数)

Coefficients[a]

Model		Unstandardized Coefficients		Standardized Coefficients	t	Sig.
		B	Std. Error	Beta		
1	(Constant)	46.799	7.881		5.938	.000
	X1	.334	.106	.643	3.140	.007

a. Dependent Variable: Y1.

可见,离群值或离群点的存在对于回归模型的影响可能是巨大的,尤其当样本容量较小或离群点占较大比例时。

例题 6.4 和 6.5 提示我们,在进行回归分析前,仔细考察一下散点图是非常重要的工作。散点图可以在很大程度上告诉我们回归分析可能会遇到哪些问题。

除了考察散点图,SPSS 也提供了多种指标帮助我们诊断出可能的离群值。常用的指标有标准化残差(standardized residuals)或学生化删除残差(studentized deleted residuals),中心化杠杆值(centered leverage value),Cook's D 和 DfBeta 等,其判断离群值的标准如表 6.30 所示。

表 6.30　离群值的常用诊断指标

诊断指标	离群标准
标准化残差或学生化删除残差	绝对值大于 2
中心化杠杆值	$>2\times(k/n)$
Cook's D	$>4/n$
DfBeta	绝对值大于 $2\sqrt{n}$

上述诊断指标的计算结果可以暂存在 SPSS 的数据表中。操作方法是：设定因变量和自变量后，点击 Save "保存"按钮，然后在弹出的界面上选择想要的指标，最后回到原界面继续完成回归分析。

如果认为确实要删除某些离群点，应在研究报告中说明删除的理由和标准，不能随心所欲，更不能用删除数据的方式求得自己想要的结果。

6.5.3　关于多重共线性

前文提到，考察一个自变量对因变量的影响时，要扣除其他自变量能解释的因变量差异，计算该自变量的偏确定系数。**如果自变量之间有较高的相关，某些自变量能解释的部分与其他自变量重合较多**，可以导致偏回归系数和偏确定系数下降、回归系数标准误增大等情况，严重时甚至出现模型整体显著而各个自变量的回归系数都不显著的局面。这就是**多重共线性**问题。

例题 6.2 中就有这样的情况。该题中被剔除的抽象推理（AR）得分与数学成绩之间的相关系数不算低（$r=0.439, P<0.001$），如果用抽象推理（AR）建立一元线性回归，模型肯定是显著的。但是，由于它与另两个自变量有较高的相关——与言语推理得分（VR）之间的相关系数是 0.504；与数字推理得分（NR）之间的相关系数是 0.555，所以它在建立多元线性回归模型时被剔除掉了。

不过，自变量之间存在相关的情况是普遍存在的，并非只要自变量间有相关就一定存在严重的多重共线性问题，这就需要我们了解一些判定指标。

多重共线性的判定指标包括容忍度（Tolerance）、**方差膨胀因子**（Variance Inflation Factor，缩写为 VIF），以及建立在特征值（eigenvalue）基础上的**条件指数**（Condition Index，缩写为 CI）等。

某个自变量对应的容忍度 Tolerance_i，就是以该自变量为因变量建立其与其他 $k-1$ 个自变量的回归方程，从而得到一个类似于不确定系数的值：

$$\text{Tolerance}_i = 1 - R_i^2 = 1 - R_{i \cdot 12 \cdots k}^2$$

容忍度越小，意味着该自变量与其他自变量有越高的相关，其对因变量 Y 的预测能力就越弱。一般来说，容忍度小于 0.1 时，可以认为该自变量与其他自变量之间存在不容忽视的多重共线性问题。

VIF 则是容忍度的倒数，当 VIF＞10 时，同样可以认为存在不容忽视的多重共线性问题。

特征值和条件指数的关系是：若自变量的交叉乘积矩阵的特征值满足 $d_1^2 \geqslant d_2^2 \geqslant \cdots \geqslant d_p^2$，则称 $CI_i = d_1/d_i$ 为条件指数，条件指数越大，多重共线性越强。CI 超过 30，即表明有一定程度的共线性，超过 100 说明存在强共线性。

SPSS 中还可以看到方差比例（Variance Proportion）指标。在高 CI 的情况下，可以认为由方差比例超过 0.5 的自变量构成的一组变量为相关较高的变量。

如果用例题 6.2 的数据考察多重共线性，可以在进入线性回归主界面后，将变量选择法（Method）变为纳入（Enter），然后点击 Statistics 按钮，可以看到如图 6.16 所示的界面：

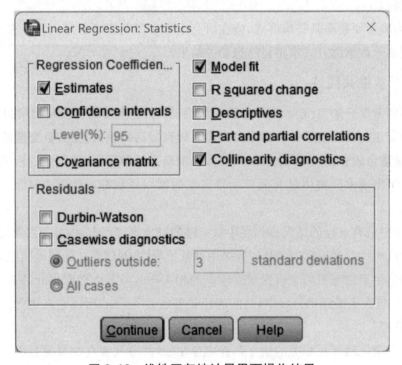

图 6.16　线性回归统计量界面操作结果

勾选共线性诊断（Collinearity diagnostics），然后点击 Continue 回到上一界面。后面的步骤与例题 6.2 中相同。

当看到 SPSS 输出的回归系数表（如表 6.31 所示）时，可以发现回归系数表被拉长，增加了 Tolerance 和 VIF 指标。好在这两个指标没有体现出很强的共线性信号。这是因为抽象推理（AR）与数字推理（NR）、言语推理（VR）之间的相关还没有高到抽象推理（AR）与后二者之间的不确定系数低于 0.1 的程度，抽象推理（AR）的差异中还有 65.8% 是数字推理（NR）和言语推理（VR）不能解释的。但是如果这个容忍度继续低下去，就可能出现严重的多重共线性问题。

表 6.31　含共线性诊断的回归系数表

Coefficients^a

Model		Unstandardized Coefficients		Standardized Coefficients	t	Sig.	Collinearity Statistics	
		B	Std. Error	Beta			Tolerance	VIF
1	(Constant)	-2.784	.762		-3.652	.000		
	AR	.085	.064	.088	1.326	.186	.658	1.520
	VR	.151	.072	.154	2.111	.036	.540	1.853
	NR	.472	.072	.494	6.524	.000	.501	1.996

a. Dependent Variable: Math.

6.5.4 关于非线性回归

如果散点图提示变量间存在非线性关系，可以考虑建立非线性模型。**有些非线性关系是可以转换为线性关系的**。例如以下模型都是非线性的：

$$\hat{Y}=a+bX^2$$
$$\hat{Y}=a+b_1X+b_2X^2$$
$$\hat{Y}=a+bX_1X_2$$
$$\hat{Y}=a+b_1X_1+b_2X_2^2$$
$$\hat{Y}=\frac{1}{\alpha+\beta e^{-X}}$$

对于这几个非线性模型，可以对变量进行转换，然后仍以线性模型的方式建立模型。例如，要建立非线性模型 $\hat{Y}=a+bX^2$，可以令 $X'=X^2$，进而建立 Y 与 X' 之间的线性回归模型。在 SPSS 中，可以创建一个新变量，例如"XX"，然后用 SPSS 中 Transform（变换）下的 Compute Variable（变量计算）功能，通过算式 $XX=X*X$ 算出结果。这样就可以用 XX 与 Y 之间的线性回归模型表达非线性关系（$\hat{Y}=a+bX^2$）了。

正是因为上述非线性模型可以通过变量转换后用线性回归模型来处理，故有些学者也将这些模型视为线性模型。

需要指出的是，一般情况下，如果线性回归模型的拟合度已经令人满意，能较好地预测因变量的值，就不要热衷于提高拟合度，甚至为此采用非线性回归。因为模型的拟合度是根据样本数据计算得来的，即便模型与样本 A 数据的拟合度很高，但换一个样本 B 得出的拟合度却未必同样高。另外，模型的简洁性也很重要。提高拟合度往往需要建立更复杂但是也更难解释的模型。

第 7 章　Logistic 回归分析

本章内容

Logistic 回归分析也是一种回归分析方法，但是仅用于因变量为间断变量（类别或等级）的情形。如果因变量是二分变量，则采用二项 Logistic 回归分析；如果因变量是多分变量且为序次水平，可以采用序次 Logistic 回归分析；如果因变量是多分变量但不是序次水平，就用多项 Logistic 回归分析。另外，本章还将介绍两种与 Logistic 回归相近的回归分析法，即 Probit 回归分析和泊松回归分析，以及 Logistic 回归分析与聚类分析、判别分析的关系。

学习要点

1. Logistic 回归分析的目的和类型：Logistic 回归分析的目的；Logistic 回归分析的类型。

2. Logistic 回归分析的原理：logit P 的引入；Logistic 回归系数的含义；Logistic 模型的检验。

3. Logistic 回归分析的应用：二项 Logistic 回归分析；多项 Logistic 回归分析；序次 Logistic 回归分析；Probit 回归分析；泊松回归分析。

4. Logistic 回归分析的主要结果（指标）：$-2LL$；Wald 值；Cox & Snell R^2；Nagelkerke R^2；拟合优度。

第 6 章介绍的多元回归分析大部分仍属于初级心理统计的内容。如果说第 6 章的学习大部分带有复习性质，那么从本章开始，我们的学习就全面进入了多元分析的领域。因此，从本章开始，内容的叙述结构也将发生较大改变。每一章基本上都依次讲解 3 个方面：第一，该方法的目的和类型，如果有不同类型时；第二，该方法的原理，主要介绍其基本思路和过程，但是不涉及数学推导或证明；第三，该方法的应用举例，结合不同的数据特点，用实例介绍该方法的常见类型，并讨论使用该方法时要注意的问题。第 11 章（因子分析）和第 12 章（结构方程建模）还有 12.4，通过"综合应用举例"深化学习者对该方法及其与其他方法之间关系的认识。

7.1　Logistic 回归分析的目的和类型

7.1.1　Logistic 回归分析的目的

在预测和诊断工作中，经常会出现被预测的**因变量是间断变量（类别或等级）**的情形。

例如，医生根据求诊者的症状判断某种病是否发作，教师要根据经验判断学生能否做对某道试题，书法专家要根据作品质量将其评定为 3 个等级……在这里，疾病是否发作、试题能否做对只有 2 种结果，为二分变量；作品质量评定有 3 种等级，为多分变量。总之，它们都是间断变量，只有少数几种可能取值。

在介绍多元线性回归分析时，我们看到自变量为二分变量（例如性别）甚至多分变量（例如班级）的情况，那时的处理方法是将其设置成虚拟变量或效应变量。但是，本章要处理的情况有所不同，二分变量或多分变量不是自变量，而是因变量。线性回归模型要求自变量和因变量之间存在线性关系，但是二分变量的取值要么是 0，要么是 1；多分变量的可能取值也不过是多几个而已，如 0、1、2、3 等，它们做因变量都不满足线性回归分析的前提条件，如果勉强采用线性回归分析，必然会造成很大的误差。

【例题 7.1】

在例题 6.3 中，我们看到某研究者用线性回归模型考察学生的性别（gender）和所在班级（Class）对学生数学成绩（Math）的影响。现在，研究者又得到了这些学生的学习能力测验得分（Learning）和逻辑学成绩（Logic），以及是否报考理工科专业的数据 STEM（0 表示不报考，1 表示报考）。有了这些数据，研究者想考察一下，数学成绩（Math）会不会影响学生选择报考理工科专业（STEM=1）？如果加上测验得分（Learning）和逻辑学成绩（Logic）分数作为指标，能否更好地预测学生是否报考理工科专业？

【解答】

先画出两个变量的散点图（如图 7.1 所示）。这个图一点也不像线性回归模型散点图的样子，对不对？

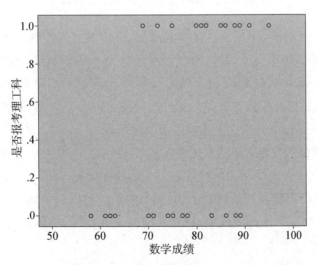

图 7.1 数学成绩与是否报考理工科专业的散点图

如果仍沿用线性回归分析，就是以 STEM 为因变量，以 Math 为自变量建立线性回归方程。SPSS 也可以给出结果，而且效果似乎还不错：$R=0.56, R^2=0.313$，调整后的 R^2 为 0.290，方差分析结果为 $F=13.677, P=0.001$，表示模型有极其显著的意义。

但是，如果在 SPSS 的线性回归主界面点击 $\boxed{\text{SAVE}}$ "保存"按钮，在其弹出的界面上勾选 "Predicted Values"（预测值）下的 "Unstandardized" 选项，再勾选 "Residuals" 下的 "Unstandardized" 选项，SPSS 就会将每个学生的非标准化预测值（PRE）及其误差（即残差，RES）加入数据表（第一次存入时变量名分别为 PRE_1 和 RES_1），如图 7.2 所示。

STEM	PRE_1	RES_1
1	.53301	.46699
1	.58717	.41283
0	.26218	-.26218
0	.01844	-.01844
1	.69550	.30450
1	.77675	.22325
0	.61425	-.61425
1	.31635	.68365
0	.07260	-.07260
0	.69550	-.69550
0	.04552	-.04552
0	.07260	-.07260
0	.39759	-.39759
1	.39759	.60241
0	-.06281	.06281

图 7.2　非标准化预测值及其误差

只需看一看 SPSS 对前 15 名学生预测的结果，我们就可以发现严重的问题：(1) 每一次预测的结果都既不是 0 也不是 1，甚至出现了意义完全不明的负值，而且也不排除有大于 1 的预测值。(2) 将 STEM 减去 PRE 就是残差(RES)，可以看到不少案例的残差是很大的。

可以设想，在因变量为多分变量(例如态度：反对、不置可否、赞成；五分制得分 0、1、2、3、4)的情况下，线性回归也会产生上述难以解释的情况。

二分和多分变量做因变量时不能采用线性回归分析，根本原因在于线性回归模型所用的最小二乘法在这种情况下做出的回归估计带有很大的抽样误差(尽管这种估计仍是无偏的)。

Logistic 回归却可以较合理地解答上述例题，它不仅可以对个体的二分或多分因变量值做出预测，还可以告知这种预测的效果、自变量间的交互作用、个体分类的准确率，以及模型的效应量等。

7.1.2　Logistic 回归分析的类型

对于**二分因变量**，一般采用**二项**(binary)**Logistic 回归分析法**；对于**多分因变量**，一般采用**多项**(multinomial)Logistic **回归分析法**；如果多分因变量属于顺序量表（序次水平），即多个可能取值之间存在等级关系，可以采用**序次**(ordinal)Logistic **回归分析法**。在心理测量研究中，序次 Logistic 回归可用于项目反应理论。

7.2 Logistic 回归分析的原理

7.2.1 logit P 的引入

要解决二分因变量和多分因变量不适用线性回归分析的问题，可以循着将非线性回归模型转化为线性回归模型的思路，寻找合适的函数，并对其进行转换。这里仅介绍二分因变量情况下的转换方法，多分因变量可由此类推。

1. 如果以事件发生的概率 P 为因变量

前面已经介绍，二分因变量的可能取值只有 0 和 1，所以不能建立线性回归模型。但是可以设想，如果 0 表示事件不发生，1 表示事件发生，我们就可以将预测"会不会发生"转化为回答"发生的概率有多大"。换言之，我们可以把原来的医生根据求诊者的症状"判断某种病是否发作"变为"判断求诊者该病发作的概率"，把教师根据经验"判断学生能否做对某道试题"变为"判断学生做对某道试题的概率"等。这样，因变量就变成了概率 $P(Y=1)$。概率的值永远介于 0—1 之间，其可能取值的数目是无限的，可以看成是一个连续变量。我们似乎只要考察自变量与概率之间的关系，建立相应的回归模型就可以了。

但是，我们还要考虑到，虽然自变量与事件发生的概率之间可能存在某种关系，但是这种关系未必是线性关系，而且往往不是线性关系。

举个简单的例子：一个人在收入很低的情况下不大可能会买汽车；这时即使工资增加了几百块钱，他也还是不大可能会买车；随着收入继续增加，终于有一天他具备了买车的实力，这时他买车的概率会迅速上升；而当收入达到更高水平时，这个人几乎肯定已经拥有自己的座驾了，此时再加几百块钱的工资也不可能继续大幅提高其买车的概率。可见，买车的概率不是随着收入水平的提高而线性地匀速上升，而是先低速上升，达到一定条件（具备买车实力）后加速上升，最后逐渐减速，直至达到或趋近 $P(买车)=1$。

人类的感觉也是如此。心理学家很早就提出了"阈限"的概念。如果刺激强度从 0 开始等距地增加，在刚开始的一段时间内，无论刺激强度达到多少，只要没有接近阈限，人都很少能感受到刺激的存在；而当刺激强度接近或达到阈限时，人感受到刺激的概率迅速上升；超过阈限很多时，人感受到刺激的概率已经接近 1，所以上升得非常缓慢。图 7.3 中的 S 形曲线就是上述关系的典型写照。

既然自变量与 P 之间的关系往往是 S 形的，我们就不能直接建立两者间的线性模型，而是应该寻找更合适的非线性模型。在数学上，能够更好地拟合这种 S 形曲线的函数不仅存在，而且

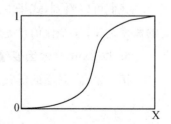

图 7.3 S 形曲线（X 为刺激强度，纵坐标为概率 P）

有不少。我们在初级心理统计中学过的正态分布的累积相对分布曲线就是一种 S 形曲线，本章介绍的更常用的成长曲线函数 ($Y^* = 1/(\alpha + \beta e^{-X})$，即 Logistic 函数)也是 S 形曲线。

2. Logistic 函数

Logistic 函数的概率形式为

$$P = \frac{1}{1+e^{-(a+bX)}} = \frac{1}{1+e^{b(-\frac{a}{b}-X)}}$$

不同的 a、b 对应不同的曲线形态。当 b 为正数时，随着 X 的增长，P 先是缓慢上升，中间有一段快速上升，最后阶段又回到缓慢上升的状态，直至 P 趋近 1。当 b 为负数时，曲线的形态正好反过来：缓慢下降—加速下降—缓慢下降。而 $-a/b$ 正是曲线的中心，其对应的概率 P 为 0.5。b 的绝对值则决定了曲线中段上升或下降的速度。所以，**b 和 $-a/b$ 被称为 Logistic 函数的两个参数**。

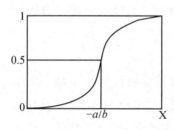

图 7.4　Logistic 函数曲线及其参数

图 7.4 中标出了曲线的中心和参数($-a/b$)。

所以，用 Logistic 函数来描述自变量 X 与 P 之间的关系，比线性模型要合理得多。

3. 如果以 $P/(1-P)$ 做因变量

但是，Logistic 函数毕竟是一种非线性模型，接下来我们要思考的问题是，如何将这个非线性模型转化为线性模型。

将 Logistic 函数式做如下转换：

$$P = \frac{1}{1+e^{-(a+bX)}} \times \frac{e^{(a+bX)}}{e^{(a+bX)}} = \frac{e^{(a+bX)}}{1+e^{(a+bX)}}$$

$$P + P \times e^{(a+bX)} = e^{(a+bX)}$$

$$P = e^{(a+bX)} - P \times e^{(a+bX)}$$

$$P = (1-P)e^{(a+bX)}$$

$$\frac{P}{1-P} = e^{(a+bX)}$$

我们可以看到，式子左边出现了 $P/(1-P)$，它的含义就是某事件发生的概率与不发生的概率之比，这个比值就是所谓的"**发生比**"(odds，常用 Ω 表示，又称为相对风险)。

4. 以 logit P 做因变量

接下来，在前面的等式两边取对数，就变成了下面的式子：

$$\ln\left(\frac{P}{1-P}\right) = a + bX$$

这样，$\ln\left(\frac{P}{1-P}\right)$ 与 X 之间就成为线性关系了。统计学上用 logit P 表示 $\ln\left(\frac{P}{1-P}\right)$：

$$\text{logit } P = a + bX$$

将这个式子推广到多个自变量的情形,那就是

$$\text{logit } P = a + \sum bX$$

这里的 logit P 可以称为"**概率的逻辑斯蒂单位**",它表示这是**事件发生概率 P** 的一种转换形式;而经此转换,logit P 与自变量之间形成了线性关系。

7.2.2 Logistic 回归系数的含义

现在,我们回到 logit $P = a + bX$,看一看回归系数的含义。

当回归模型是 $\hat{Y} = a + bX$ 时,b 的含义是,X 每增加 1 个单位,因变量的值就增加 b,因为

$$\hat{Y}_1 - \hat{Y}_0 = a + b(X+1) - (a + bX) = b$$

同样的,当回归模型是 logit $P = a + bX$ 时,b 的含义是,**X 每增加 1 个单位,logit P 的值就增加 b**。

但是,由于 logit P 不是能直接测量或观察到的变量,而是发生比的对数,它增加 b 意味着:

$$\ln \Omega_1 - \ln \Omega_0 = \ln \Omega_1/\Omega_0 = b$$

即

$$\Omega_1/\Omega_0 = e^b$$

也就是说,**自变量 X 增加 1,导致原来的发生比发生了变化,新的发生比与先前的发生比之比值就是 e^b**。Ω_1/Ω_0 又被称为"**优势比**"(odds ratio,缩写为 OR,又称为相对风险比)。SPSS 输出结果中包含各个自变量的优势比。

7.2.3 Logistic 模型的检验

1. 模型的整体显著性检验

Logistic 回归分析采用最大似然估计法求得各个回归系数,对模型的整体显著性检验得出的是似然函数值(likelyhood)。这个值表示一种概率——假设拟合模型为真时能观察到该特定样本数据的概率。由于概率介于 0 和 1 之间,为了数学上处理方便起见,我们对其取对数,然后再乘以 -2(因为概率的对数值总是负数),这样就成了 -2Log likelyhood(缩写为 -2LL)。-2LL **的值越大**,似然函数值 likelyhood 就越小,**模型的拟合程度就越差**。如果模型完全拟合样本数据(尽管这不大可能),似然值为 1,-2LL 应该为 0。

但是,-2LL 究竟要小到什么程度,模型才算整体上拟合样本数据了呢?统计学上暂时还没有这样一个临界值作为决策标准。通常的做法是将截距模型(模型中只有截距,没有任何自变量,似然值为 L_0)与参照模型(模型中引入自变量,似然值为 L_x)做比较,考察两者的似然值之比(L_0/L_x)。可以想见,如果自变量毫无作用,这两个模型的似然值就会相等,似然

比等于1。只有当似然比小于1时,参照模型才可能有显著意义。统计学上可以证明,$-\ln(L_0/L_x)^2 = [-2\ln(L_0)] - [-2\ln(L_x)]$——两个模型的$-2LL$之差——近似服从$\chi^2$分布。这样,我们就可以**根据$\chi^2$检验得到的概率判断参照模型整体有无显著意义。$P$值越小**,自变量的作用就越显著。

2. 回归系数的显著性检验(Wald 检验)

在模型中有多个自变量的情况下,即使模型整体显著,也要**对各个偏回归系数b_i进行显著性检验**,其采用的检验统计量是

$$\text{Wald} = \left(\frac{b_i}{s_{b_i}}\right)^2$$

某个自变量的 Wald 值越大,该自变量的作用就越显著。不过,当回归系数很大时,其标准误也变得很大,此时最好比较一下包括和不包括该自变量的模型,看两者的$-2LL$之差是否显著。

检验偏回归系数的显著性时,可以采取全部变量纳入模型的方式,也可以采用分步回归将变量依次纳入模型,每一步回归都考察新进变量后当前模型的χ^2检验值和显著性水平,以及该变量带来的χ^2增量,以此了解该变量对因变量的预测能力。

无论是全部纳入还是分步纳入,研究者都无法控制自变量进入模型的顺序。为此,统计学上设计了第三种可以让研究者自行决定自变量纳入顺序的方法,即**变量分组法**。研究者可以**将自变量分为若干组(block)**,每个组可以有任意数目的、但往往是性质相近的自变量。这样,**统计软件就会按照研究者设置的各组的先后顺序**,将变量依次纳入模型。而且,如果一个组中有多个自变量,研究者仍可以将该组的多个自变量设置为全部纳入或分步纳入。不仅 Logistic 回归分析是这样,多元线性回归分析也是如此。

7.3 Logistic 回归分析法应用举例

7.3.1 二项 Logistic 回归分析

7.2 讨论的其实都是 Logistic 回归分析的基本形式,即因变量为二分类的情况。这种情况下进行的就是二项(binary)Logistic 回归。

在 SPSS 实际操作时,无须考虑将原来的因变量转换成概率这样的问题,可以直接进行二项 Logistic 回归分析。模型建立后,应当考察其整体显著性,采用的指标就是$-2LL$,其值越大似然值越小,即拟合度越差。可以对截距模型与参照模型的$-2LL$之差做χ^2检验,有显著差异就说明参照模型整体显著。此外,还可以用两个伪确定系数来表示模型的拟合优度:

$$\text{Cox \& Snell } R^2 = 1 - (L_0/L_x)^{2/n}$$

$$\text{Nagelkerke } R^2 = \frac{1 - (L_0/L_x)^{2/n}}{1 - L_0^{2/n}}$$

将上述系数称为"伪确定系数",是因为虽然它们在一定程度上反映了模型的拟合程度,

但它们都是从似然比演化而来,并非"自变量差异能解释因变量差异的比例"。

接下去要检验各个偏回归系数的显著性。采用的检验统计量就是 Wald。自变量可以采用由软件控制的全部纳入和分步纳入方式,也可以采用由研究者决定纳入顺序的分组纳入方式。

【例题 7.1 解答】

回到本章开头的例题 7.1。鉴于研究中的因变量是"是否报考理工科专业"(用 0 表示不报考,用 1 表示报考)是一个二分变量,适合二项 Logistic 回归分析。依次点击菜单项

Analyze → Regression → Binary Logistic...

可以看到 Logistic 回归分析界面,将 STEM 选为因变量,Math 选为协变量(Covariate,一定意义上就是自变量),如图 7.5 所示。

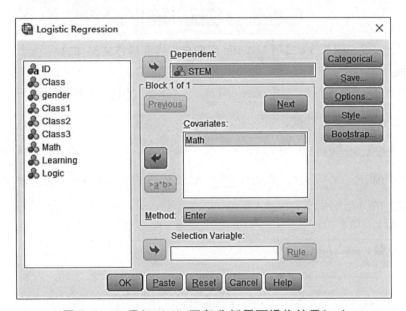

图 7.5 二项 Logistic 回归分析界面操作结果(一)

不过,根据题意,研究者还想看看加入另两个指标,即学习能力测验得分(Learning)和逻辑学成绩(Logic)后,模型的预测效果是不是更好。因此,可以将这两个变量也同时选为协变量。但是,我们在这里换一种方式:在 Logistic 回归界面中点击中间靠右的按钮 Next (下一组),可以发现左边的"Block 1 of 1"变成了"Block 2 of 2",意思是 SPSS 将前面的 Math 看成了进入回归方程的第 1 组(Block 1)变量,现在选择的是第 2 组(共 2 组)变量。再看其下方的协变量框,发现其已经被清空。选择 Learning 和 Logic 作为协变量,如图 7.6 所示。

如果怀疑自变量之间可能有交互作用,还可以按住 Ctrl 键,再依次点选左边方框中的相应变量,然后点击 >a*b> 按钮就可以将这一交互项加入协变量框中。本例不考虑交互作用问题,故不做选择。

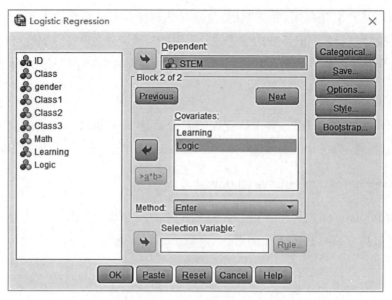

图 7.6 二项 Logistic 回归分析界面操作结果(二)

如果有分类自变量,可以点击 Categorical...(分类)按钮,在其弹出的界面上设置。本题没有分类自变量,故不用设置。

点击 Options... 按钮,可以勾选各种感兴趣的结果。这里仅选 Hosmer-Lemeshow goodness-of-fit(如图 7.7 所示)。点击 Continue 按钮回到主界面,再点击 OK 按钮,就可以看到 SPSS 输出的分析结果了。

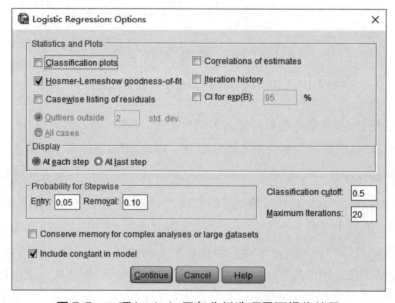

图 7.7 二项 Logistic 回归分析选项界面操作结果

SPSS 输出的内容很多,这里仅介绍其中的主要内容。在标题 Block 0:Beginning Block 下面,可以看到一张分类结果表(Classification Table,如表 7.1 所示)。这张分类表似乎是瞎猜的结果。因为无论学生是否报考,预测(Predicted)的结果一概都是"报考"。预测的准确率仅为 50%。这就是前文提到的截距模型的情况。那么,后面有了参照模型,准确率想必会高一些吧?让我们拭目以待。

表 7.1　Block 0:分类结果表
Classification Table[a, b]

Observed			Predicted		
			STEM		Percentage Correct
			不报考	报考	
Step 0	STEM	不报考	0	16	.0
		报考	0	16	100.0
	Overall Percentage				50.0

a. Constant is included in the model.
b. The cut value is .500.

接下来的重点是标题 Block 1:Method=Enter 下面的几个表(如表 7.2—7.6 所示)。Block 1 指的就是第 1 组变量(本例中仅 Math)进入了参照模型。这个"Omnibus Tests of Model Coefficients"(模型系数综合检验表)告诉我们,该模型的 χ^2 值为 11.345,它是该参照模型与截距模型的—2LL 之差,检验结果表明,参照模型整体上具有极其显著的意义($P=0.001$)。

表 7.2　Block1:模型系数综合检验表
Omnibus Tests of Model Coefficients

		Chi-square	df	Sig.
Step 1	Step	11.345	1	.001
	Block	11.345	1	.001
	Model	11.345	1	.001

此时,我们建立的模型只包括了 Block1(第 1 组)的 1 个自变量 Math,这是一个只有 1 个 Block,Block 里面也只有 1 个 Step 的模型,所以 Step、Block 的 χ^2 值与模型的 χ^2 值相同。

表 7.3 列出了到当前模型的—2LL 和两个伪确定系数(Cox & Snell R^2 和 Nagelkerke R^2)。表 7.4 呈现 Hosmer 和 Lemeshow 检验的结果,这也是一个 χ^2 值(4.749),但是这里的 $P=0.784$ 表示参照模型与样本数据相当吻合。这也映衬了参照模型整体显著。

表 7.3 Block1：模型概要

Model Summary

Step	-2 Log likelihood	Cox & Snell R Square	Nagelkerke R Square
1	33.016[a]	.298	.398

a. Estimation terminated at iteration number 5 because parameter estimates changed by less than .001.

表 7.4 Block1：Hosmer 和 Lemeshow 检验的结果

Hosmer and Lemeshow Test

Step	Chi-square	df	Sig.
1	4.749	8	.784

接下来是表 7.5，表示 Block 1 的分类结果，即引入自变量 Math 后，运用参照模型对所有学生的选择做出的预测。这一次的准确率达到 78.1%，远高于截距模型的 50%。

表 7.5 Block 1：分类结果表

Classification Table[a]

	Observed		Predicted		
			是否报考理工科		Percentage Correct
			不报考	报考	
Step 1	STEM	不报考	12	4	75.0
		报考	3	13	81.3
	Overall Percentage				78.1

a. The cut value is .500.

表 7.6 是回归系数的检验结果。其中 Math 的 Wald 值为 7.688，$P=0.006$，达到极其显著的水平。这意味着，Math 每多 1 分，发生比就增长 $1.152-1=0.152$ 倍。

表 7.6 Block 1：回归系数的检验结果

Variables in the Equation

		B	S.E.	Wald	df	Sig.	Exp(B)
Step 1[a]	Math	.141	.051	7.688	1	.006	1.152
	Constant	-11.205	4.099	7.473	1	.006	.000

a. Variable(s) entered on step 1: Math.

下面是 Block 2：Method=Enter 部分。同样是看这些表格（如表 7.7—7.9 所示）。

表 7.7　Block 2：模型系数综合检验表
Omnibus Tests of Model Coefficients

		Chi-square	df	Sig.
Step 1	Step	.488	2	.783
	Block	.488	2	.783
	Model	11.833	3	.008

表 7.8　Block 2：分类结果表
Classification Table[a]

Observed		Predicted		
		STEM		Percentage Correct
		不报考	报考	
Step 1	STEM　不报考	12	4	75.0
	报考	4	12	75.0
	Overall Percentage			75.0

a. The cut value is .500.

表 7.9　Block 2：回归系数的检验结果
Variables in the Equation

		B	S.E.	Wald	df	Sig.	Exp(B)
Step 1[a]	Math	.103	.080	1.640	1	.200	1.109
	Learning	.016	.055	.088	1	.767	1.016
	Logic	.024	.037	.432	1	.511	1.025
	Constant	−11.578	4.289	7.287	1	.007	.000

a. Variable(s) entered on step 1: Learning, Logic.

表 7.7 告诉我们，模型中加入 Learning 和 Logic 这两个变量后，该模型的 χ^2 值达到了 11.833，它是继加入 Math 之后，新加入 Learning 和 Logic 这两个变量后的参照模型与截距模型的 −2LL 之差，检验结果表明，该参照模型整体上具有极其显著的意义（$P=0.008$）。

但是，从这个表的 Block 旁的 χ^2 值(0.488)来看，这个参照模型的 −2LL 与前一个仅包括第 1 组（Block 1）变量（Math）的模型的 −2LL 只相差 0.488。也就是说，这个 Block（加入 Learning 和 Logic 这两个变量）对预测效果没有多大的促进作用。

后面的 Model Summary 表也表明，加入 Learning 和 Logic 这两个变量后，整个模型的 −2LL 为 32.528，比仅包含 Math 的模型小（即进步）了 0.488。两个伪确定系数（Cox & Snell R Square=0.309，Nagelkerke R Square=0.412）也没有增加多少。

再看一下加入 Learning 和 Logic 这两个变量后的预测分类表(如表 7.8 所示)。可以看到,正确率反而略有下降,变成了 75%。

看一下模型中的 3 个偏回归系数(如表 7.9 所示)。可以看到,加入 Learning 和 Logic 后,连 Math 的回归系数都不显著了。这就是模型显著而每一个偏回归系数都不显著的情形。

由此可知,用数学成绩可以较好地预测学生是否报考理工科。无需加入 Learning 和 Logic 做预测变量。

最后要注意的是,进行二项 Logistc 回归分析时,因变量必须用 0 和 1 表示,而且 0 表示事件不发生,1 表示发生。如果本例题中用 1 表示学理工科,用 2 表示不学,SPSS 仍会按顺序将 1 和 2 分别转换为 0 和 1。这样一来,统计检验的结果没有变化,但是回归系数的符号会反过来,Exp(B) 的值也随之改变。使用者如果疏忽了这一点,对回归系数的理解就会南辕北辙。

7.3.2 多项 Logistic 回归分析和序次 Logistic 回归分析

因变量为多分类的情况下,可以采用多项或序次 Logistic 回归分析。这两种方法的区别在于,序次 Logistic 回归分析适用于因变量的多个可能取值可以按大小排序(即顺序量表)的情形;而多项 Logistic 回归分析适用于称名量表的情形。

多项或序次 Logistic 回归分析也有相似之处,那就是它们都是多次二项 Logistic 回归分析的综合结果。**多项 Logistic 回归用各类与一个固定参照类的发生比来进行二项 Logistic 回归分析;序次 Logistic 回归用因变量取值小于等于某一序次(等级)的各类的累积概率与取值大于该序次的各类的累积概率之比作为发生比来完成二项 Logistic 回归分析。**但是,它们也不是多次二项 Logistic 回归的简单相加,这与方差分析不是多次 t 检验的简单相加很相似。

1. 多项 Logistic 回归分析

多项 Logistic 回归适用于称名水平的多分因变量。当因变量的 k 个可能取值将个体分为 k 类时,可以指定任意一个类别作为参照类,将其他 $k-1$ 个类别的概率分别与参照类概率相比,形成 $k-1$ 个发生比并取对数,这样就可以建立一组方程:

$$\ln(P_1/P_k) = \sum b_{i1} X_i$$
$$\ln(P_2/P_k) = \sum b_{i2} X_i$$
$$\cdots\cdots$$
$$\ln(P_{k-1}/P_k) = \sum b_{i(k-1)} X_i$$

其中 P_k 是参照类的概率,$P_1 \sim P_{k-1}$ 是其他 $k-1$ 个类别的概率。

2. 序次 Logistic 回归分析

序次 Logistic 回归用各个类上下的两个累积概率来计算发生比,即对第 J 类而言,发生

比为

$$\Omega_J = \frac{Pr(Y \leqslant J)}{Pr(Y > J)}$$

换言之，序次 Logistic 回归实际上是依次将因变量按照不同可能取值水平划分为两个类，并用这两个类的发生比完成二项 Logistic 回归分析。

【例题 7.2】

近些年来，经济合作与发展组织（OECD）开展了两项重大的跨国基础教育研究，即以学业能力为主的 PISA 测试和以社会情绪能力为主的 SSES 测试。在 SSES 测试中，OECD 采用 5 大指标来衡量学生的社会与情绪能力：任务能力（P1_TaskPerf）、情绪调节（P2_EmotionReg）、协作能力（P3_Cooperative）、开放能力（P4_Open）和交往能力（P5_Commu）。在数据文件"例题 0702－多项－序次 Logistic 回归.sav"中有假想的 76 名高中生的数据，而且还有这些学生的幸福感数据，存放于变量 Happy 之下，其中 1 表示学生反应为"不幸福"，2 表示"还算幸福"，3 表示"很幸福"。研究者想考察参试学生的幸福感与其性别和上述 5 项指标的关联，他应该如何进行分析？

【解答】

由于因变量"Happy"的可能取值为 1、2、3，而且 3 个值之间可以按大小排序，属于多分类、有序次的情况，可以进行多项 Logistic 回归分析，也可以进一步进行序次 Logistic 回归分析。

3. 用 SPSS 进行多项 Logistic 回归分析

先做多项 Logistic 回归分析。依次点击菜单项

Analyze → Regression → Multinomial Logistic...

可以看到多项 Logistic 回归分析的主界面，将 Happy 选入 Dependent（因变量）框。

在选择自变量时要注意，SPSS 将自变量分为两种：因素（Factor）和协变量（Covariate）。这里所说的"因素"，特指没有经过虚拟编码或效应编码的类别变量；而"协变量"指的是连续型变量和经过虚拟编码或效应编码的变量。在这个例子中，性别（gender）本来是一个类别变量，偏巧它用 0 表示男性，1 表示女性，所以它既可以作为因素，又可以当作协变量。但是如果它没有用 0—1 编码，也没有用效应编码，就只能作为因素。

了解了这些，我们就可以将性别选入 Factor(s) 框，将任务表现等 5 个指标选入 Covariate(s) 框。主界面的最终情形如图 7.8 所示。

可以看到 Dependent 框中的变量名 Happy 后面有"(Last)"字样，这表示软件将最后一类反应（3—很幸福）作为参照类。点击其下方的"Reference Category"（参照类）按钮，可以将其他类别改为参照类。改变参照类可以看到不同的输出结果，但这些结果是等价的。

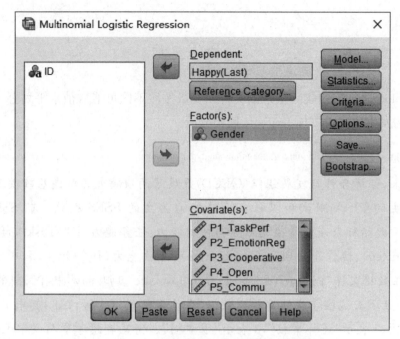

图 7.8　多项 Logistic 回归分析界面操作结果

如果还需要得到更多的信息，可以点击右边的各个按钮进行设置。本书不做详细讨论，故直接点击 OK 按钮，观看结果（如表 7.10—7.14 所示）。

首先看到的表 7.10 是 Case Processing Summary（样例处理摘要表）。表中列出了三种不同反应的人数及所占百分比、两种性别的人数及所占百分比等信息。

表 7.10　样例处理摘要表
Case Processing Summary

		N	Marginal Percentage
Happy	1	15	19.7%
	2	40	52.6%
	3	21	27.6%
Gender	Male	32	42.1%
	Female	44	57.9%
Valid		76	100.0%
Missing		0	
Total		76	
Subpopulation		76[a]	

a. The dependent variable has only one value observed in 76 (100.0%) subpopulations.

接下去看到的是表 7.11(模型拟合信息表)。表中列出 -2LL 等指标。"Intercept Only" 指不含任何自变量的截距模型,Final 指加入了性别和 5 大指标后的最终模型。可以看到,两个模型的-2LL 之差 154.050-76.437=77.612(有舍入误差),χ^2 检验表明最终模型极为显著。

表 7.11 模型拟合信息表
Model Fitting Information

Model	Model Fitting Criteria	Likelihood Ratio Tests		
	-2 Log Likelihood	Chi-Square	df	Sig.
Intercept Only	154.050			
Final	76.437	77.612	12	.000

表 7.12 列出伪确定系数,该表中有三项内容,它们都表明模型有较高的拟合程度。

表 7.12 伪确定系数表
Pseudo R-Square

Cox and Snell	.640
Nagelkerke	.737
McFadden	.504

表 7.13 为似然比检验表,提供模型中各个变量的显著性检验结果。似然比检验依次考察每个变量被剔除后的模型的-2LL 变化量。如果一个变量被剔除后没有造成-2LL 显著增大,说明这个变量对因变量几乎没有预测作用。从表中可以看到,只有变量 P2_EmotionReg(情绪调节)对因变量有显著意义。

表 7.13 似然比检验表
Likelihood Ratio Tests

Effect	Model Fitting Criteria	Likelihood Ratio Tests		
	-2 Log Likelihood of Reduced Model	Chi-Square	df	Sig.
Intercept	76.437[a]	.000	0	.
P1_TaskPerf	77.350	.913	2	.634
P2_EmotionReg	119.942	43.505	2	.000
P3_Cooperative	77.806	1.369	2	.504
P4_Open	78.598	2.161	2	.339
P5_Commu	76.462	.024	2	.988
Gender	76.481	.044	2	.978

最后出现的是我们最关心的表 7.14(参数估计值表)。这个表以"3"(很幸福)作为参照类,

另两类与参照类相比形成两个发生比进行 Logistc 回归分析,结果表明,无论是第一类("不幸福")和第二类("还算幸福"),其 P2_EmotionReg(情绪调节)与参试学生的幸福感都有显著意义上的关联(见表中用方框框起来的 Sig 数值)。而包括性别在内的其他变量都不影响幸福感。

表 7.14 参数估计值表
Parameter Estimates

Happy[a]		B	Std. Error	Wald	df	Sig.	Exp(B)	95% Confidence Interval for Exp(B)	
								Lower Bound	Upper Bound
1	Intercept	44.405	10.689	17.259	1	.000			
	P1_TaskPerf	.056	.082	.461	1	.497	1.058	.900	1.243
	P2_EmotionReg	−.472	.108	19.182	1	.000	.624	.505	.771
	P3_Cooperative	−.044	.090	.244	1	.621	.957	.802	1.141
	P4_Open	−.083	.094	.790	1	.374	.920	.766	1.105
	P5_Commu	−.007	.078	.007	1	.933	.993	.852	1.158
	[Gender = 0]	.236	1.225	.037	1	.847	1.266	.115	13.953
	[Gender = 1]	0[b]	.	.	0	.	.	.	.
2	Intercept	30.773	9.002	11.687	1	.001			
	P1_TaskPerf	.003	.062	.002	1	.961	1.003	.888	1.133
	P2_EmotionReg	−.278	.087	10.180	1	.001	.757	.638	.898
	P3_Cooperative	−.072	.071	1.018	1	.313	.930	.809	1.070
	P4_Open	.009	.070	.017	1	.897	1.009	.879	1.158
	P5_Commu	−.009	.061	.022	1	.881	.991	.880	1.116
	[Gender = 0]	.171	.892	.037	1	.848	1.187	.207	6.810
	[Gender = 1]	0[b]	.	.	0	.	.	.	.

a. The reference category is: 3.
b. This parameter is set to zero because it is redundant.

4. 用 SPSS 进行序次 Logistic 回归分析

进行序次 Logistic 回归分析时,依次点击菜单项

Analyze → Regression → Ordinal…

可以看到序次 Logistic 回归分析的主界面。这个界面的主要部分与多项 Logistic 回归分析主界面几乎完全相同,而且两者的"Factor"和"Covariate"对自变量的要求也完全相同,因此,我们同样将 Happy 选入 Dependent(因变量)框,将 gender 选入 Factor(s)框,任务能力

等 5 个指标选入 Covariate(s) 框。主界面的最终情形如图 7.9 所示。

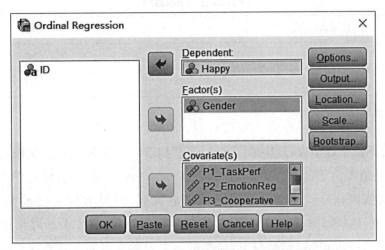

图 7.9　序次 Logistic 回归分析界面操作结果

点击 OK 按钮，观看结果。

首先会看到一个"Warnings"（警告框），内容是：There are 152（66.7%）cells（i. e., dependent variable levels by observed combinations of predictor variable values）with zero frequencies. 看到这个警告无需惊慌，这是因为序次 Logistic 回归模型中加入了连续变量，导致计算时很多单元格的次数为 0。

序次 Logistic 回归分析与多项 Logistic 回归分析的表格格式差不多，所以下面的介绍略作简化，如表 7.15—7.18 所示。

表 7.15 显示模型整体显著。表 7.16 和表 7.17 都显示模型拟合程度较好。

表 7.15　模型拟合结果
Model Fitting Information

Model	−2 Log Likelihood	Chi-Square	df	Sig.
Intercept Only	154.050			
Final	80.918	73.132	6	.000

Link function: Logit.

表 7.16　拟合优度表
Goodness-of-Fit

	Chi-Square	df	Sig.
Pearson	121.939	144	.909
Deviance	80.918	144	1.000

Link function: Logit.

表 7.17 伪确定系数表
Pseudo R-Square

Cox and Snell	.618
Nagelkerke	.712
McFadden	.475

Link function: Logit.

表 7.18 为参数估计值表,其中的"Threshold"相当于心理学中讲的"阈限"。估计值低于 17.956,Happy 值倾向于 1,估计值介于 17.956—22.996,Happy 值倾向于 2,估计值高于 22.996,happy 值倾向于 3。这两个阈限都有显著意义(见方框中 Sig. 数值)。表中的"Location"(位置)体现回归系数的显著性,与在多项 Logistic 回归分析结果中看到的一样,这里也只有 P2_EmotionReg(情绪调节)与参试学生的幸福感都有显著意义上的关联(见方框中的 Sig. 数值)。而包括性别在内的其他变量都不影响幸福感。

表 7.18 参数估计值表
Parameter Estimates

		Estimates	Std. Error	Wald	df	Sig.	95% Confidence Interval	
							Lower Bound	Upper Bound
Threshold	[Happy = 1]	17.956	4.175	18.501	1	.000	9.774	26.138
	[Happy = 2]	22.996	4.722	23.719	1	.000	13.741	32.250
Location	P1_TaskPerf	−.026	.041	.401	1	.526	−.107	0.55
	P2_EmotionReg	.218	.046	22.847	1	.000	.129	.308
	P3_Cooperative	.009	.040	.047	1	.828	−.070	.087
	P4_Open	.053	.047	1.251	1	.263	−.040	.145
	P5_Commu	.005	.038	.019	1	.891	−.069	.080
	[Gender = 0]	−.086	.612	.020	1	.888	−1.286	1.114
	[Gender = 1]	0ª	.	.	0	.	.	.

Link function: Logit.
a. This parameter is set to zero because it is redundant.

可以看到,在多分因变量为顺序量表的情况下,多项 Logistic 回归分析和序次 Logistic 回归分析的结果是相近的。这从它们产生的两个最终模型的 −2LL 可以看出来:多项 Logistic 回归分析是 76.437,序次 Logistic 回归分析是 80.918。如果担心序次 Logistic 回归分析不够有效,可以在其主界面中点击 Output 按钮,在弹出的输出界面中勾选"Test of Parallel Lines"(平行线检验)选项(如图 7.10 所示),再回到主界面继续执行分析。

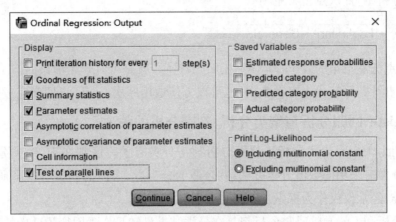

图 7.10　序次 Logistic 回归分析输出界面操作结果

勾选了平行线检验后,序次 Logistic 回归分析会增加一张平行线检验表(如表 7.19 所示)。**平行线检验的零假设是,同一自变量在不同反应类别下的回归系数相等。**在这个例题中,各个系数在[Happy＝1]和[Happy＝2]两种情况下没有显著差异。这就意味着序次 Logistic 回归分析已经足以说明问题,无需再做一次多项 Logistic 回归分析。

表 7.19　平行线检验表

Test of Parallel Lines[a]

Model	－2 Log Likelihood	Chi-Square	df	Sig.
Null Hypothesis	80.918			
General	76.465	4.453	6	.616

The null hypothesis states that the location parameters (slope coefficients) are the same across response categories.

a. Link function: Logit.

7.3.3　与 Logistic 回归分析相近的两种回归分析法

1. Probit 回归分析

实际上,正态分布的累计次数分布也是一种两端上升缓慢、中段迅速上扬的 S 形曲线,也可以用来较好地描述上述决策行为与其制约因素之间的关系。在 SPSS 中也有其相应模块。但是其对数据的要求与 Logistic 回归略有差异。相比之下,Logistic 回归更方便、更常用一些。

2. 泊松回归分析

有时,回归分析中因变量的值是点计数据,例如根据个体的受教育水平(自变量 X)预测其家里有几本字典(因变量 Y)。点计数据更接近连续变量,但是从根本上说它仍是间断变量,当其可能取值个数较少时,可以采用泊松(Poisson)回归分析。SPSS 的泊松回归分析位

于对数回归分析中,依次点击菜单项

Analyze → Loglinear → General...

进入主界面,点选左下角的"Poisson"(泊松回归)选项,就是可以开始泊松回归了。

此外,将点计数据转化为序次数据,也可以方便地用序次 Logistic 回归完成分析。

7.3.4 Logistic 回归分析与聚类分析、判别分析的关系

Logistic 回归分析、聚类分析和判别分析都与分类有关。区别在于,聚类分析是研究者在难以进行分类时采用的数值分类方法,其合适的分类数、个体的归类等都随研究者选择的不同算法而异,经常仅仅作为探索性结果供参考。

而判别分析和 Logistic 回归分析都是在分类结果已知且作为因变量值的情况下进行的。尤其是 Logistic 回归分析和判别分析所用的数据都一模一样。如果两者(以及线性回归分析等)都要求输出预测归类结果,则它们在一定程度上可以相互替代。有学者采用随机模拟方法比较两种方法的回判正确率(预测分类结果正确的观测点占的比例)后指出,一般情况下,Logistic 回归分析优于判别分析,但是随着随机误差的增大,两者的回判正确率差异逐渐缩小,当随机误差超过一定界限后,Logistic 回归被判别分析反超[①]。

但是,判别分析和 Logistic 回归分析的原理和主要使命仍有很大差异。判别分析采用距离判别、Fisher 判别等方法,其主要使命在于判定未知类别的新个体的类别归属,因此它往往通过构建判别函数的方式将多个判别变量降至尽可能少的维度(1—2 个判别函数);而 Logistic 回归分析采用 Logistic 函数将非线性关系转换为 logit p 与自变量间的线性关系,它和线性回归分析的使命主要还是在于考察自变量对因变量的预测效果,考察变量之间的各种关联。

---

① 张初兵,高康,杨贵军.判别分析与 logistic 回归的模拟比较[J].统计与信息论坛,2010,25(01):19-25.

第 8 章 聚类分析

本章内容

聚类分析是通过数值分析对事物进行分类的多元分析方法,有系统聚类法、分解聚类法、加入法、迭代聚类法和有序样品的聚类法等。参与分类的变量可以是类别变量、等级变量,也可以是等距水平或比率水平的变量。聚类分析需要计算个体或变量间的距离、类与类之间的距离,并根据"各类内部差异小,各类之间差异大"的要求进行分类。

学习要点

1. **聚类分析的目的和类型**:聚类分析的目的;常见的聚类分析的类型。
2. **聚类分析的原理**:个体间距离;变量间距离;类间距离。
3. **聚类分析的应用**:两种主要的聚类法举例——系统聚类法(层次聚类法)和迭代聚类法(K 中心聚类法);合理类别数的确定方法;聚类分析与其他分析方法的配合使用。
4. **聚类分析的主要结果(指标)**:个体间距离;变量间距离;类间距离;类别成员;聚类过程表;冰柱图;谱系图(树状图);初始分类中心;最终分类中心。

8.1 聚类分析的目的和类型

8.1.1 聚类分析的目的

心理学研究经常要对人进行分类。一般情况下,我们在分类前总是先确定分类的标准。简单的分类仅仅根据一个变量上制定的标准进行,即在一个维度上进行分类,例如根据心理活动的倾向性将人分为内向、外向;根据是否容易受环境的影响将人分为场独立型和场依存型等。

复杂的分类往往有多个维度参与,例如艾森克(Eysenck)用 3 个维度(内外向性 E、神经质 N 和精神质 P)对人进行分类。即使只用前面 2 个维度,至少就可以将人分为 4 类:外向—情绪稳定型、外向—情绪不稳定型、内向—情绪稳定型、内向—情绪不稳定型。如果再加上第三个维度,至少可以将人分为 8 类。

问题在于,在很多情况下,我们虽然得到了个体多个维度上的数据,但是不太能确定分类标准,或者对于哪些标准重要、哪些不重要难以定夺。如果所有维度都参与分类,交叉分组后就可能出现空类(类里面根本没有成员)的情况。这时,数学可以帮上点忙。数学上可以单纯根据个体的数据,计算个体之间的相似性程度,对个体进行数值分类。其结果可以给我们重要的参考。

本章介绍的**聚类分析**就是**通过数值分析对事物进行分类的多元分析方法**。它有很多别名，如群分析、点群分析、分类分析、簇群分析等。

如果用偏数学的形式表达聚类分析的问题，那就是：设有 n 个个体，每个个体有 p 个方面的指标（也可以称"维度""变量"），如何按这些指标把这些个体分成 k 类？

另外，我们还可以对不同的变量进行聚类分析，将 p 个变量分别归为 k 类。

8.1.2 聚类分析的类型

聚类分析分很多具体类型，主要有**系统聚类法、分解聚类法、加入法、迭代聚类法和有序样品的聚类法**等。在 SPSS 中，系统聚类法被称为层次聚类法（Hierarchical Cluster）；迭代聚类法被称为 K 中心聚类法（K-means Cluster）。

系统聚类法从"每个个体为独立的一类"开始，然后根据距离最近原则逐步合并为大类，最终成为一个大类。n 个个体在整个聚类过程中可以得到分为 n，$n-1$，$n-2$，…，3，2，1 个类。研究者可以根据研究目的或相关理论选取合适的分类数。

分解聚类法与系统聚类法正好相反：从"所有个体为一类"开始，以目标函数达到最大值为原则将整个大类逐步分为小类，直到"每个个体为独立的一类"为止。

加入法是将个体依次加入不同的类别，直到全部个体都归入各自的类别。加入法像一个不断地吸收个体的群体，它一开始甚至不知道最终会加入多少个体，所以它每吸收一个个体，就要确定一下这个个体在群体中的位置。

迭代聚类法先要对所有个体进行粗略的初始分类，然后在此基础上反复调整，使分类越来越合理。

有序样品的聚类法是对按某个指标（例如时间、年龄等）排列成序的样品进行的聚类分析。聚类完成后，个体的次序关系不能改变。

8.2 聚类分析的原理

8.2.1 总的效果

无论采用何种聚类方法，最终的分类结果都要尽可能达到以下效果：

（1）各类内部差异小，各类之间差异大；

（2）各类有明显的实际意义——这往往需要研究者具备一定的心理学专业素养方能做出判断；

（3）优先考虑不同的聚类方法产生的相同分类；

（4）某类中的元素不能太多。

要达到以上效果，尤其是达到"各类内部差异小，各类之间差异大"的要求，首先要弄清个体之间、变量之间以及类与类之间的距离是怎样计算的。

8.2.2 个体或变量间距离的计算

聚类分析的思想是，凡是距离近（意味着相似度高）的个体（或变量）应该归为一类。这样,我们就需要了解如何计算个体(或变量)之间的距离。距离越小,相似性越高。

1. 个体间距离的计算

衡量个体间距离时,可以假设每个个体都有 p 个变量,是 p 维空间中的一个点。那么,**两个个体之间的距离就是两个点在 p 维空间中的距离**。

个体间距离的计算方法有很多,包括绝对距离(absolute distance)、欧几里德距离(Euclidean distance)、车比雪夫距离(Chebyshev distance)、闵可夫斯基距离(Minkowski distance)和马氏距离(Mahalanobis distance)等。下面列出各种方法的计算公式。

绝对距离:

$$d_{ij}(1) = \sum_{k=1}^{p} |X_{ik} - X_{jk}|$$

欧几里德距离:

$$d_{ij}(2) = \sqrt{\sum_{k=1}^{p}(X_{ik} - X_{jk})^2}$$

车比雪夫距离:

$$d_{ij}(\infty) = \max_{1 \leq k \leq p} |X_{ik} - X_{jk}|$$

闵可夫斯基距离:

$$d_{ij}(q) = \Big(\sum_{k=1}^{p} |X_{ik} - X_{jk}|^q\Big)^{\frac{1}{q}}$$

马氏距离:

$$d_{ij}^2(M) = (\boldsymbol{X}_i - \boldsymbol{X}_j)' \boldsymbol{S}^{-1} (\boldsymbol{X}_i - \boldsymbol{X}_j)$$

图 8.1 直观地体现了两个维度的情况下两点之间绝对距离、欧几里德距离和车比雪夫距离的含义。

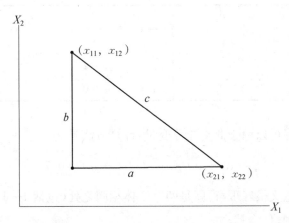

图 8.1 二维空间个体间距离(绝对距离:$a+b$;欧几里德距离:c;车比雪夫距离:a)

从公式可以看出,闵可夫斯基距离是绝对距离和欧几里德距离的一般形式。

马氏距离考虑了变量之间的相关。如果变量间相关为零,马氏距离等于平方欧氏距离(squared-Euclidean distance)。

实际上,聚类分析中最广泛采用的正是平方欧氏距离,它就是未开根号的欧几里德距离。其原因是不再计算平方根大大提高了计算机的运算速度。

上述各种距离不能用于二分或多分变量的情形。例如,当变量为性别、民族等变量时,上述算法不再成立,此时应计算**简单匹配系数、Jaccard 系数或 Gower 系数**等。这里以表 8.1 为例,介绍这几种系数的计算方法。

表 8.1 四名学生的信息

姓名	民族(汉-1)	性别(男-1)	文理(文-1)	乐器(会-1)
小明	1	1	0	1
小强	0	1	1	0
小红	1	0	0	1
小玲	0	0	0	1

民族(1:汉族,0:其他民族),性别(1:男,0:女),文理(1:喜欢文科,0 喜欢理科),乐器(1:会,0:不会)。

如果要计算小明和小红的距离,可以将两人各个变量下的 0—1 值相同和不同之处共 4 种情况(用 a、b、c、d 表示)找出来。可以看到,两人在是否汉族、会不会乐器方面取值都是 1,即"是汉族""会乐器";故有 2 项为 1—1 相同,$a=2$;在性别方面,小明是 1(男生),小红是 0(女生);故有 1 项为 1—0 相异,$b=1$;两人之间没有小明为 0 小红为 1(1—0)的情况,$c=0$;最后,在文理方面,小明为 0 而小红也为 0;故有 1 项为 0—0 相同,$d=1$。将这些异同结果列成表,就是表 8.2。

表 8.2 小明和小红异同表

		小红	
		1	0
小明	1	$a=2$	$b=1$
	0	$c=0$	$d=1$

简单匹配系数刚好可以用于此类二分变量,计算方法是

$$S=(a+d)/(a+b+c+d)=0.75$$

简单匹配系数的意义很好理解,就是两个个体相同之处(包括 1—1 和 0—0 两种情况)的个数占总特征数的比例。

Jaccard 系数也用于二分变量,但是在计算相同之处个数时,不考虑 d

$$S=a/(a+b+c)=0.67$$

因为 0—0 表示两人"都不(是)什么什么",这样的 0—0 可以很轻松地找到很多,例如小明和小红都不会飞,都不喜欢足球,甚至都不是上海人、北京人、江苏人、浙江人等。如果全加在分子上,这个系数的区分度就很差了。

Gower 系数用于多分变量,但也可用于称名、顺序和等距水平的变量:

$$S = \sum_{k=1}^{m} S_{ijk} \Big/ \sum_{k=1}^{m} W_{ijk}$$

其中,S_{ijk} 为个体 i 和个体 j 在变量 k 上的相似性,W_{ijk} 为权重。

如果是二分变量,两个个体在某个变量上都取 1,则 S_{ijk} 取 1,否则取 0;两个个体在某个变量上都取 0 时,则 W_{ijk} 为 0,否则取 1。

以小明和小红为例,两人同为汉族,相似性为 1;性别不同,相似性为 0;都不喜欢文科,相似性为 1,都会乐器,相似性为 1。如表 8.3 所示。

表 8.3 小明和小红之间距离的计算表

姓名	民族(汉 - 1)	性别(男 - 1)	文理(文 - 1)	乐器(会 - 1)
小明	1	1	0	1
小红	1	0	0	1
S_{ijk}	1	0	0	1
W_{ijk}	1	1	0	1

计算结果为

$$S = (1+0+0+1)/(1+1+0+1) = 0.67$$

可见,二分变量的情况下,Gower 系数等于 Jaccard 系数。

如果变量属于顺序量表水平,则两个个体等级相同时 S_{ijk} 取 1,否则都取 0;如果变量属于等距或比率量表水平,则

$$S_{ijk} = 1 - |X_{ik} - X_{jk}|/R_k$$

式中的 R_k 表示变量 k 的全距。如果 $X_{ik} = X_{jk}$,则 $S_{ijk} = 1$。

2. 变量间距离的计算

聚类分析可以对个体进行(又称为 Q 型聚类),也可以对变量进行(又称为 R 型聚类)。**衡量两个变量之间距离的主要方法是计算相关系数**:相关系数越高,变量间距离越小,越趋向于归为一类。不过,相关系数法一般只适用于等距、比率水平的变量,所以往往都是计算积差相关系数(Pearson's correlation)。

除了相关系数之外,SPSS 还可以计算变量间的夹角余弦(Cosine)作为距离指标。

8.2.3 类间距离的计算

只要有两个个体归并为一类,计算它们与其他个体或其他类之间的距离时,都要当作类

与类之间的关系来处理,得到的距离称为类间距离。

类间距离的计算方法也有多种,有最短距离法、最长距离法、矩心法、中位距离法、平均联结法和离差平方和法等。其中效果较好的是平均联结法和离差平方和法。

最短距离法(single linkage, nearest neighbor):取两类所有个体之间的最短距离作为两类之间的距离。这种方法没有充分利用所有个体的信息,容易形成个体数很大的类。

最长距离法(complete linkage, furthest neighbor):取两类所有个体之间的最长距离作为两类之间的距离。与最短距离法一样,这种方法也没有充分利用所有个体的信息;但是,它克服了最短距离法容易形成个体数很大的类的缺点,使用效果还算可以。

矩心法(centroid cluster):取两类矩心间距离作为两类之间的距离。这种方法要求欧氏距离,由于不能保证合并的两类之间距离单调增加,使用效果较差。

中位距离法(median cluster):取两类个体距离中位数作为两类之间的距离,它也不能保证合并的两类之间距离单调增加,效果与矩心法类似。

平均联结法(average linkage):取两类所有个体间平均距离作为两类之间的距离。这种方法聚成的类,内部方差较小,容易达到前面提到的"各类内部差异小,各类之间差异大"的要求,使用效果较好,故应用广泛。平均联结法还分为**组间联结法**(between-groups linkage)和**组内联结法**(within-groups linkage)两种形式,其区别在于,前者只考虑两类之间个体与个体的距离,后者考虑两类所有个体与个体的距离。

离差平方和法(Ward's method):取两类合并后离差平方和增量作为两类之间的距离。这种方法要计算平方欧氏距离,同样可以做到"各类内部差异小,各类之间差异大"。这也是一种效果好、应用广的方法。

在解答本章例题时,我们可以看到上述类间距离的计算方法导致的不同分类结果。

8.3 聚类分析法应用举例

前文提到,聚类分析分很多具体类型,本章只介绍常用的两种方法:系统聚类法(层次聚类法)和迭代聚类法(K 中心聚类法)。

8.3.1 系统聚类法(层次聚类法)

层次聚类法其实包括 8.1 介绍的系统聚类法和分解聚类法,但是系统聚类法常用得多。

系统聚类法从每个个体为独立的一类开始,以全部个体最终归入一个大类为止。其具体步骤是:

(1) 将每一个个体看成一类,求出各类之间的距离,形成一个距离矩阵;
(2) 将距离最近的两类合并为一个新类;
(3) 求出该新类与其他各个类之间的距离,形成一个新的距离矩阵;
(4) 重复第(2)、(3)步,合并距离最近的两类,直至所有个体归为一类。

SPSS在进行系统聚类时,用聚类表和谱系图来呈现聚类过程,用冰柱图体现不同类别数的情况下各类的成员。

前文说过,数学家给出的分类只是提供一种参考,究竟应该分成几类、各类应该包含哪些个体,不是数学家能回答的问题,而是应用者要运用自己的知识经验来回答的问题。但是,统计学上也推荐了一种确定类别数的方法。

【例题 8.1】

例题 7.2 中提到,经济合作与发展组织(OECD)开展的 SSES 测试采用 5 大指标来衡量学生的社会与情绪能力。现在假定有 76 名高中生参加了该测试,得到数据文件"例题 0801-系统聚类分析.sav",请问将他们分为 3 类、4 类和 5 类,分别会有怎样的结果?

【解答】

本题用系统聚类法对学生进行分类。依次点击菜单项

Analyze → Classify → Hirarchical Cluster...

可以看到系统聚类的界面,将 5 个维度的得分选为用于分类的变量;如果想用 ID 标记个体,可以将 ID 选入"Label Cases by"(以……标记案例)下的方框,如图 8.2 所示。

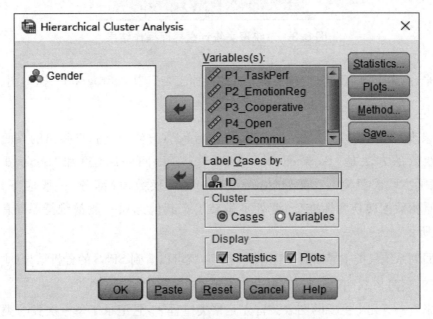

图 8.2 系统聚类主界面操作结果

此时点击 Statistics... (统计量)按钮,可以看到弹出的界面上缺省地勾选了"Agglomeration schedule"(聚类表),如果想看距离矩阵,还可以勾选其下方的"Proximity matrix"。但是我们往往不选距离矩阵,因为个体数较多时,这个表会占去很大篇幅。由于本题要求将个体分为3类、4类和5类,所以在下面的"Cluster Membership"(分类数)下点选"Range of solutions"(答案范围),然后在"Minimum number of clusters"(最小类别数)后面的方框中填入3,在"Maximum number of clusters"(最大类别数)后面的方框中填入5,如图8.3所示。点击 Continue 按钮回到系统聚类主界面。

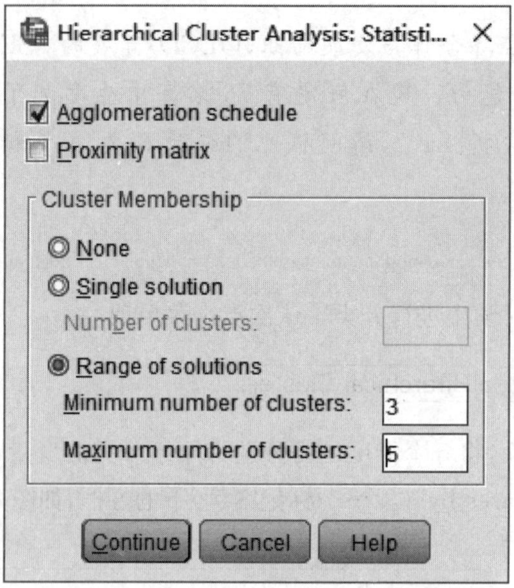

图8.3 系统聚类统计量界面操作结果

接下来,点击 Plots (绘图)按钮,在弹出的界面上勾选"Dendrogram"(树形图、谱系图),点击 Continue 按钮回到系统聚类主界面。

如果想改变距离计算的方法,可以点击"Method"(方法)按钮,在弹出的界面上进行选择,系统默认的方法是"Between-groups linkage"(组间联结法)和"Squared-Euclidean distance"(平方欧氏距离)。"Transform Values"(转换数值)部分,一般应下拉选择"Z Score"将原始数据转换为标准分,此处不做转换。其他选项一般都维持系统默认状态。如图8.4所示。

最后回到系统聚类主界面后,点击 OK 按钮,就可以看到SPSS的分析结果(主要内容如表8.4、表8.5、图8.5、图8.6所示)。

我们来看一下几个主要的图表。首先是聚类过程表,它记录了每一次类与类合并的情况。为节省篇幅起见,这里只列出前30次合并的情况。

第 8 章 聚类分析

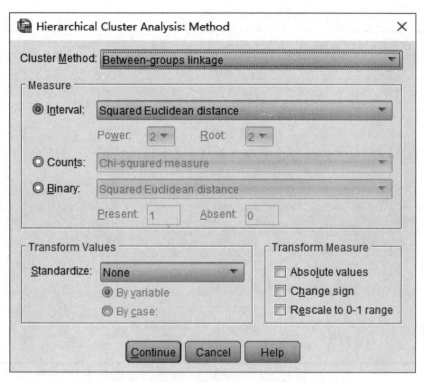

图 8.4 系统聚类绘图界面操作结果

表 8.4 聚类过程表

Agglomeration Schedule

Stage	Cluster Combined		Coefficients	Stage Cluster First Appears		Next Stage
	Cluster 1	Cluster 2		Cluster 1	Cluster 2	
1	23	57	10.000	0	0	20
2	20	24	14.000	0	0	8
3	1	60	16.000	0	0	4
4	1	43	20.000	3	0	10
5	21	33	26.000	0	0	13
6	22	47	33.000	0	0	27
7	12	15	33.000	0	0	25
8	20	72	42.000	2	0	29
9	16	27	43.000	0	0	22
10	1	55	48.333	4	0	16
11	18	62	54.000	0	0	21
12	63	75	56.000	0	0	24
13	13	21	64.000	0	5	26
14	39	61	67.000	0	0	29
15	28	51	67.000	0	0	22
16	1	53	78.750	10	0	25
17	6	68	84.000	0	0	42

续 表

Stage	Cluster Combined		Coefficients	Stage Cluster First Appears		Next Stage
	Cluster 1	Cluster 2		Cluster 1	Cluster 2	
18	41	54	86.000	0	0	27
19	5	25	90.000	0	0	30
20	23	73	96.000	1	0	28
21	18	37	96.000	11	0	34
22	16	28	102.000	9	15	31
23	31	32	115.000	0	0	34
24	46	63	120.000	0	12	39
25	1	12	121.900	16	7	35
26	13	67	122.000	13	0	35
27	22	41	132.000	6	18	31
28	23	36	135.333	20	0	41
29	20	39	158.833	8	14	36
30	5	70	162.000	19	0	58
……	……	……	……	……	……	……

表 8.5 类成员表
Cluster Membership

Case	5 Clusters	4 Clusters	3 Clusters
1:01	1	1	1
2:02	1	1	1
3:03	1	1	1
4:04	2	1	1
5:05	1	1	1
6:06	1	1	1
7:07	1	1	1
8:08	1	1	1
9:09	3	2	2
10:10	1	1	1
11:11	1	1	1
12:12	1	1	1
13:13	1	1	1
14:14	1	1	1
15:15	1	1	1
16:16	1	1	1
17:17	1	1	1
18:18	1	1	1

Case	5 Clusters	4 Clusters	3 Clusters
19:19	1	1	1
20:20	2	1	1
……	……	……	……

聚类过程表主体内容第 1 行的意思是,第 1 次合并发生在第 23 号和第 57 号个体(类)之间,两类合成一个新类(此新类编号取两类原编号中较小数字,定名为"23"),这两个类之间的聚合系数(距离)为 10,它们之前都没有参与合并(指后面的 2 个 0),它们下次参与合并,是在第 20 次合并时。

再看第 20 行,可以解说为,这次合并发生在"23"(即原来的第 23 号和第 57 号个体合并成的类)和"73"之间,两类合成一个新类(仍定名为"23"),这两个类之间的距离为 96,"23"以前有过合并(即第 1 次),但"73"没有;它们下次参与合并,是在第 28 次合并时……如果把每一次合并都看成个体或小组间的一次"交往",那么这张表简直就是一部 75 集的电视剧。

接下来的表 8.5 是各类成员表(Cluster Membership),分别列出类别数为 5、4、3 时各类的成员。这里仅列出前 20 个个体的分类情况。(其中 1:01 表示编号为 1、ID 为"01",其余类推。)可以看到,个体 01—03、05—08 在上述三种分类情况下均被归为第 1 类;个体 04 在分为 5 类时被归入第 2 类,其余两种情况被归为第 1 类;个体 09 在分为 5 类时被归入第 3 类,其余两种情况被归为第 2 类……

冰柱图(icicle,如图 8.5 所示)指将同类成员聚合在一起呈现。图中的白色条就是"冰柱",可以设定为垂直和水平两种方式。这里为适应书本形状设定为水平方式。我们在此图中最左侧画一条垂直线段,它不被任何一条冰柱"截断",这正是全部个体聚为一类的情形。

再在第一条线段右侧稍远处(仅为清楚起见)画一条垂直线段,可以看到它被 2 条冰柱断为 3 截,每截线段代表 1 个类,各类的成员名称就是纵坐标处标出的编号。

最后,我们还可以看到 SPSS 输出的谱系图(如图 8.6 所示)。这个图用分支方式体现了不同类别数下个体的归属情况。前文介绍类间距离时,提到了多种计算方法。这些方法的使用效果相差很大。在这个例子中,即使是公认效果较好的组间联结法(between-groups linkage,平均联结法的一种)和离差平方和法(sum of squares method,又称 Ward 方法)相比较,也可以看到后者效果要好很多。

如果采用平均联结法中的组间联结法,在类别数为 2 个时,第一类包含 72 个成员,第二类只包含 4 个成员。这样的结果,与其说是分类,还不如说是找出了 4 个特例。即使在类别数为 5 个时,后 4 类成员数相加也比不上第一类。

相比之下,离差平方和法的效果要好很多了。在上面的两个谱系图中各画一条与分支线有 5 个交点的垂直线,可以看到右边(离差平方和法)的交点散得更开,意味着各类成员数更接近。

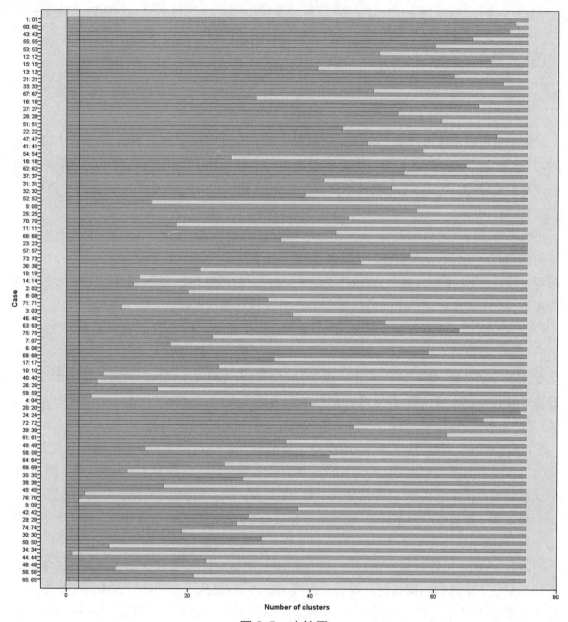

图 8.5 冰柱图

当然,我们也不能说各类成员越接近越好,更不能追求平分个体数的分类。在正态分布总体中,接近平均数的个体总是比远离平均数的个体多。

8.3.2 迭代聚类法(K 中心聚类法)

迭代聚类法先将全部个体粗略地分为 K 类,然后以此初始分类为基础反复调整,每调整一次都要判断调整后的结果是否合理,如果不合理,就要继续调整,直到调整结果难以改进为止。SPSS 中,这种方法被称为"K 中心聚类法"(K-means Cluster)。

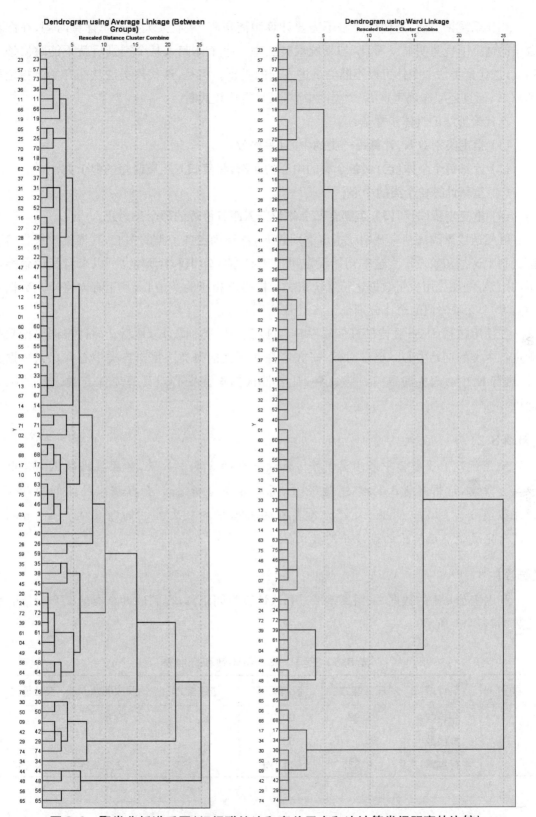

图 8.6 聚类分析谱系图（组间联结法和离差平方和法计算类间距离的比较）

相比系统聚类法，迭代聚类法不需要计算距离矩阵，从而大大节省了计算时间，在海量数据的情况下优势明显。而且，与系统聚类法中一个个体归入某个类别后就不能跳出该类相反，迭代聚类法中个体可以不断尝试进入新的类别。但是，迭代聚类法从一开始就指定类别数 K，而且还要先确定这 K 个类的中心，又显得比较武断。

迭代聚类法的具体步骤是：

(1) 指定类别数 K，计算每一类的中心（平均数）；
(2) 计算每个个体（点）到各个类的中心的距离，将其归入距离最短的那个类；
(3) 重新计算各个类的中心；
(4) 重复步骤(2)和(3)，直到全部个体都归入距其最近的那个类为止。

既然迭代聚类法从一开始就指定类别数 K，甚至确定各个类的中心，其聚类效果自然直接受制于这些初始设定。这些初始设定可以来自专业知识和经验，也可以来自其他聚类分析的结果，例如先用少量数据进行系统聚类分析得出相应的类中心，甚至有人将样本数据表中前 K 个无缺失值的个体分别作为 K 个中心[①]。

在使用包括 SPSS 在内的许多软件时，可以只指定类别数 K，然后让软件根据原始数据确定各个类的初始中心。更多时候，研究者往往用其他聚类法得出各类中心并存入数据文件，进行 K 中心聚类时需打开该文件，让软件根据这些中心点计算个体与类之间的距离即可。

【例题 8.2】

利用例题 8.1 解答中采用离差平方和法得到的 3 类中心点，对原数据做 $K=3$ 中心聚类。注意，请用例题 8.1 的"例题 0801-系统聚类分析.sav"为数据文件，"例题 0802-系统聚类分析 Clu3-Mean.sav"为各类别的初始平均数文件，"例题 0802-K-mean.sav"为完成聚类后输出的最终平均数文件。

【解答】

利用例题 8.1 的数据，采用离差平方和法计算类间距离，得到的 3 个类的 5 个变量的平均数（如表 8.6 所示）：

表 8.6 三类个体的平均数和标准差

类别	统计量	任务能力	情绪调节	协作能力	开放能力	交往能力
1	平均数	88.98	80.02	89.95	89.69	83.24
	成员数	55	55	55	55	55
	标准差	8.330	11.046	7.465	7.252	9.244

[①] 郭志刚. 社会统计分析方法[M]. 北京：中国人民大学出版社，2015：127.

续　表

类别	统计量	任务能力	情绪调节	协作能力	开放能力	交往能力
2	平均数	77.27	62.36	74.91	74.00	64.82
	成员数	11	11	11	11	11
	标准差	6.589	11.826	4.346	8.075	12.456
3	平均数	105.60	96.80	111.50	106.90	100.40
	成员数	10	10	10	10	10
	标准差	7.090	11.915	6.223	5.547	9.312
全部个体	平均数	89.47	79.67	90.61	89.68	82.83
	成员数	76	76	76	76	76
	标准差	10.884	14.376	11.914	11.218	13.471

本书已经将表中的各类别的平均数存为新文件"例题0802-系统聚类分析Clu3-Mean.sav"。读者运用时可以根据其格式如法炮制K中心文件。

在SPSS中载入数据文件"例题0801-系统聚类分析.sav"和($K=3$)中心平均数文件"例题0802-系统聚类分析Clu3-Mean.sav"后，依次点击菜单项

Analyze → Classify → K-Means Cluster

在弹出的界面上做选择变量、指定类别数、设定输入和输出的平均数文件等操作，最后如图8.7所示。

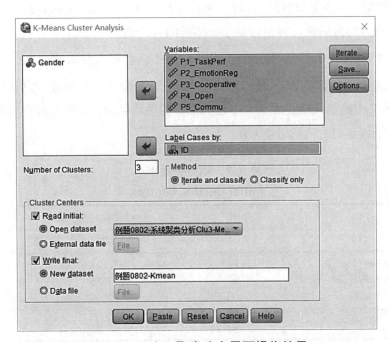

图8.7　K中心聚类法主界面操作结果

如有需要,可以在主界面点击 Save... 按钮,在弹出的界面上勾选 Cluster membership(类成员)选项和 Distance from cluster center(与类中心间距离)选项(如图 8.8 所示),分别保存每个个体被归入的类,以及每个个体与其所在类的中心的距离。

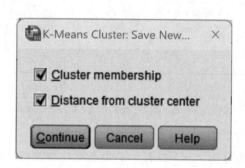

图 8.8　K 中心聚类法保存界面操作结果

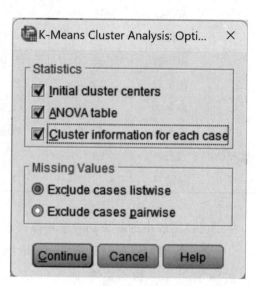

图 8.9　K 中心聚类法选项界面操作结果

接着,回到主界面,点击 Options... 按钮,还可以在其弹出的选项界面勾选一些感兴趣的选项(如图 8.9 所示)。第一个选项是 Initial cluster centers(初始类中心),勾选后将呈现初始的 3 个类 5 个变量的平均数;第二个选项是 ANOVA table(方差分析表),勾选后将呈现 3 个类在 5 个变量上的方差分析结果;第三个选项是 Cluster information for each case(每个个案的聚类信息),勾选后软件将报告每个个体被归入的类别。

回到主界面,点击 OK 按钮,就能得到分析结果了。主要内容如表 8.7—8.9 所示。

表 8.7 和表 8.8 分别呈现初始分类的 3 个中心(5 个变量的平均数)和最终分类的中心。可以看到,表 8.7 中的结果就是表 8.6 中三类个体的平均数,经 K 中心聚类后得到的新平均数(如表 8.8 所示)与初始结果相差无几。

表 8.7　初始分类中心
Initial Cluster Centers

	Cluster		
	1	2	3
P1_TaskPerf	88.98	77.27	105.60
P2_EmotionReg	80.02	62.36	96.80
P3_Cooperative	89.95	74.91	111.50
P4_Open	89.69	74.00	106.90
P5_Commu	83.24	64.82	100.40

表 8.8 最终分类中心
Final Cluster Centers

	Cluster		
	1	2	3
P1_TaskPerf	89.94	77.38	106.50
P2_EmotionReg	81.08	63.81	98.00
P3_Cooperative	91.20	76.75	109.80
P4_Open	90.38	77.13	106.30
P5_Commu	83.92	67.75	101.50

各类成员表(如表 8.9 所示)也值得一看,这里仅截取其前 20 个个体的信息,包括 Case Number(个体号码)、ID(个体 ID 变量值)、Cluster(个体被归入的类别)、Distance(个体与类中心的距离)。

表 8.9 类成员表
Cluster Membership

Case Number	ID	Cluster	Distance
1	01	1	10.141
2	02	1	25.597
3	03	3	27.207
4	04	2	14.695
5	05	1	23.815
6	06	3	20.170
7	07	1	25.422
8	08	1	12.870
9	09	3	15.724
10	10	1	21.574
11	11	1	15.608
12	12	1	6.372
13	13	1	11.883
14	14	1	20.662
15	15	1	6.499
16	16	1	8.381
17	17	3	12.547
18	18	1	11.868
19	19	1	28.983
20	20	2	14.476
……	……	……	……

除此之外,SPSS 还输出迭代次数、方差分析表、K 类间距离矩阵、各类成员数等信息,这里不再一一介绍,但要提醒的是,这里的方差分析表并不是为了检验各个类别之间有无显著

差异,而是为了反映那些变量作为分类指标是否有效。

8.3.3 使用聚类分析时要注意的问题

1. 怎样确定类别数

系统聚类分析可以给出不同类别数的情况下各个类包含哪些成员,但是不能告诉我们究竟分成几类合适。迭代聚类法更是需要使用者给出类别数。虽然本章 8.2.1 曾提到分类结果应尽可能达到这样的效果,即"各类内部差异小而各类之间差异大""各类有明显的实际意义""优先考虑不同的聚类方法产生的相同分类""某类中的元素不能太多"等,但是在实际应用时,这几条标准其实很难成为操作性指标。可见,怎样确定合理的类别数,是聚类分析悬而未决的问题。

不过,有人提出一种尚可一用的方法——**考察聚合系数的"碎石图"**。在系统聚类法输出的聚类表中,每一步都列出了类与类合并前的距离,即聚合系数。以例题 8.1 的数据(以离差平方和法计算类间距离,并将原始数据标准化)为例,其聚类表的最前 10 次和最后 15 次聚合的情况如表 8.10 所示。可以看到,随着聚合的进行,聚合系数越来越大。这是因为越到后面越是大类之间的合并,两者合并之前的距离越大。

表 8.10 聚类过程表(最前 10 次和最后 15 次聚合)
Agglomeration Schedule

Stage	Cluster Combined		Coefficients	Stage Cluster First Appears		Next Stage
	Cluster 1	Cluster 2		Cluster 1	Cluster 2	
1	23	57	.032	0	0	26
2	20	24	.074	0	0	9
3	43	60	.128	0	0	4
4	1	43	.191	0	3	14
5	21	33	.261	0	0	18
6	22	47	.368	0	0	30
7	12	15	.479	0	0	30
8	16	27	.636	0	0	23
9	20	72	.801	2	0	58
10	18	62	.995	0	0	21
……	……	……	……	……	……	……
61	40	58	60.846	0	24	63
62	5	19	64.592	55	29	70
63	18	40	68.420	47	61	69
64	2	35	72.754	56	39	69
65	8	26	77.137	54	52	68
66	3	76	82.775	53	0	67
67	3	6	90.418	66	57	72
68	1	8	98.098	59	65	70

续表

Stage	Cluster Combined		Coefficients	Stage Cluster First Appears		Next Stage
	Cluster 1	Cluster 2		Cluster 1	Cluster 2	
69	2	18	106.791	64	63	71
70	1	5	119.044	68	62	72
71	2	4	133.423	69	58	73
72	1	3	152.089	70	67	74
73	2	48	175.843	71	50	75
74	1	9	240.884	72	60	75
75	1	2	375.000	74	73	0

考察表 8.10 中最后 15 个聚合系数的变化情况,将其画在一张以聚合系数为纵坐标,以类别数为横坐标的折线图上(如图 8.10 所示)。可以看到,将 2 类分为 3 类时,聚合系数从 375.00 下降到 240.88,降幅近 135;而从 3 类到 4 类时,聚合系数的降幅近 65;从 4 类到 5 类时,聚合系数的降幅就只有 23 了;再往后的每次降幅更是小于 20。这意味着,从这里越往下细分,越要将相距很近的个体分开。因此,将这 75 个个体分为 4—5 类,似乎是比较合理的选择。

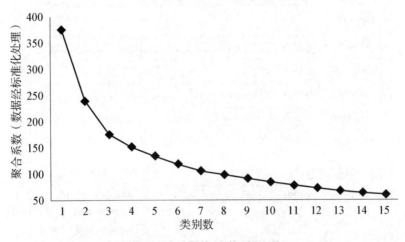

图 8.10 聚合系数碎石图

2. 聚类分析与其他分析方法的配合使用

与聚类分析联系最密切的当属判别分析。如果认定聚类分析的结果合理,则新个体出现时,就可以用聚类分析得到的类别信息来判断新个体应该属于哪个类别。

另外,聚类分析也可以针对变量,将较高相关的变量归为同类。如果在层次聚类主界面上,点选 Cluster(聚类类型)下 Variables(变量间聚类),再点击 Method 按钮,选择 Interval (等距)下拉菜单中的 Pearson correlation(皮尔逊积差相关系数)作为变量间的距离,就可以进行变量聚类分析,如图 8.11 和图 8.12 所示。

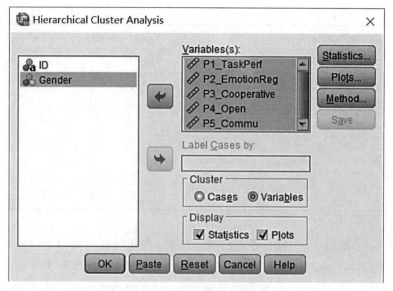

图 8.11　对变量进行聚类分析

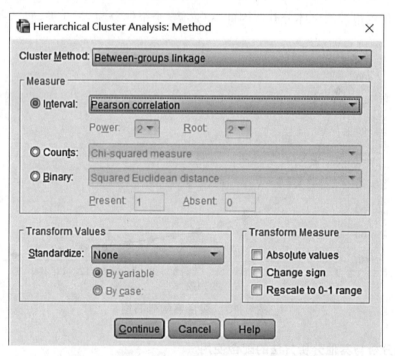

图 8.12　变量聚类分析的方法界面操作结果

相关较高的变量背后很可能存在某种共同的因子,所以变量聚类的意义接近探索性因子分析。实践上可以先做变量聚类,然后分别考虑各类成员的内在联系,从中筛选有代表性的指标,最后用这些筛选出来的指标做因子分析。

另外,在回归分析之前,也可以采用变量聚类分析法,从众多自变量中筛选出比较有代表性的指标,这样可以简化计算,能更好地反映自变量和因变量之间的关系。

第9章 判别分析

本章内容

判别分析是根据已知类别的个体数据,判断新个体所属类别的多元分析方法。常见的判别方法有距离判别法、费舍判别法和贝叶斯判别法。运用费舍判别法时,可以通过逐步法筛选对分类有显著意义的自变量。判别分析与多元方差分析也有密切联系,可以在多元方差分析中描述各组之间的差异。

学习要点

1. **判别分析的目的和类型**:判别分析的目的;判别分析的常见类型。
2. **判别分析的原理**:距离判别法;费舍判别法;贝叶斯判别法。
3. **判别分析的应用**:一般判别分析;逐步判别分析;判别分析与其他分析方法的配合使用。
4. **判别分析的主要结果(指标)**:Box's M;特征值;残余辨别力(Wilks' λ);费舍判别系数;非标准化判别系数;结构系数;分组矩心;分类函数系数。

9.1 判别分析的目的和类型

9.1.1 判别分析的目的

判别分析(discriminant analysis),也有人译为"鉴别分析""区分分析"等,是一种有重要应用价值的多元分析方法。

判别分析根据已知类别的个体数据,判断新个体属于其中哪一个类别。假定有 k 个类别,每个类别的若干个已知成员都有 p 个自变量(判别变量),那么判别分析就是:根据 p 个自变量,判断某个新个体属于 k 个已知总体(类)中的哪一个。用数学术语表述就是,在一个 p 维空间中,有 k 个已知总体,而空间中另有一个新的已知点,它属于并且仅属于这 k 个总体之一,现在要判断该已知点应属于哪一个总体。

判别分析的目的,除了其定义体现的对新个体进行归类外,还可以**在多元方差分析中描述各组之间的差异**。

判别分析的前提是,第一,样本(抽样得到的类别已知的个体)有代表性;第二,不同类别之间在判别变量方面确有显著差异,即根据判别变量的取值确实可以区分为不同的类别。如果抽取的样本没有代表性,或者采用了各类之间差异不大的指标来刻画类别,判别分析的误差就会很大。例如,用一群高个子作为样本,就很难判断小个子是否适合打篮球。又如,用学习成绩作为刻画男女两性的变量，由于两性学习成绩差异不大，即使知道了大量个体的性别和学习成绩，也难以用学习成绩准确判断新个体的性别。

判别分析在心理学领域有一定程度的应用。例如，有些人人文学科学得好，有些人理工学科学得好，还有些人适合学习文理交叉的中间学科。我们可以收集这3类人的数据（如智力测验和人格测验得分等），找出能区分这3类人的判别变量，然后对尚未做出专业选择的中学生进行智力测验和人格测验，分别判断每个人未来适合报考人文学科、理工学科还是中间学科。当然，这里的前提依然是我们采用的判别变量能否有效地区分已知的3类人。此外，在许多应用场景下，都可以运用判别分析，如心理学工作者根据来访者的各项测验判断其受何种心理障碍的困扰，人事部门根据应聘者的智力、人格和学业因素决定是否聘用等。

由于判别分析的基本思想接近多元线性回归分析、Logistic回归分析、多元方差分析、聚类分析、因子分析等方法，有时还可以用于印证其他分析结果。

9.1.2 判别分析的类型

统计学家提出了多种判别分析的方法，常见方法包括：距离判别法、费舍判别法和贝叶斯判别法。

距离判别法，顾名思义，就是**根据新个体到各个类的距离来判断其归属**。这种方法简明易行，对于数据的要求（例如正态分布、方差齐性之类的前提假设）不高，只要取最小距离对应的类别作为新个体应属的类别即可。

费舍判别法是提出方差分析的统计学家费舍（R. A. Fisher）提出来的，其基本思想是**将多维变量的变量值投影在单个或较少维度上，根据新个体在判别维度上投影所在的区间来判断其应属类别**。这种方法需要根据类别已知的个体数据建立判别函数（相当于因子分析中的"因子"、主成分分析中的"成分"，下文将视情况运用上述术语），而且**对数据的要求与方差分析差不多**，要求独立性、正态性和方差（协方差）齐性，但其效率高，使用广泛。

贝叶斯判别法是**根据贝叶斯公式计算新个体属于各个类别的概率，取最大概率值对应的类别作为新个体应属的类别**。这种方法考虑了各个类别的先验概率，提高了分类的合理性。但是，该方法对数据的要求也类似于费舍判别法，要求样本来自多元正态总体，方差和协方差相等（齐性）。

9.2 判别分析的原理

9.2.1 距离判别法

最容易想到的判别方法当属距离判别法：按新个体与各已知类别的距离判断其归属。

新个体与某类别的距离可以有多种理解：可以理解为该个体与类别中所有成员的最小距离、最大距离或中间距离，还可以是该个体与类别中心（判别变量的平均值）的距离。

判别分析所说的个体与类别的距离，指的是最后一种情况。所以，在计算距离之前，先

要算出各个类别 p 个变量的平均值。另外,事先确定计算何种距离。现在假定以欧氏距离进行距离判别,对于 k 个类别,任一个体与各个类的欧氏距离就是 $d_m(m=1,2,\cdots,k)$:

$$d_1=\sqrt{\sum_{i=1}^{p}(X_{i1}-\overline{X}_{i1})^2}$$

$$d_2=\sqrt{\sum_{i=1}^{p}(X_{i2}-\overline{X}_{i2})^2}$$

……

$$d_k=\sqrt{\sum_{i=1}^{p}(X_{ik}-\overline{X}_{ik})^2}$$

该个体应归入最小距离对应的类别。

在比较距离的时候,有时不仅要考虑绝对距离,还要考虑相对距离(欧氏绝对距离除以标准差)。即便新个体与该类别的绝对距离很小,但是如果某个类别的方差很小(个体分布比较密集于中心),相对距离变得很大,我们反而会认为它不属于该类别。

在判别分析中,可能会出现个别个体到某两个类别的距离相等且都是最短的情况,这种个体称为"边界点"。对于**边界点**,可以根据专业知识或其他信息做出判别,也可以随机地将其判别为属于这两个类别中的一个。

9.2.2 费舍判别法

费舍判别法的基本思想是将多维变量的变量值投影到较少维度(或称为"成分")上,其原则是,投影所在的维度能将各类别个体的投影尽量分开,以此判别个体的归属。如果各类别相差很大,它们的成员在投影的维度上就很少相互重叠,最理想的情况下,只用 1 个维度就能将各类别区分开来。这种投影方法本身对总体分布没有特定的要求[1]。

【例题 9.1】

某研究者根据言语智力(IQv)和情绪智力(IQe)的测验结果,将 30 名参试者分为 3 类。表 9.1 为这些参试者的言语智力和情绪智力得分及其分类情况。请问可否用投影的办法,将这 3 类个体区分开来?

表 9.1 言语智力(IQv)和情绪智力(IQe)的分类情况

ID	言语智力(IQv)	情绪智力(IQe)	类别	ID	言语智力(IQv)	情绪智力(IQe)	类别
1	100	86	1	5	112	79	1
2	113	78	1	6	91	85	1
3	109	77	1	7	103	79	1
4	104	80	1	8	98	74	1

---

[1] 谢龙汉,尚涛. SPSS 统计分析与数据挖掘[M]. 北京:电子工业出版社,2012.

续 表

ID	言语智力(IQv)	情绪智力(IQe)	类别	ID	言语智力(IQv)	情绪智力(IQe)	类别
9	107	75	1	20	113	112	2
10	99	76	1	21	127	84	3
11	92	95	2	22	112	85	3
12	109	102	2	23	134	82	3
13	98	104	2	24	117	86	3
14	88	95	2	25	131	72	3
15	112	97	2	26	127	89	3
16	103	100	2	27	132	78	3
17	92	103	2	28	128	82	3
18	82	108	2	29	131	89	3
19	111	111	2	30	122	83	3

【解答】

将表 9.1 的个体得分画成散点图(如图 9.1 所示)。图中用不同的形状(○、□和△)区分 3 个类别的个体,用实心方块■表示三个类的中心。可以看到,无论是 IQv 还是 IQe 都不能将三个类别分开。但是,如果将各个散点投影到左下方的一条斜实线上,形成 3 个区间,就能将三类个体最大程度地分开。

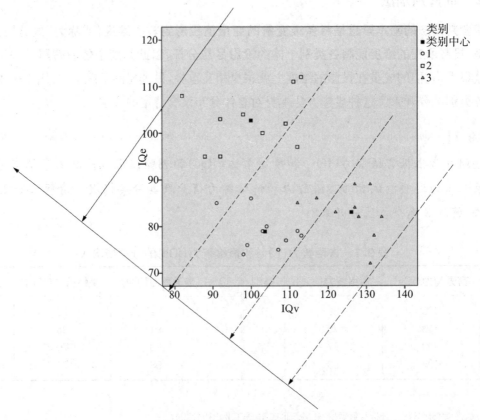

图 9.1　费舍判别法示意图

不过，我们也可以看到，由于3类个体的中心之间没有拉开足够的距离，各个类的区间里面还有少量来自其他类别的个体。如果想提高区分度，可以加一个新维度。在后面用SPSS对这些数据进行的判别分析就构建了2个函数，即用2个维度上的投影将更多的个体区分开。

为了使得各类个体的投影尽量分开，达到"类间差异尽可能大，类内差异尽可能小"的效果，费舍借用了方差分析的原理。

就例题9.1而言，令 X_1 和 X_2 分别表示 IQv 和 IQe，将所有个体投影到一个维度上，就是**构造一个判别函数 $Y=c_1X_1+c_2X_2$，确定 c_1、c_2 的原则就是使类与类之间的 Y 值差异最大，类内部 Y 值差异最小**。利用微积分求极值方法，可以求出符合上述原则的 c_1、c_2 值，进而求出各类别之间的分界点，这样就能根据每个个体的 Y 值，将其归入相应的类别。

对于所属类别已知的个体，根据判别函数值判断其是否属于原来的类别，这一判别过程被称为"回判"。回判准确率可以用来衡量判别函数的"判别力"。如果第一个判别函数的回判准确率不够理想，可以构造第二个辨别函数，提高回判准确率。这就像后面第11章介绍的因子分析那样，第1个因子留下较大的未能解释的方差，就加入第2个、第3个甚至更多的因子。判别分析也是如此，我们可以根据(Wilks' λ)来判断要不要增加新的判别函数。

与方差分析相似，**建立费舍判别函数也需要满足独立性、正态性和方差齐性三大前提**。①独立性——每个自变量（判别变量）都不能与其他变量高度相关。如果这一前提不满足，就形成类似于多元线性回归分析中所说的多重共线性问题，参数估计的误差将会大大增加。②正态性——各个自变量为等距水平的变量，且变量之间为多元正态分布（每个变量对于其他所有变量的固定值呈正态分布）。如果这一前提不能满足，就无法精确计算检验统计量的值和分类归属的概率。此时可以考虑用 Logisitic 回归作为替代。因为 Logistic 回归采用最大似然法进行模型估计，不受正态性前提的约束。③协方差矩阵相等——判别分析采用线性判别函数来进行判别，这些判别函数是自变量的简单线性组合。如果各组协方差矩阵不等，就无法运用这些简单的线性组合公式来计算判别函数值，也无法进行显著性检验。

9.2.3 贝叶斯判别法

贝叶斯判别法结合先验概率，计算个体属于各个类别的后验概率，取最大概率对应的类别为该个体应属类别。这种方法需要用到贝叶斯公式。贝叶斯公式的一般表述是：如果事件组 $A_1, A_2, \cdots, A_k$ 为一完备事件组（即两两互斥，且组成基本空间 Ω），则对于任一事件 B ($P(B) \neq 0$)，有

$$P(A_i \mid B) = \frac{P(A_i)P(B \mid A_i)}{\sum P(A_i)P(B \mid A_i)}$$

用到判别分析中，$A_1, A_2, \cdots, A_k$ 就分别表示"个体属于第 $1, 2, \cdots\cdots, k$ 类"，$P(A_i)$ 就是"个体属于第 i 类"的先验概率，$P(B \mid A_i)$ 就是"第 i 类个体发生 B 事件"的概率；而

$P(A_i|B)$ 就是"B 事件发生的前提下,个体属于第 i 类"的概率。

假定一位研究者收集了某种疾病的患者资料。发现这种疾病的发病率(即先验概率)为 0.10,未患该病的比率为 0.90;该病患者出现某组症状(即 B 事件)的概率是 0.80,未患该病的人出现该组症状的概率仅为 0.05。现在有一求诊者出现了该组症状,他属于该病患者的概率是:

$$P(A_1|B) = \frac{P(A_1)P(B|A_1)}{\sum P(A_1)P(B|A_1)} = \frac{0.10 \times 0.80}{0.10 \times 0.80 + 0.90 \times 0.05} = \frac{0.08}{0.125} = 0.64$$

该求诊者未患该病的概率是

$$P(A_2|B) = \frac{P(A_2)P(B|A_2)}{\sum P(A_2)P(B|A_2)} = \frac{0.90 \times 0.05}{0.10 \times 0.80 + 0.90 \times 0.05} = \frac{0.045}{0.125} = 0.36$$

可以看到,如果从人群中随机抽出一个人,不看他有没有出现该组症状,我们只能根据先验概率判断此人是该病患者的概率为 0.10。而一旦知晓了他出现了该组症状(发生 B 事件),就可以根据贝叶斯公式计算出他患该病的概率为 0.64。贝叶斯判别法就是在各个类别的先验概率 $P(A_i)$ 和出现该组症状的条件概率 $P(B|A_i)$ 的基础上,计算出个体来自各个类别的后验概率 $P(A_i|B)$。

根据求出的两个后验概率(0.64 和 0.36),可以认为该求诊者有更大可能是患了该病,即应归入"该病患者"这一类,而不是"未患该病者"这一类。

将"出现该组症状"推广到"p 个变量有某组取值",就可以用于判别变量为连续变量时的判别分析。只不过,这时"出现该组症状的条件概率"$P(B|A_i)$ 变成了 p 个变量的概率密度函数,即求出"各个类别个体 p 个变量的该组取值"的概率,由此算出"p 个变量有该组取值"的个体属于各个类别的后验概率,最大概率对应的类别为该个体应属类别。

有些情况下(尤其是判断疾病种类时),还应考虑误判损失的影响。因为判别分析的结果不一定符合实际,可能会出现误判的情况。如果将 A 病误判为 B 病造成的不良后果比相反的误判严重得多,那么我们在实际治疗中宁可先将 B 病当 A 病来治。当然,长远之计还是要继续积极寻找更有效的诊断指标(判别变量)。

9.3 判别分析法应用举例

在 SPSS 的判别分析模块中,用于判别的各个变量都被看作自变量,类别变量相当于因变量,判别分析就是根据自变量来预测个体属于哪一个类别。从这一点来说,判别分析很像回归分析或 Logistic 回归分析(只不过因变量变成了类别变量)。如果**反过来,将判别变量都看作因变量,将类别看作自变量,那就是多元方差分析**。

9.3.1 一般判别分析

SPSS 中的判别分析在构造判别函数时,判别函数的个数与类别数 k 和判别变量的个数

p 有关:当 $k=2$ 时,无论 p 的大小,都只有 1 个判别函数;$k>2$ 时,取 p 和$(k-1)$中的最小值为判别函数的个数。例如,个体分为 3 个类别,判别变量有 5 个,SPSS 就会报告 2 个判别函数(或成分)。

SPSS 中的判别分析**可以将所有判别变量纳入分析,也可以通过统计判别的方式筛选自变量**。前一种方式属于一般的、标准的判别分析,后一种方式相当于多元回归分析中的逐步回归法,故称为"**逐步判别分析**"。本小节介绍一般判别分析法的应用。

【例题 9.2】

在一项关于对学生进行认知训练的研究中,研究者设计了 3 种训练方式,每位学生只接受其中一种方式的训练,并以学生的推理能力(RE)和学业成绩(SA)作为因变量,考察不同训练方式的效果(数据文件名为"例题 0902-一般判别分析.sav")。由于这两个因变量的相关比较高,故可以采用多元方差分析考察训练方式的效果。现在,如果我们将自变量和因变量反过来,根据学生的推理能力(RE)和学业成绩(SA),判断该生接受过何种训练方式,请问可以怎么做?

【解答】

本例可以采用判别分析。打开数据文件"例题 0902-一般判别分析.sav",依次点击菜单项

Analyze → Classify → Discriminant...

打开判别分析主界面,将变量 RE 和 SA 选为自变量(Independents);将 Type 选为"Grouping Variable"(分组变量),并点击其下按钮 Define Range 指定其最小值为 1、最大值为 3,如图 9.2 所示。

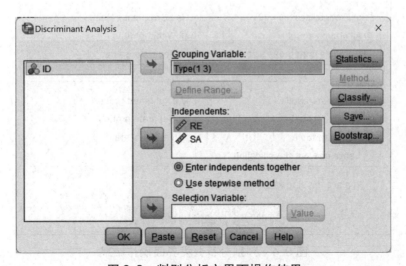

图 9.2 判别分析主界面操作结果

点击按钮 Statistics（统计量），可以进入统计量设定界面，根据需要勾选其中的选项。本例勾选"Univariate ANOVAs"（单变量方差分析）、"Box's M"（方差齐性检验）、"Fisher's"（费舍判别系数）、"Unstandardized"（非标准化判别系数）。操作结果如图9.3所示。

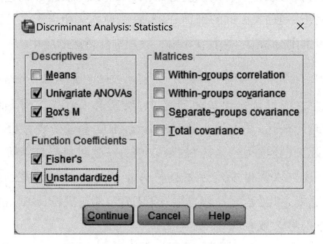

图9.3　判别分析统计量界面操作结果

如果对相关系数和协方差感兴趣，还可以勾选"Matrices"（矩阵）下面的若干选项。

点击按钮 Classify（分类）进入分类界面，可以选择先验概率的计算方法（Prior Probabilities）、判别结果的显示方式（Display）、运用何种协方差矩阵（Use Covariance Matrix）以及作图信息（Plots），本例除了默认选项外，另勾选"Summary table"（判别分析结果简表）和"Combined-groups"（合并分组图）。操作结果如图9.4所示。

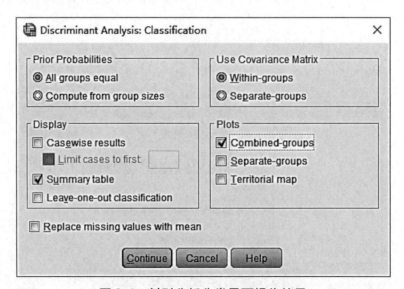

图9.4　判别分析分类界面操作结果

最后,点击按钮 Save (保存),进入保存界面。这里可以选择将每个个体的判别结果加入数据表中,包括"Predicted group membership"(归类结果)、"Discriminant scores"(判别值)、"Probabilities of group membership"(个体归属各类别的后验概率)。本例勾选第一项,操作结果如图9.5所示。

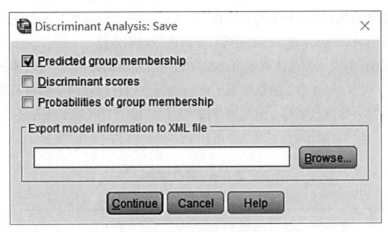

图 9.5　判别分析保存界面操作结果

完成上述步骤之后,回到主界面点击 OK 按钮,就可以看到输出结果,主要内容如表9.2—9.11和图9.6所示。

表 9.2　单变量方差分析表
Tests of Equality of Group Means

	Wilks' Lambda	F	df1	df2	Sig.
RE	.910	2.823	2	57	.068
SA	.969	.920	2	57	.404

表 9.3　Box's M 检验的结果
Test Results

Box's M		4.407
F	Approx.	.697
	df1	6
	df2	80975.077
	Sig.	.652

Tests null hypothesis of equal population covariance matrices.

首先是类别平均数检验(Tests of Equality of Group Means)表,它其实是一个简单的单变量方差分析表,从中可以看到,如果单独考察推理能力(RE)和学业成绩(SA),训练方式对它们都没有显著影响(Sig. 为 0.068 和 0.404)。

表 9.3 是 Box's M 检验的结果。Box' M 检验用于判断各类别方差协方差矩阵是否相等。由于 Sig.＝0.652,可以认为各方差协方差矩阵相等(即方差协方差齐性)。如果检验发现显著差异,就要回到判别分析的分类界面,在"Use Covatirance Matrix"(运用何种协方差矩阵)中点选"Separate-groups"(分组矩阵),重新进行判别分析。

表 9.4 是特征值表。特征值表示组间差异和组内差异的比例,它可以体现判别函数的"判别力"。"% of Variance"栏的数字表示组间差异分别可以被两个判别函数解释的百分比。也就是说,第一个成分解释了组间差异的 99.7%,第二个成分无足轻重,只解释了组间差异的 0.3%。

表 9.4 特征值表
Eigenvalues

Function	Eigenvalue	% of Variance	Cumulative %	Canonical Correlation
1	1.273[a]	99.7	99.7	.748
2	.004[a]	.3	100.0	.062

a. First 2 canonical discriminant functions were used in the analysis.

表 9.5 是 Wilks' Lambda 表,表示"残余辨别力"(Wilks' λ),其值反映的是组内差异占总差异的比例。注意,不要顾名思义地理解"残余辨别力",它是一个"反面量":**其值越小,表明残余辨别力越大,即能解释但未解释的方差越大,越需要引入新的判别函数**。Wilks' λ 经数学转换后服从 χ^2 分布,χ^2 检验的 Sig 小于 0.05 就表示尚有较大残余辨别力,需要增加判别函数。表中"1 through 2"表示第 1、2 个判别函数均未构建,此时的 Wilks' λ 值为 0.438;"2"表示第 2 个函数尚未构建,此时的 Wilks' λ 值为 0.996。卡方检验结果表明,第一个函数有必要构建,第二个没有必要。这就意味着,在第一个成分上,各组(类别)之间的平均数差异有显著差异,但在第二个成分上没有显著差异。后面的判别分析散点图能够直观地体现这一点。

表 9.5 Wilks' Lambda 表
Wilks' Lambda

Test of Function(s)	Wilks' Lambda	Chi-square	df	Sig.
1 through 2	.438	46.603	4	.000
2	.996	.218	1	.640

表 9.6 是标准典型判别系数表(Standardized Canonical Discriminant Function Coefficients),

表9.7是非标准化的典型判别系数表(Canonical Discriminant Function Coefficients)。前者先将原始数据标准化后求解,其值可以相互比较,相当于标准回归系数。两种系数的关系是,标准典型判别系数=非标准化的典型判别系数×判别变量的标准差。

表9.6 标准典型判别系数表
Standardized Canonical Discriminant Function Coefficients

	Function	
	1	2
RE	2.384	.361
SA	−2.319	.660

表9.7 非标准化的典型判别系数表
Canonical Discriminant Function Coefficients

	Function	
	1	2
RE	.264	.040
SA	−.271	.077
(Constant)	−2.204	−10.815

表9.8是结构系数表(Structure Matrix)。其中的结构系数又称为"判别负荷",指判别变量与各成分之间的相关系数。可以看到,学习成绩与第一成分之间呈负相关(相关系数为−0.150),推理能力与第一成分之间呈正相关(相关系数为0.274);两个判别变量与第二成分之间都呈正相关。

表9.8 结构系数表
Structure Matrix

	Function	
	1	2
SA	−.150	.989
RE	.274	.962

根据判别系数或结构系数,我们可以在一定程度上解释各个成分的含义。第一成分与RE和SA都有相关,它包含了两个变量的信息。这就印证了多元分析将相关程度较高的因变量同时纳入模型的必要性。

本例中推理能力(RE)在第一成分上的判别系数是2.384,学业成绩(SA)在第一成分上

的判别系数是 -2.319，两者作用大小接近，但方向相反。这里的标准判别系数意味着在控制 SA 的情况下，个体的 RE 每增加 1 个标准差，其在第一成分上的增加值为 2.384；而在控制 RE 的情况下，个体的 SA 每增加 1 个标准差，其在第一成分上的取值会减少 2.319。相应的，SA 与第一成分呈负相关，RE 与第一成分呈正相关。

表 9.9 是分组矩心表（Functions at Group Centroids），它给出了各类别中心在 2 个成分上的坐标。

表 9.9　分组矩心表
Functions at Group Centroids

Type	Function	
	1	2
1	−1.375	.040
2	.058	−.086
3	1.317	.046

Unstandardized canonical discriminant functions evaluated at group means.

表 9.10 是分类函数系数表（Classification Function Coefficients），它列出了 3 个类别对应的费舍线性判别函数的斜率和截距。利用这 3 个函数计算每一个个体的得分，得分最高的函数对应的类别就是个体应当归属的类别。

表 9.10　分类函数系数表
Classification Function Coefficients

	Type		
	1	2	3
RE	.653	1.027	1.365
SA	.613	.215	−.116
(Constant)	−60.356	−61.214	−66.271

Fisher's linear discriminant functions.

图 9.6 是一种特殊的散点图，它将所有个体按照其在 2 个成分上的取值画点，同时呈现各组的中心所在位置以及未知类别的新个体（本例没有）。可以看到，第一成分将各组中心距离拉得很开，将个体投影到这个成分上可以在很大程度上做出正确的回判；第二成分作用不大，体现在各组中心在这个成分上相差无几，各组散点投影重叠严重。

表 9.11 是个体判别结果表（Classification Results）。由于本例题没有新个体，所以这里的结果都是对类别已知的个体进行回判的情况。可以看到，大部分个体的回判结果是正确

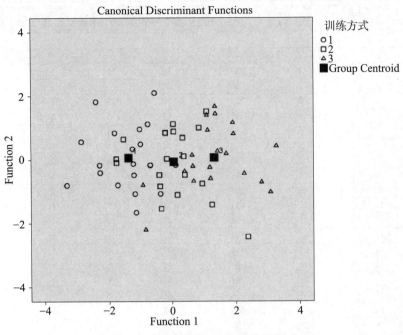

图 9.6 以判别函数为轴画出的散点图

的(表中带方框的数字)。60 个个体中有 44 个回判正确,占 73.3%,大大高于随机水平(33.3%)。

表 9.11 个体判别结果表

Classification Results[a]

		Type	Predicted Group Membership			Total
			1	2	3	
Original	Count	1	18	2	0	20
		2	3	12	5	20
		3	1	5	14	20
	%	1	90.0	10.0	.0	100.0
		2	15.0	60.0	25.0	100.0
		3	5.0	25.0	70.0	100.0

a. 73.3% of original grouped cases correctly classified.

最后,我们回到数据界面,可以看到数据表中增加了一个新变量 Dis_1(判别分析第 1 次保存的判别结果),其下列出了每个个体根据分类函数得出的应属类别(如图 9.7 所示)。其中有一部分回判错误,例如第 2 个案例,原属第 1 类,回判时被分到了第 2 类。注意,如果要保留这些新增输出结果,退出 SPSS 前须做存盘操作。

	ID	RE	SA	Type	Dis_1	var
1	1	92	90	1	1	
2	2	89	80	1	2	
3	3	102	98	1	1	
4	4	97	97	1	1	
5	5	99	93	1	1	
6	6	82	76	1	1	
7	7	98	87	1	2	
8	8	95	89	1	1	
9	9	107	99	1	1	
10	10	101	94	1	1	
11	11	96	88	1	1	
12	12	109	107	1	1	
13	13	116	107	1	1	
14	14	92	86	1	1	
15	15	87	81	1	1	
16	16	84	86	1	1	
17	17	105	98	1	1	
18	18	90	88	1	1	
19	19	88	84	1	1	
20	20	96	88	1	1	
21	21	101	96	2	1	
22	22	107	96	2	2	
23	23	90	79	2	2	

图 9.7 个体回判结果(Dis_1)

9.3.2 逐步判别分析

【例题 9.3】

在例题 8.1 中，我们提到经济合作与发展组织（OECD）开展的以社会与情感能力为主的 SSES 测试。该测试用 5 大指标来衡量学生的社会与情感能力：任务能力（P1_TaskPerf）、情绪调节（P2_EmotionReg）、协作能力（P3_Cooperative）、开放能力（P4_Open）和交往能力（P5_Commu）。假定有 76 名高中生参加了该测试，并且得到的数据文件"例题 0801-系统聚类分析.sav"将他们分为 3 类。现在另加入 3 个类别未知的新个体（数据文件名为"例题 0903-逐步判别分析.sav"），他们分别应该归入哪一类？

【解答】

打开数据文件，按照例题 9.2 介绍的步骤进入判别分析主界面，选择变量 Type 为分组变量，设定其最小值为 1，最大值为 3；选择上述 5 大指标作为自变量，并在自变量框下面点选"Use stepwise method"（使用逐步分析法）选项，这样可以让 SPSS 对自变量进行统计筛选，剔除不显著的自变量。如果有必要，还可以点击 Method 按钮进入"方法"界面，选择或修改部分选项,以便规定筛选变量的方法、标准和输出结果等,如图 9.8 所示。

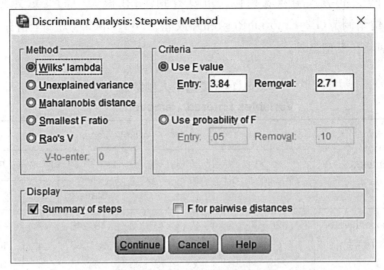

图 9.8　判别分析逐步法界面(默认选项)

其余操作与例题 9.2 相同。

SPSS 运行后得出以下结果(如表 9.12—9.25 和图 9.9 所示)。表 9.12 是类别平均数检验表(Tests of Equality of Group Means),结果表明 3 类个体在 5 个指标上都有显著差异。表 9.13 是 Box's M 检验表,结果表明方差协方差矩阵相等。

表 9.12　平均数检验表

Tests of Equality of Group Means

	Wilks' Lambda	F	df1	df2	Sig.
P1_TaskPerf	.501	36.372	2	73	.000
P2_EmotionReg	.480	39.466	2	73	.000
P3_Cooperative	.426	49.246	2	73	.000
P4_Open	.450	44.526	2	73	.000
P5_Commu	.558	28.912	2	73	.000

表 9.13　Box's M 检验表

Test Results

	Box's M	11.955
F	Approx.	.828
	df1	12
	df2	934.609
	Sig.	.621

表 9.14 是变量纳入剔除表(Variables Entered/Removed),它是逐步判别分析特有的,与回归分析中的变量纳入剔除表相似。可以看到,留在模型中的变量为协作能力(P3_Cooperative)、情绪调节(P2_EmotionReg)和开放能力(P4_Open),另 2 个指标未能提供更多新信息,故被剔除在模型之外。

表 9.14 变量纳入剔除表
Variables Entered/Removed[a, b, c, d]

Step	Entered	Wilks' Lambda							
		Statistic	df1	df2	df3	Exact F			
						Statistic	df1	df2	Sig.
1	P3_Cooperative	.426	1	2	73.000	49.246	2	73.000	.000
2	P2_EmotionReg	.289	2	2	73.000	31.002	4	144.000	.000
3	P4_Open	.254	3	2	73.000	23.315	6	142.000	.000

At each step, the variable that minimizes the overall Wilks' Lambda is entered.
a. Maximum number of steps is 10.
b. Minimum partial F to enter is 3.84.
c. Maximum partial F to remove is 2.71.
d. F level, tolerance, or VIN insufficient for further computation.

表 9.15 列出纳入分析的变量(Variables in the Analysis),表中列出第 1 步到第 3 步纳入模型的自变量,依次是协作能力、情绪调节和开放能力。表 9.16 列出了未纳入分析的变量(Variables Not in the Analysis),表中列出了每一步未进入模型的自变量。

表 9.15 纳入分析的变量
Variables in the Analysis

Step		Tolerance	F to Remove	Wilks' Lambda
1	P3_Cooperative	1.000	49.246	
2	P3_Cooperative	1.000	23.916	.480
	P2_EmotionReg	1.000	17.082	.426
3	P3_Cooperative	.901	9.655	.323
	P2_EmotionReg	.989	11.425	.335
	P4_Open	.893	4.888	.289

表 9.16　未纳入分析的变量
Variables Not in the Analysis

Step		Tolerance	Min. Tolerance	F to Enter	Wilks' Lambda
0	P1_TaskPerf	1.000	1.000	36.372	.501
	P2_EmotionReg	1.000	1.000	39.466	.480
	P3_Cooperative	1.000	1.000	49.246	.426
	P4_Open	1.000	1.000	44.526	.450
	P5_Commu	1.000	1.000	28.912	.558
1	P1_TaskPerf	.954	.954	9.067	.340
	P2_EmotionReg	1.000	1.000	17.082	.289
	P4_Open	.903	.903	9.687	.335
	P5_Commu	.887	.887	4.628	.377
2	P1_TaskPerf	.919	.919	3.439	.263
	P4_Open	.893	.893	4.888	.254
	P5_Commu	.851	.851	1.318	.278
3	P1_TaskPerf	.904	.874	2.189	.239
	P5_Commu	.762	.762	.228	.252

SPSS 的逐步判别分析会输出 2 张"Wilks' Lambda"表。表 9.17 是其中第一张表,介绍每一步中的自变量有无显著意义。可以看到,从第 1 步到第 3 步(纳入 3 个自变量后),Sig. 都接近 0,意味着前 3 个自变量都是显著的。

表 9.17　Wilks' Lambda 表(1)
Wilks' Lambda

Step	Number of Variables	Lambda	df1	df2	df3	Exact F			
						Statistic	df1	df2	Sig.
1	1	.426	1	2	73	49.246	2	73.000	.000
2	2	.289	2	2	73	31.002	4	144.000	.000
3	3	.254	3	2	73	23.315	6	142.000	.000

表 9.18 为特征值表。两个函数对应的特征值及其百分比表明,第一成分能解释组间差异的 99.7%,第二成分无足轻重。这个结果凑巧和例题 9.2 一模一样。不过两个例题的典型相关系数(Canonical Correlation)还是有差别的。

表 9.18 特征值表
Eigenvalues

Function	Eigenvalue	% of Variance	Cumulative %	Canonical Correlation
1	2.904[a]	99.7	99.7	.862
2	.009[a]	.3	100.0	.096

a. First 2 canonical discriminant functions were used in the analysis.

表 9.19 是第二张 Wilks' Lambda 表，它呈现了残余辨别力。可以看到，第二成分确实不显著。

表 9.19 Wilks' Lambda 表(2)
Wilks' Lambda

Test of Function(s)	Wilks' Lambda	Chi-square	df	Sig.
1 through 2	.254	98.740	6	.000
2	.991	.669	2	.716

从标准典型判别系数表（如表 9.20 所示）、非标准化的典型判别系数表（如表 9.21 所示）和结构系数表（如表 9.22 所示）来看，第一成分结合了情绪调节、协作能力和开放能力的信息。相比之下，对成分取值影响最大的自变量是情绪调节。

表 9.20 标准典型判别系数表
Standardized Canonical Discriminant Function Coefficients

	Function	
	1	2
P2_EmotionReg	.575	.136
P3_Cooperative	.556	-.874
P4_Open	.418	.791

表 9.21 非标准化的典型判别系数表
Canonical Discriminant Function Coefficients

	Function	
	1	2
P2_EmotionReg	.057	.013
P3_Cooperative	.071	-.111
P4_Open	.055	.104
(Constant)	-15.844	-.314

Unstandardized coefficients.

表 9.22 结构系数表
Structure Matrix

	Function	
	1	2
P3_Cooperative	.681*	−.629
P4_Open	.647*	.531
P2_EmotionReg	.610*	.223
P5_Commu	.463*	.052
P1_TaskPerf	.310*	−.002

表 9.23 列出 3 个类别的中心在 2 个成分上的坐标。

表 9.23 分组矩心表
Functions at Group Centroids

Type	Function	
	1	2
1	.205	.053
2	−2.832	−.133
3	4.191	−.219

表 9.24 是费舍分类函数的系数表,用于计算各个个体的得分,然后根据得分归类。

表 9.24 分类函数系数表
Classification Function Coefficients

	Type		
	1	2	3
P2_EmotionReg	.723	.548	.946
P3_Cooperative	1.151	.957	1.463
P4_Open	1.097	.911	1.287
(Constant)	−132.896	−88.721	−204.747

Fisher's linear discriminant functions.

从个体的散点图(如图 9.9 所示)也可以看出,第一成分能在最大程度上区分这三类个体,第二成分几乎没有判别力。另外,图中还能看到 3 个待分类的个体(用×表示),如果单看它们与 3 个类别中心的距离,可以将它们分别归入 3 个不同类别。

最后出现的是判别结果表(如表 9.25 所示)。除了回判结果外,还加入了 3 个新个体的判别结果。可以看到,前面 76 个个体的回判结果相当令人满意,达到 93.4%。

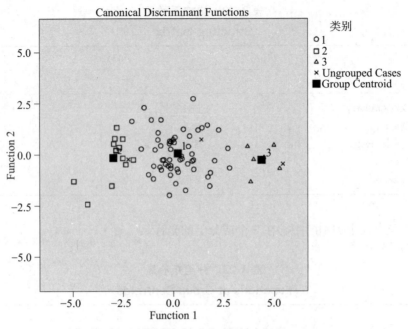

图 9.9　以判别函数为轴画出的散点图

表 9.25　个体判别结果表

Classification Results[a]

		Type	Predicted Group Membership			Total
			1	2	3	
Original	Count	1	52	3	2	57
		2	0	13	0	13
		3	0	0	6	6
		Ungrouped cases	1	1	1	3
	%	1	91.2	5.3	3.5	100.0
		2	.0	100.0	.0	100.0
		3	.0	.0	100.0	100.0
		Ungrouped cases	33.3	33.3	33.3	100.0

a. 93.4% of original grouped cases correctly classified.

9.3.3　判别分析中应注意的问题

1. 样本容量

有学者认为,样本容量对判别分析没有很大的影响,但也有学者根据蒙特卡洛(计算机模拟)研究的结果提出,除非样本容量远远大于判别变量个数,否则判别分析的结果都是很不稳定的。他们建议,样本总容量 N 与判别变量数 p 之比应达到 20 比 1 以上。否则,根据一个样本的判别分析得出的成分变量不一定能推广到另一个样本。另外,如果类别内个体数不等,那么最小类别的个体数不应小于20,同时大于判别变量个数。

2. 判别分析与其他分析方法的关系

方差分析(包括多元方差分析)的重点在于研究自变量对各个因变量的效应,而判别分析的焦点在于:①在各个成分变量上,各组(类别)之间的平均数差异有没有显著差异?有多少个能体现类别间差异的成分变量?②各个有效的成分变量的意义是什么?③各组(类别)在成分变量上的差异体现在哪里?例如,哪一组在成分变量上处于高位,哪一组处于低位?

Logistic回归、聚类分析、判别分析都与分类有关。区别在于,聚类分析是研究者在难以进行分类时采用的数值分类方法,其合适的分类数、个体的归类等都随研究者选择的不同算法而异,经常仅仅作为探索性结果供参考。

判别分析和Logistic回归分析在一定程度上可以相互替代,而判别分析和Logistic回归分析的原理和主要使命仍有很大差异,请回顾7.3.4"Logistic回归分析与聚类分析、判别分析的关系"中的相关表述。

另外,判别分析常用的费舍判别法要求各个自变量(判别变量)之间为多元正态分布(每个变量对于其他所有变量的固定值呈正态分布)。这一前提不满足时,可以考虑用Logisitic回归作为替代。因为Logistic回归采用最大似然法进行模型估计,不受正态性前提的约束。

判别分析得到的判别函数(成分)也很像因子分析中提取的因子。不过,因子分析允许因子旋转,还允许因子之间有相关(进行斜交旋转)。但是判别分析得出的不同成分之间是相互独立的,而且不允许旋转。

第 10 章　多元方差分析

本章内容

多元方差分析是考察两个或多个总体在多个因变量上的整体差异的多元分析方法,因变量之间有显著相关时应采用多元方差分析。多元方差分析可以处理1个自变量(2个水平)的情况(Hotelling's T^2 检验,该检验是 t 检验的推广),也可以处理多个自变量的情况。

学习要点

1. **多元方差分析的目的和类型**:多元方差分析的目的;多元方差分析的类型。
2. **多元方差分析的原理**:多元方差分析的前提;Hotelling's T^2 检验的原理;费舍判别法的第一判别函数。
3. **多元方差分析的应用**:单个2水平自变量的情形;多水平自变量的情形;多元方差分析中应注意的问题。
4. **多元方差分析的主要结果(指标)**:Box's M;Bartlett 球形检验结果;多变量检验表;被试间效应检验表;F_{max};残余辨别力(Wilks' λ);最大特征值 GCR。

10.1　多元方差分析的目的和类型

10.1.1　多元方差分析的目的

在研究多个总体的平均数有无显著差异时,我们经常用到方差分析(ANOVA)。简单的方差分析,其自变量可以是1个,即单因素方差分析(one-way ANOVA);也可以是2个(two-way ANOVA 或 two-way factorial design)甚至更多,但是因变量总是只有1个。**多元方差分析**(multivariate analysis of variance,缩写为 MANOVA)**的特点则在于,无论自变量有几个,因变量至少有2个**。也就是说,"多元方差分析"中的"元"指的不是自变量(因素),而是因变量。为了说法上的对应,原来那种"简单"的方差分析可以称为"一元方差分析"。

最简单的多元方差分析是只有1个自变量、2个因变量的方差分析,而且该自变量只有2个水平(例如男性、女性)。例如,你想比较考试焦虑(TA)和自我效能感(SEF)的性别差异,而你只学习过初级统计学,固然可以分别对考试焦虑和学习效能感进行 t 检验(或单因素方差分析),但是这种做法有两个严重的缺陷,有必要引入多元方差分析予以弥补。

第一,正如学习方差分析时强调的那样,多次 t 检验会造成 α 错误(Ⅰ型错误)的累积。如果分别对考试焦虑和学习效能感进行检验,那就需要进行2次 t 检验或方差分析。如果 $\alpha=0.05$,且所有因变量完全无关,则 k 次检验不犯 α 错误的概率为 0.95^k,所以,对5个因变量进行5次检验的可靠性就会下降到 $0.95^5 = 0.77$。(只有当所有因变量之间都完全相关时，α 错误才不会累积起来。)多元方差分析不需要多次检验，它取代多次 t 检验或一元方差分析，就像一元方差分析取代多次 t 检验一样，起着控制 α 错误概率的作用。

第二，t 检验和一元方差分析不能反映多个因变量的线性组合之间的差异。有时可能出现这样的情况：分别对各个因变量进行 t 检验或一元方差分析，结果都不显著，但是采用多元方差分析却发现显著差异。

如果说对于第一个缺陷，我们还可以通过降低 α 值(将显著性水平设定为 $\alpha = 0.05/$检验次数 k)勉强克服的话，那么第二个缺陷目前来看似乎只有多元方差分析可以弥补了。

总之，多元方差分析的目的在于更合理、更高效地考察多个因变量的整体差异。

10.1.2 多元方差分析的类型

根据自变量个数和水平数，可以将多元方差分析归结为不同的类型。

当自变量只有1个，且只有2个水平时，多元方差分析是**单因变量 t 检验的推广**，称为 Hotelling's T^2 检验。

当自变量只有1个，但有3个或更多个水平时，称为**单因素多元方差分析**。

当自变量有2个或更多个，称为**双因素(或多因素)多元方差分析**，可以考察主效应和交互作用。

如果在研究中加入协变量，多元方差分析就成为**多元协方差分析**。

10.2 多元方差分析的原理

10.2.1 多元方差分析的前提

在第9章介绍判别分析的重要方式费舍判别法时，我们曾经提到，与一元方差分析需要满足独立性、正态性和方差齐性三大前提相似，建立费舍判别函数也有对应的三大前提：独立性、正态性和协方差矩阵相等。**多元方差分析作为一元方差分析的推广，自然也需要满足这三大前提。**

独立性指的是**不同组的观察值之间不能有相关**。如果这一前提不满足，将影响两类错误的概率。例如，如果对同一个体进行多次测量，并将每一次测量的观察值作为因变量，考察其变化趋势，这就破坏了独立性。此时需要用重复测量的方差分析来处理数据。

正态性要求**各个自变量为等距水平的变量，且变量之间为多元正态分布**(每个变量对于其他所有变量的固定值呈正态分布)。在很多情况下，研究者只是逐个检验因变量的正态性。虽然所有变量都服从正态分布也未必能保证多元正态分布，但是好在只要样本足够大，这一问题也就不足为虑了。这与非正态总体、大样本情况下也可以进行 t 检验的道理是一样的。

协方差矩阵相等，相当于一元方差分析要求的方差齐性，要求**所有因变量的协方差矩阵都相等**。在费舍判别法和多元方差分析中，可以用 Box's M 检验来判断协方差是否齐性。

多元方差分析还有一个重要的前提,那就是**因变量之间有一定程度的相关**,即存在线性关系。(注意,这不违反独立性原则,只要各组个体是从总体中随机抽样得到的,就可以说满足了独立性原则。)**但是这个相关又不能太高**——可以设想,如果两个变量之间的相关系数达到1,则它们传递的信息是完全相同的,那么只要其中一个变量就够了。

对于因变量之间的相关性检验,可以运用 Bartlett 球形检验(Bartlett test of sphericity)。

10.2.2　Hotelling's T^2 检验的原理

Hotelling's T^2 检验是 t 检验的推广(因变量由 1 个变为 2 个或更多),是多元方差分析的特例(只有 1 个 2 水平自变量)。

假定有 2 个因变量,则 Hotelling's T^2 检验的零假设是

$$H_0 : \begin{pmatrix} \mu_{11} \\ \mu_{21} \end{pmatrix} = \begin{pmatrix} \mu_{12} \\ \mu_{22} \end{pmatrix}$$

零假设假定,两个样本对应的两个总体的第一个因变量 Y_1 的平均数相等,第二个因变量 Y_2 的平均数也相等。

我们在初级心理统计课程中学过,在方差齐性的前提下,t 检验的公式是

$$t = \frac{\overline{Y}_1 - \overline{Y}_2}{\sqrt{\frac{(n_1-1)S_1^2 + (n_2-1)S_2^2}{n_1 + n_2 - 2} \left(\frac{1}{n_1} + \frac{1}{n_2} \right)}}$$

式中 $\overline{Y}_1$ 和 $\overline{Y}_2$ 分别是两个样本平均数,n_1 和 n_2 分别是两个样本的容量,S_1^2 和 S_2^2 分别是两个样本的方差。令

$$S^2 = \frac{(n_1-1)S_1^2 + (n_2-1)S_2^2}{n_1 + n_2 - 2}$$

这里的 S^2 其实是两个样本方差的加权平均数,故

$$t^2 = \left(\frac{n_1 n_2}{n_1 + n_2} \right) \frac{(\overline{Y}_1 - \overline{Y}_2)^2}{S^2} = \left(\frac{n_1 n_2}{n_1 + n_2} \right) (\overline{Y}_1 - \overline{Y}_2)(S^2)^{-1}(\overline{Y}_1 - \overline{Y}_2)$$

t^2 服从自由度为 $(1, n_1 + n_2 - 2)$ 的 F 分布。

将 t^2 公式推广到 **2 个因变量的情形**,就是

$$T^2 = \frac{n_1 n_2}{n_1 + n_2} \cdot (\overline{\boldsymbol{Y}}_1 - \overline{\boldsymbol{Y}}_2)' \boldsymbol{S}^{-1} (\overline{\boldsymbol{Y}}_1 - \overline{\boldsymbol{Y}}_2)$$

式中 $(\overline{\boldsymbol{Y}}_1 - \overline{\boldsymbol{Y}}_2)$ 为两个样本平均数之差的矩阵,$(\overline{\boldsymbol{Y}}_1 - \overline{\boldsymbol{Y}}_2)'$ 是 $(\overline{\boldsymbol{Y}}_1 - \overline{\boldsymbol{Y}}_2)$ 的转置矩阵,$\boldsymbol{S}$ 为协方差矩阵。

T^2 经下式转换后,服从自由度为 $(p, n_1 + n_2 - p - 1)$ 的 F 分布:

$$F = \frac{n_1 + n_2 - p - 1}{(n_1 + n_2 - 2)p} \cdot T^2$$

可见,只要计算出 T^2 的值,将其转换成 F 值,就可以查 F 分布表,判断是否应该接受零假设。

10.2.3 费舍判别法的第一判别函数

当自变量有 3 个或更多水平时,多元方差分析的零假设就更复杂了。假设有 p 个因变量,自变量有 k 个水平,则零假设就是

$$H_0: \begin{pmatrix} \mu_{11} \\ \mu_{21} \\ \vdots \\ \mu_{p1} \end{pmatrix} = \begin{pmatrix} \mu_{12} \\ \mu_{22} \\ \vdots \\ \mu_{p2} \end{pmatrix} = \cdots = \begin{pmatrix} \mu_{1k} \\ \mu_{2k} \\ \vdots \\ \mu_{pk} \end{pmatrix}$$

多元方差分析利用了费舍判别法的基本思想,将多维变量投影到较少维度,即构造判别函数,该函数须使"类间(组间)差异尽可能大,类内(组内)差异尽可能小"。**多元方差分析与费舍判别法的区别仅在于,前者只采用第一个判别函数作为成分,后者则允许更多的判别函数。**

费舍判别法需要进行以下计算:

(1) 计算**残余辨别力**(Wilks' λ),进行显著性检验,若发现显著意义,说明判别函数有效,各组之间存在显著差异。

(2) 计算**每个个体在成分上的值,进而求出 F 值**,查表可知各组之间是否存在显著差异。由于第一成分已经使"类间(组间)差异尽可能大,类内(组内)差异尽可能小",故该 F 值是所有可能 F 值中的最大值 $F_{\max}$。

(3) 可以根据最大 F 值求得**最大特征值** GCR,即费舍判别法得出的第一判别函数的特征值,公式是:

$$\text{GCR} = \frac{(k-1)}{(N-k)} \cdot F_{\max}$$

式中,k 为自变量水平数,N 为样本总容量。

如果有更多的自变量,不仅可以检验各个自变量的主效应,还可以检验其交互作用,其基本原理与一元方差分析相同。

10.3 多元方差分析应用举例

第 9 章曾提到,如果将 SPSS 的判别分析以各个判别变量为自变量、以类别变量为因变量的做法反过来:将判别变量都看作因变量,将类别变量看作自变量,那就是多元方差分析了。

10.3.1 单个 2 水平自变量的情形

【例题 10.1】

某研究者想考察学生的考试焦虑(TA)与自我效能感(SEF)的关系。他随机抽取了

60名学生,其中29名女生,31名男生,对这些学生进行了考试焦虑和自我效能感评定(数据文件名为"例题1001-多元方差分析T2.sav")。研究者认为,考试焦虑和自我效能感之间似应有较强的负相关,故可以采用多元方差分析考察其性别差异。这时,他应该怎么做?

【解答】

由于本例的自变量为性别,实际数据显示性别只有2个取值(Gender=0为女生,1为男生),故应该采用 Hotelling's T^2 检验。

不过,在进行多元方差分析前,最好检查一下数据是否符合以下三大前提。

(1) 独立性:由于采取随机抽样方式抽取学生,所以每个学生的TA和SEF评定值应该独立的。

(2) 协方差矩阵相等:可以用判别分析中提到的Box检验来判断协方差矩阵是否齐性。SPSS的多元方差分析可以将该检验作为一个选项。后面的结果表明协方差矩阵相等。

(3) 因变量为正态分布:第5章介绍非参数检验时,曾采用非参数检验中的模块开展正态性检验。这里介绍SPSS检验正态性的另一种方式。打开数据文件"例题1001-多元方差分析T2.sav",依次点击菜单项

Analyze → Descriptive Statistics → Explore...

打开变量检测主界面,将变量TA和SEF选入"Dependent List"(因变量系列),将Gender选入"Factor List"(因素系列),如图10.1所示。

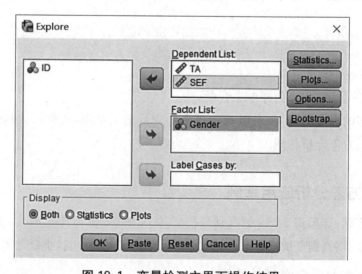

图10.1 变量检测主界面操作结果

接着,点击主界面中的 Plots... 按钮进入绘图界面,在界面中间位置勾选"Normality plots with tests"(正态性检验),如图10.2所示。

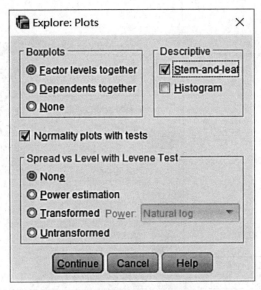

图 10.2　变量检测绘图界面操作结果

回到主界面,点击 OK 按钮可以看到多种描述统计结果,其中的 Tests of Normality(正态检验表)报告两性的两个因变量是否服从正态分布(如表 10.1 所示)。从表 10.1 可以看到,由于单组人数不足 50,Kolmogorov-Smirnov 检验难以得出准确的结果,但是,适合小样本的 Shapiro-Wilk 检验表明,两性的两个因变量均服从正态分布。

表 10.1　正态检验表

Tests of Normality

	Gender	Kolmogorov-Smirnov[a]			Shapiro-Wilk		
		Statistic	df	Sig.	Statistic	df	Sig.
TA	女	.133	29	.200*	.973	29	.652
	男	.087	31	.200*	.979	31	.796
SEF	女	.089	29	.200*	.980	29	.836
	男	.107	31	.200*	.970	31	.516

*. This is a lower bound of the true significance.
a. Lilliefors Significance Correction

上述前提满足后,就可以进行 Hotelling's T^2 检验了。依次点击菜单项

| Analyze | → | General Linear Model | → | Multivariate... |

进入多元方差分析主界面,将变量 TA 和 SEF 选入"Dependent Variables"框,将 Gender 选入"Fixed Factor(s)"(固定因素)框中,如图 10.3 所示。

如果还需要考察协变量的影响,可将其选入"Covariate(s)"框中。本例没有协变量。

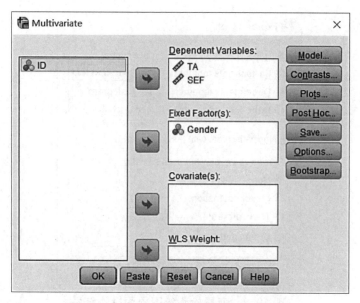

图 10.3　多元方差分析主界面操作结果

接着，点击 Options... 按钮进入选项界面，勾选左下方的"Residual SSCP matrix"（残值 SSCP 矩阵），用于检查因变量之间的相关性（偏相关系数），再勾选"Homogeneity tests"（齐性检验），用于检查协方差矩阵是否相等，如图 10.4 所示。

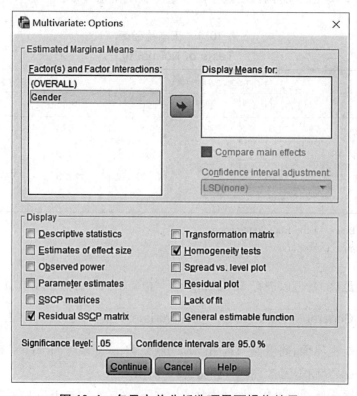

图 10.4　多元方差分析选项界面操作结果

最后，回到主界面，点击 OK 按钮，就可以得到结果了。这里介绍其中重要的部分（如表 10.2—10.7 所示）。

表 10.2 是 Box 检验的结果（Box's Test of Equality of Covariance Matrices），该表报告协方差矩阵的齐性检验结果。表中 Box's M 值为 3.213，F 值为 1.031，P 值大于 0.05，据此判断协方差矩阵相等。

表 10.2 Box 检验表
Box's Test of Equality of Covariance Matrices

Box's M	3.213
F	1.031
df1	3
df2	711811.014
Sig.	.378

SPSS 输出的结果中还有对单个因变量的方差齐性检验结果，但是这个结果顺序上比较靠后，使用 SPSS 时须向后寻找 Levene's Test of Equality of Error Variances（勒温误差方差齐性检验表），如表 10.3 所示。可以看到，两性之间的 TA 和 SEF 的方差都相等。

表 10.3 勒温误差方差齐性检验表
Levene's Test of Equality of Error Variances

	F	df1	df2	Sig.
TA	2.609	1	58	.112
SEF	.303	1	58	.584

Bartlett 球形检验（Test of Sphericity）用于判断因变量之间有无显著的相关。根据表 10.4 可知，其 P 值小于 0.001，故认为因变量之间有显著相关。

表 10.4 Bartlett 球形检验表
Bartlett's Test of Sphericity

Likelihood Ratio	.000
Approx. Chi-Square	79.871
df	2
Sig.	.000

向后寻找靠后的 Residual SSCP Matrix 表（如表 10.5 所示），该表报告了 TA 和 SEF 之

间的离差平方和(Sum-of-Squares)、交叉乘积平方和(Sum-of-Cross-Products)、协方差(Covariance)和相关系数(Correlation)。可以看到两个因变量的偏相关系数为-0.868。

表 10.5 协方差与相关系数表
Residual SSCP Matrix

		TA	SEF
Sum-of-Squares and Cross-Products	TA	12236.625	-11251.268
	SEF	-11251.268	13740.850
Covariance	TA	210.976	-193.987
	SEF	-193.987	236.911
Correlation	TA	1.000	-.868
	SEF	-.868	1.000

Based on Type III Sum of Squares.

表 10.6 是多变量检验表(Multivariate Tests),该表是多元方差分析的核心内容。表中列出了关于截距和自变量(本例为 Gender)的 4 种检验统计量值及其对应的 F 值、自由度和 P 值(Sig.)。本例中,这 4 种检验方法所得结果完全一致,都显示两性差异极其显著。

表 10.6 多变量检验表
Multivariate Tests[a]

Effect		Value	F	Hypothesis df	Error df	Sig.
Intercept	Pillai's Trace	.997	11361.944[b]	2.000	57.000	.000
	Wilks' Lambda	.003	11361.944[b]	2.000	57.000	.000
	Hotelling's Trace	398.665	11361.944[b]	2.000	57.000	.000
	Roy's Largest Root	398.665	11361.944[b]	2.000	57.000	.000
Gender	Pillai's Trace	.504	29.011[b]	2.000	57.000	.000
	Wilks' Lambda	.496	29.011[b]	2.000	57.000	.000
	Hotelling's Trace	1.018	29.011[b]	2.000	57.000	.000
	Roy's Largest Root	1.018	29.011[b]	2.000	57.000	.000

a. Design: Intercept+Gender.
b. Exact statistic.

表 10.7 为被试间效应检验表(Tests of Between-Subjects Effects),该表其实是对于各个因变量的一元方差分析表的汇总。可以看到,如果对两个因变量分别进行一元方差分析,两性之间 TA 无显著差异($P=0.25$),但 SEF 有显著差异($P=0.008$)。

表 10.7 被试间效应检验表
Tests of Between-Subjects Effects

Source	Dependent Variable	Type III Sum of Squares	df	Mean Square	F	Sig.
Corrected Model	TA	285.025[a]	1	285.025	1.351	.250
	SEF	1814.084[b]	1	1814.084	7.657	.008
Intercept	TA	576508.225	1	576508.225	2732.573	.000
	SEF	155580.750	1	155580.750	656.705	.000
Gender	TA	285.025	1	285.025	1.351	.250
	SEF	1814.084	1	1814.084	7.657	.008
Error	TA	12236.625	58	210.976		
	SEF	13740.850	58	236.911		
Total	TA	590527.000	60			
	SEF	172432.000	60			
Corrected Total	TA	12521.650	59			
	SEF	15554.933	59			

a. R Squared=.023 (Adjusted R Squared=.006).
b. R Squared=.117 (Adjusted R Squared=.101).

从这个例子可以看出，**多元方差分析和一元方差分析不能相互替代**，因为它们回答的是不同的问题。前者回答的是两个样本之间多个因变量的组合有无显著差异，后者回答的是两个样本之间各个因变量分别有无显著差异。

10.3.2 多水平自变量的情形

【例题 10.2】

例题 9.2 提到一项关于对学生进行认知训练的研究。研究者分别用 3 种训练方式对 3 组学生进行训练，考察训练方式对学生的推理能力（RE）和学业成绩（SA）的影响。请问，怎样判断 3 种训练方式下 RE 和 SA 的组合有无显著差异呢？

【解答】

根据例题 9.2 的结果，可知 RE 和 SA 有较高的相关，故可以将判别分析中的自变量和因变量交换，以训练方式为自变量，以 RE 和 SA 为因变量，进行多元方差分析。打开数据文件"例题 1002-多元方差分析.sav"，重复例题 10.1 的操作，依次考察多元方差分析的前提（独立性、正态性、协方差齐性），并完成多元方差分析。具体步骤如下。

（1）判断因变量的正态性。依次点击菜单项

Analyze → Descriptive Statistics → Explore...

打开变量检测主界面,将变量 RE 和 SA 选入"Dependent List"(因变量系列),将 Type 选入"Factor List"(因素系列),点击主界面中的 Plots... 按钮进入绘图界面,在界面中间位置勾选"Normality plots with tests"(正态性检验)。最后,回到主界面点击 OK 按钮。从 SPSS 输出的结果中找到 Tests of Normality 表,如表 10.8 所示,可以发现,3 组被试的两个因变量均呈正态分布。

表 10.8 正态检验表
Tests of Normality

	Type	Kolmogorov-Smirnov[a]			Shapiro-Wilk		
		Statistic	df	Sig.	Statistic	df	Sig.
RE	1	.087	20	.200*	.981	20	.941
	2	.150	20	.200*	.966	20	.664
	3	.118	20	.200*	.941	20	.247
SA	1	.138	20	.200*	.960	20	.549
	2	.158	20	.200*	.922	20	.109
	3	.121	20	.200*	.972	20	.805

*. This is a lower bound of the true significance.
a. Lilliefors Significance Correction.

（2）进行多元方差分析。依次点击菜单项

Analyze → General Linear Model → Multivariate...

进入多元方差分析主界面,将变量 RE 和 SA 选入"Dependent Variables"框,将 Type 选入"Fixed Factor(s)"(固定因素)框中,点击 Options... 按钮进入选项界面,勾选左下方的"Residual SSCP matrix"(残值 SSCP 矩阵)和"Homogeneity tests"(齐性检验)。最后,回到主界面,点击 OK 按钮。SPSS 输出的主要结果如表 10.9—10.14 所示。

首先,根据表 10.9(Boxs 检验表)判断协方差是否齐性。表中 Box's M 值为 4.407,F 值为 0.697,P 值大于 0.05,故协方差矩阵相等。表 10.10(勒温误差方差齐性检验表)也表明两个因变量的方差齐性。

表 10.9 Box 检验表
Box's Test of Equality of Covariance Matrices

Box's M	4.407
F	.697
df1	6
df2	80975.077
Sig.	.652

表 10.10　勒温误差方差齐性检验表
Levene's Test of Equality of Error Variances

	F	df1	df2	Sig.
RE	.116	2	57	.891
SA	.398	2	57	.674

接着，判断因变量之间有无显著相关。根据表 10.11(Bartlett 球形检验表)可知，其 P 值小于 0.001，故认为因变量之间有显著相关。根据表 10.12，两个因变量的偏相关系数为 0.91。

表 10.11　Bartlett 球形检验表
Bartlett's Test of Sphericity

Likelihood Ratio	.000
Approx. Chi-Square	98.735
df	2
Sig.	.000

表 10.12　协方差与相关系数表
Residual SSCP Matrix

		RE	SA
Sum-of-Squares and Cross-Products	RE	4640.900	4005.800
	SA	4005.800	4175.800
Covariance	RE	81.419	70.277
	SA	70.277	73.260
Correlation	RE	1.000	.910
	SA	.910	1.000

Based on Type III Sum of Squares.

最后，考察多元方差分析结果。表 10.13(多变量检验表)中的 4 种检验方法都显示三种训练方法对两个因变量有极其显著的影响。需要注意的是，4 种检验方法得出的 F 值都不同。

表 10.13　多变量检验表
Multivariate Tests[a]

Effect		Value	F	Hypothesis df	Error df	Sig.
Intercept	Pillai's Trace	.992	3590.385[b]	2.000	56.000	.000
	Wilks' Lambda	.008	3590.385[b]	2.000	56.000	.000

续 表

Effect		Value	F	Hypothesis df	Error df	Sig.
	Hotelling's Trace	128.228	3590.385[b]	2.000	56.000	.000
	Roy's Largest Root	128.228	3590.385[b]	2.000	56.000	.000
Type	Pillai's Trace	.564	11.190	4.000	114.000	.000
	Wilks' Lambda	.438	14.293[b]	4.000	112.000	.000
	Hotelling's Trace	1.277	17.553	4.000	110.000	.000
	Roy's Largest Root	1.273	36.272[c]	2.000	57.000	.000

a. Design: Intercept+Type.
b. Exact statistic.
c. The statistic is an upper bound on F that yields a lower bound on the significance level.

最值得注意的是表 10.14(被试间效应检验表)。对两个因变量分别进行一元方差分析，却发现了一个奇怪的结果：三种训练方式之间 RE 无显著差异($P=0.068$)，SA 也没有显著差异($P=0.404$)。

表 10.14　被试间效应检验表
Tests of Between-Subjects Effects

Source	Dependent Variable	Type III Sum of Squares	df	Mean Square	F	Sig.
Corrected Model	RE	459.700[a]	2	229.850	2.823	.068
	SA	134.800[b]	2	67.400	.920	.404
Intercept	RE	591629.400	1	591629.400	7266.452	.000
	SA	472061.400	1	472061.400	6443.675	.000
Type	RE	459.700	2	229.850	2.823	.068
	SA	134.800	2	67.400	.920	.404
Error	RE	4640.900	57	81.419		
	SA	4175.800	57	73.260		
Total	RE	596730.000	60			
	SA	476372.000	60			
Corrected Total	RE	5100.600	59			
	SA	4310.600	59			

a. R Squared=.090 (Adjusted R Squared=.058).
b. R Squared=.031 (Adjusted R Squared=－.003).

这个例子再次告诉我们，多元方差分析和一元方差分析不能相互替代。对各个因变量分别进行一元方差分析,可能都没有显著差异,但是这并不意味着多元方差分析也一定没有显著差异。因为多元方差分析回答的是样本之间多个因变量的组合有无显著差异。

现在我们进一步探究一下,为什么会出现上述矛盾的结果。

如果我们分别以 RE 和 SA 为横坐标和纵坐标,以散点的不同形状表示训练方式,可以得到下面这个散点图,如图 10.5 所示。可以看到,这些点无论投影到横轴还是纵轴,都相互重叠,难以分割。但是,如果将它们投影到左下方的轴上,可以发现,虽然仍有部分重叠,但是左上段○型散点居多,中间段□型散点居多,右下段△型散点居多。而且,第一组散点○与第三组散点△只有极少量点比较接近或重叠。换言之,在这条投影轴上,至少第一组和第三组的取值是有显著差异的。这也许是多元方差分析相对于一元方差分析的最大优势。

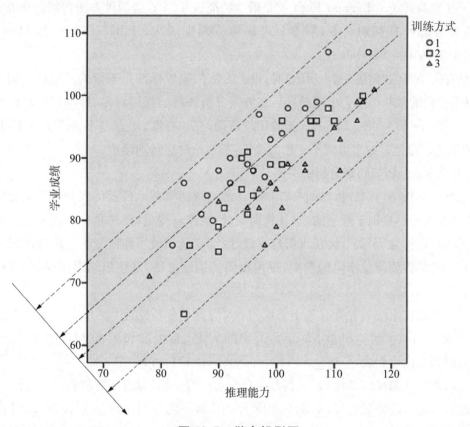

图 10.5 散点投影图

如果我们将例题 9.2 中的判别函数图(图 9.6)与图 10.5 比对一下,可以看到散点在图 9.6 的第一成分上可以较好地区分出来。这个第一成分就相当于图 10.5 中的斜向轴,只不过尺度上拉宽了不少。

10.3.3 多元方差分析中应注意的问题

1. 样本容量

多元方差分析对每一种处理(交叉分组表中的单元)内的个体数量有一定的要求。每一种处理中的个体数应大于因变量的个数。例题 10.2 中有 3 种处理,每种处理内有 20 人,从理论上讲,个体数是足够的。不过,就实际应用而言,为了减少抽样误差,**多元方差分析对每一种处理内的个体数有更高要求:不宜少于 20**。用这个标准来衡量,例题 10.2 每一种处理内 20 人只能算勉强过线。

另外,**各个处理的个体数不宜相差太多**,因为多元方差分析的有效性往往取决于最小样本容量。因此,必须避免某种处理人数特别少的情况,更不能出现空单元的情况。

2. 检验方法的选择

SPSS 的多元方差分析会报告 4 种检验的结果:Pillai's Trace、Wilks' Lambda、Hotelling's Trace 和 Roy's Largest Root。其中 Wilks' Lambda 就是对残余辨别力(Wilks' λ)的显著性检验,Roy's Largest Root 就是最大特征值 GCR。这两种方法在判别分析中都曾见到,前者考虑所有判别函数,后者只考虑第一判别函数。Pillai's Trace 和 Hotelling's Trace 类似于 Wilks' Lambda。

当只有两个组(如例题 10.1 所示)时,以上方法的检验标准是等价的。随着判别函数的增多,以上检验的判断标准会出现差异。在方差分析各种前提都满足、样本容量足够的情况下,Pillai's Trace 和 Wilks' Lambda 检验比较适用;在小样本、协方差不齐等情况下,Pillai's Trace 依然比较稳健。如果出现不一致的结果,下结论时应特别谨慎。

3. 多元方差分析与判别分析的关系

多元方差分析与判别分析之间有着异乎寻常的密切联系。两者可以分析完全相同的数据,只不过判别分析将用于判别的指标(判别变量)当作自变量,将类别作为因变量。而多元方差分析将类别称为"因素",将其当作自变量,判别变量却被当作因变量。两者形成一种镜像关系。**两者都需要满足相同的前提,采用相同的检验方法**,其输出结果也是你中有我、我中有你。

例题 9.2 的输出结果中就有关于 RE 和 SA 的方差分析结果(表 9.2:单变量方差分析表,Tests of Equality of Group Means),其中的 F 值、自由度和 P 值与例题 10.2 中的表 10.14(被试间效应检验表,Tests of Between-Subjects Effects)如出一辙。

上述两种方法都采用 Box 检验,其结果自然也一模一样(如表 9.3 和表 10.9 所示)。

例题 9.2 输出的特征值表(如表 9.4 所示)中,第一成分的特征值为 1.273。例题 10.2 中得到的 Roy's Largest Root 也是 1.273,如表 10.13 所示(多变量检验表)。道理很简单,多元方差分析就是根据判别分析得出的第一成分(它可以得出最大 F 值)来计算 Roy's Largest Root 的。

另外,例题 9.2 判别分析中的"残余辨别力"(Wilks' λ)表,即表 9.5,其结果(Wilks' λ = 0.438)也出现在例题 10.2 的表 10.13 中。

第 11 章 因子分析

本章内容

因子分析是根据众多的测量变量找出其背后的少数几个因子的多元分析方法。广义的因子分析包括探索性因子分析和验证性因子分析，前者属于数据驱动，后者属于理论驱动。因子分析的前提是测量变量之间有显著相关，在此基础上，确定因子个数、导出因子负荷矩阵，必要时还要进行因子旋转，以凸显因子的含义，根据需要还可以计算因子得分。

学习要点

1. **因子分析的目的和类型**：因子分析的目的；因子分析的两种类型——探索性因子分析和验证性因子分析。

2. **因子分析的原理**：主成分分析法；公因子分析法；因子的正交旋转和斜交旋转。

3. **因子分析的应用**：因子分析的前提；因子个数的确定方法；因子负荷矩阵；因子旋转；因子计分；因子分析与其他分析方法的配合使用。

4. **因子分析的主要结果（指标）**：因子负荷；公因子方差；因子贡献度；KMO 值和巴特利特球形度检验结果；碎石图；模型矩阵；结构矩阵；因子间相关矩阵；因子分系数矩阵。

11.1 因子分析的目的和类型

11.1.1 因子分析的目的

因子分析（factor analysis）最早是英国心理学家斯皮尔曼（C. E. Spearman）提出来的，他于 1904 年提出了智力结构的"二因素说"，即 G 因素（一般因素）和 S 因素（特殊因素）。这里的"因素"，就是因子[①]。

6.1 关于潜变量和因子分析等研究方法的概要介绍就已经提到，心理学研究中的很多变量是无法直接测量的，甚至是研究者通过理论分析构建出来的概念。例如，"智力"就是这样一个看不见摸不着的、不能直接测量的特质。在这种情况下，研究者就要问：智力会影响人在哪些具体任务上的成绩？想定了这些具体任务后，研究者就可以设计相应的测验，以被试的测验成绩为指标，判断智力的高低。换言之，我们可以通过能直接测量的变量来推知"潜

---

① 关于 factor analysis 中 factor 一词的翻译，有"因子"和"因素"两种译法。目前译为"因子"的较多，但是讨论智力理论时，又常常讲"因素"。本书将其译为"因子"，一方面是考虑到这已经是较通用的译法，另一方面也考虑到其含义略有别于方差分析等方法中的"因素"。在方差分析中，"因素"指的是自变量，它是可以观察甚至操纵的变量；而 factor analysis 中的 factor 虽然也可以指自变量，但它是有待揭示的潜变量。

伏"的、难以直接观测的特质。

这里,**能直接测量得到观察值的变量,即称为"显变量"或"测量变量""观察变量"**,在结构方程建模中还称为"标识";**需要通过测量变量体现出来的变量,就是"潜变量"或"因子"**。

以上说的还是研究者已经想到某个或某些因子的情形,更常见的情形是,研究者对众多纷乱的观察数据背后的因子知之甚少或众说纷纭。不过,无论何种情形,都需要一种能够**根据较多的测量变量找出其背后的少数几个因子的数学工具**,这种工具就是**因子分析**。

如果用数学模型体现测量变量与因子之间的关系,那就是:

$$\begin{cases} Z_1 = a_{11}F_1 + a_{12}F_2 + \cdots + a_{1m}F_m + d_1 u_1 \\ Z_2 = a_{21}F_1 + a_{22}F_2 + \cdots + a_{2m}F_m + d_2 u_2 \\ \quad\quad\cdots\cdots \\ Z_p = a_{p1}F_1 + a_{p2}F_2 + \cdots + a_{pm}F_m + d_p u_p \end{cases}$$

这里的 p 个 Z 分数,指的是个体的 p 个测验成绩 X 转换而成的标准分,属于测量变量,服从标准正态分布,其平均数和方差分别为 0 和 1;m 个 F 指的是个体在 m 个因子上的得分。这里需要注意的是,每个测验的 Z 分数与多个因子有关,而且每个因子也都或多或少地与各 Z 分数有关联,所以"因子"的全称是"公因子"[①]。**因子分析的目的,就是通过个体在 p 个测量变量上的表现(Z 分数),找出那些与测验得分有相关关系的 m 个因子,并确定各个因子与各个测验的相关程度**(即上面式子中的诸多 a,它们相当于回归方程中的回归系数,在因子分析中被称为因子负荷),必要的话还要报告每个个体在这些因子上的得分。

当然,m 个 F 未必能够解释所有 p 个 Z 分数的差异,因为每个测验都可能有其特殊性,存在某些仅与本测验有关而与其他测验无关的特殊因子 u,这些特殊因子与 Z 分数的相关程度用 d 表示,但是它们不是因子分析感兴趣的内容。

11.1.2 因子分析的类型

因子分析可以分为探索性因子分析(exploratory factor analysis,缩写为 EFA)和**验证性因子分析**(confirmatory factor analysis,缩写为 CFA)。

探索性因子分析属于数据驱动的研究方式,一般用于对因子所知甚少,又积累了不少测量变量(观测数据)的情形。运用因子分析可以简化数据,让我们从纷乱的测量变量中找出其背后的基本结构——少数几个有意义而相互独立的因子,每一个因子都有若干个与之有较强关联的测量变量。

验证性因子分析属于理论驱动的研究方式,是针对探索性因子分析得出的因子—测量变量模型,检验这种模型是否真正成立。不过,根据验证性因子分析的思想方法,可以将其归入结构方程建模,故本书将在第 12 章予以介绍。

[①] 本书提到公因子时,一般都称之为"因子"。但是如果容易引起误解,例如同时提到公因子和特殊因子时,则用其全称。

11.2 因子分析的原理

11.2.1 有关概念

1. 因子负荷

因子分析将测量变量"浓缩"为少数几个因子,是一种通过降维来简化数据的分析方式,所以因子的个数 m 最多不能超过测量变量的个数 p。这是因为在求因子解的时候,第一个因子要能最大程度地解释测量变量的差异,第二个因子次之,越后面的因子的解释能力越差。

如果不考虑测量变量和因子的实际意义,仅以纯数学的眼光将它们当成变量,那么因子分析无非就是要得出 m 个新变量 F,根据这些 F 的取值以及相应的因子负荷 a 可以用来预测那 p 个 Z 分数。

可见,因子分析的最重要诉求,就是求出因子分析的数学模型中各个因子与测量变量的相关程度,即因子负荷(factor loadings)。既然测量变量个数为 p,因子个数为 m,就应该有 $p \times m$ 个因子负荷,所以,因子分析的结果就是得到一个**因子负荷矩阵**:

$$A = \begin{bmatrix} a_{11} & a_{12} & \cdots & a_{1m} \\ a_{21} & a_{22} & \cdots & a_{2m} \\ \cdots & \cdots & \cdots & \cdots \\ a_{p1} & a_{p2} & \cdots & a_{pm} \end{bmatrix}$$

大多数情况下,我们**假定因子之间彼此是正交的**(orthogonal),即任意两个因子互不相关。**在这一假定下,因子负荷就是测量变量与因子之间的相关系数**;而且,任意两个测量变量(Z_i 和 Z_j)之间的相关系数 R_{ij} 等于对应的因子负荷乘积之和:

$$R_{ij} = a_{i1}a_{j1} + a_{i2}a_{j2} + \cdots + a_{im}a_{jm}$$

2. 公因子方差

公因子方差(community)**指单个测量变量方差中由公因子确定的比例**。在因素分析模型中,测量变量的方差由公因子和特殊因子共同确定。公因子确定的部分比例越大,特殊因子确定的部分比例就越小——这两种比例相当于回归分析中提到的确定系数 R^2 和非确定系数 $1-R^2$。公因子方差又称为共同度、公共方差。

当公因子之间为正交时,对于任一测量变量 Z_i,其公因子方差记作 $h_i^2 (i=1, 2, \cdots, p)$:

$$h_i^2 = a_{i1}^2 + a_{i2}^2 + \cdots + a_{im}^2 = \sum_{k=1}^{m} a_{ik}^2$$

换言之,每一个测量变量的公因子方差等于全部 m 个因子负荷的平方和。一个变量的公因子方差越大,该变量能被因子解释的程度越高,这与回归分析中确定系数越大,自变量对因变量的解释程度越高,道理是一样的。所以,我们当然希望公因子方差越高越好。

3. 因子贡献度

因子贡献度（factor contributions）指的是**单个因子对全部测量变量的解释程度**。对于任一因子 F_j，其贡献度计算公式是：

$$V_j = a_{1j}^2 + a_{2j}^2 + \cdots + a_{pj}^2 = \sum_{k=1}^{p} a_{kj}^2$$

从上式可知，因子贡献度和公因子方差一样，都是因子负荷的平方和，只不过公因子方差是对因子负荷矩阵按行计算 m 个因子负荷的平方和，而因子贡献度是按列计算 p 个因子负荷的平方和（如图 11.1 所示）。

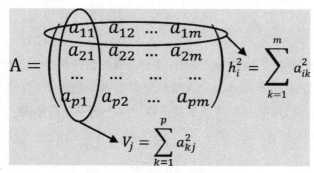

图 11.1 公因子方差与贡献度

将全部因子的贡献度相加，就得到**因子的总贡献度 V**：

$$V = \sum_{k=1}^{m} V_m$$

前面假定 p 个测量变量都服从标准正态分布，其方差为 1，故所有变量的总方差就是 p，这样一来，我们就可以用 V_j/p 表示第 j 个因子能解释的方差之比例，用 V/p 表示所有因子累积解释的方差之比例。

前文提到，在求因子解的时候，越靠后的因子的解释能力越差（即 V_j/p 越小）。**因子分析时，当前面的因子总贡献度超过一定比例**（例如 85%）时，就可以不再引入新的因子。

11.2.2　求解初始因子

因子分析要在 p 个测量变量的基础上找出 m 个因子，就要有一套因子求解的方法。目前主要有两类方法——主成分分析法和公因子分析法。其中，公因子分析法还包括主轴因子法、最小二乘法、最大似然法、α 因子提取法、映象分析法等。因子求解得到的是若干个初始因子（为表述简洁起见，下文仍称其为"因子"或"公因子"），要明确其含义往往还需要进行下一节介绍的因子旋转。

1. 主成分分析法

主成分（**principal components**）**分析法**的特点是**解释测量变量的方差**——通过线性转换，

将给定的一组(p个)相关变量转换为另一组(m个)不相关的变量;这些新变量按方差由大到小排列,但变量的总方差不变(仍为p)。第一个新变量的方差最大,称为第一主成分;第二个新变量与第一个新变量不相关,而且方差为次大,称为第二主成分;后面的新变量依此类推,直至第m个主成分,其与前面的主成分都不相关而且方差最小。每一个主成分就是一个因子。

求解观察变量相关系数矩阵的特征方程,可以得出各个主成分。理解特征方程的求解过程需要一定的数学基础,仅为学习应用统计方法的读者无须掌握,不影响后面的使用。

因子分析的目的在于简化数据,所以在前几个主成分的方差之和达到一定要求后,就可以舍弃后面的主成分,从而达到将多个测量变量浓缩为少数因子的效果。以下是三个常用的确定因子数的标准:

(1) **特征值标准**($\lambda > 1$)。求解特征方程可以得到各个主成分的特征值λ,而这个λ就是主成分的方差,也就是因子可以解释的方差。前面讲过,每一个测量变量的方差都是1,如果一个因子能解释的方差连1都不到,留着它就达不到简化数据的目的。所以,特征值准则规定,每个因子都要求$\lambda > 1$。

(2) **碎石检验标准**。碎石检验采用碎石图来确定因子数。碎石图以因子的特征值为纵轴,以因子编号为横轴。作图时,先将因子按照特征值由大到小编号,然后依序标出各个因子对应的特征值(画点),最后连点成线。如果这条线先是迅速下降,而后变得平缓,最后变成一条缓慢下降的直线(形如山脚下的碎石,故得名),就可以将该线变平缓前的一个点对应的因子作为最后一个因子。

(3) **因子累积解释方差标准**。因子累积解释的方差,指的就是排序在前的因子(主成分)的方差之总和。一般来说,选取的因子数应该使这些因子累积解释的方差占总方差的比例达到70%以上,最好达到80%以上。

最后,能不能解释因子的意义,也是选择因子时需要考虑的一个方面。这就涉及关于实际问题的相关理论,已经不是一个单纯的统计学问题了。

2. 公因子分析法

公因子分析法的特点是**解释变量间的相关关系**。前面介绍因子负荷时曾经提到,任意两个测量变量(Z_i和Z_j)之间的相关系数R_{ij}等于对应的因子负荷乘积之和。如果用实际数据算出的相关系数与从模型得出的相关系数很接近,就说明因子解很好地解释了观测变量间的相关关系。

公因子分析法先要估计各个测量变量的公因子方差。常用的估计方法有以下几种:

(1) 以主成分分析的结果为公因子方差的初始估计值。对于每一个测量变量,取$\lambda > 1$的主成分,就可以计算出该变量的公因子方差。

(2) 以相关系数为公因子方差的初始估计值。对于每一个测量变量,以其与其他测量变量的相关系数中的最大绝对值为该变量公因子方差的初始估计值。

(3) 以复确定系数为公因子方差的初始估计值。对于每一个测量变量,以其与其他测量变量的复相关系数的平方（即复确定系数 R^2）为该变量公因子方差的初始估计值。

不同的估计方法得到的因子分析结果会有一定的差异，而且测量变量个数越少，差异越明显。

得到了公因子方差后，就可以求因子解了。求解的方法更是五花八门，有主轴因子法、最小二乘法、最大似然法、α 因子提取法、映象分析法等。一般情况下，这些方法得到的结果差异不大。

表 11.1 列出了包括主成分分析法在内的各种因子求解方法的基本思路，但是不涉及其求解过程。

表 11.1　各种因子求解方法的基本思路

大类	求解方法	基本思路
主成分分析	主成分分析	将测量变量的总方差 p 分解为各因子解释的方差；解测量变量相关矩阵（主对角线上的元素为 1）的特征方程
公因子分析	主轴因子法	将测量变量的公因子方差 h^2 分解为各因子解释的方差；解测量变量调整相关矩阵（以 h^2 代替主对角线上的元素 1）的特征方程
	最小二乘法	求解原则是：因子模型计算出的相关系数与测量变量的实际相关系数之间的离差平方和为最小，又分为普通最小二乘法和广义最小二乘法
	最大似然法	假设样本来自多元正态分布总体，以因子负荷为未知参数，通过构建样本的似然函数，使似然函数达到极大而求得因子解
	α 因子提取法	认为测量变量是来自潜变量空间的一个样本，通过观察给定的总体而得，因子解应该保证提取的公因子与假设存在的公因子有最大的相关
	映象分析法	将每一变量分解为映象和反映像两部分：前者能被其他测量变量的线性组合所预测，为该变量的公共部分；后者不能，为该变量的特有部分。映像的平方相当于公因子方差；反映像的平方相当于特殊因子的方差。求解过程类似于主成分分析

11.2.3　因子旋转

因子求解得到了初始因子，就数据简化而言，目的已经达到。但是，要解释这些初始因子的含义，往往会遇到困难。这是因为在因子求解过程中，我们是依照因子能解释测量变量的方差的比例来取舍因子的，第一个因子能解释最多的方差，这就造成第一个因子在所有测量变量上都有很高的负荷。后面的因子只能解释前面因子剩下的方差，从而只能获得较低的负荷，而且一个不如一个，这样就难以解释各个因子的含义。这就好像一家主人举行家宴，请了一位厨师和一位洗碗工。厨师先到，煎炒烹炸做完菜后，顺便还把锅碗瓢盆也洗了一大半，等洗碗工到时，已经只有一小半的活可以干。在旁观者看来，这个厨师不完全是厨师，而那个洗碗工是不是称职也难以判断，毕竟有好多锅碗瓢盆不是他洗的。

因子旋转的任务就是**重新分配各个因子所解释的方差的比例**，让各个因子与其相关的测量变量之间的对应关系更明了，从而凸显各个因子的含义。这就好像前面说的这个家宴，主人对请来的厨师和洗碗工强调说，各人只负责自己那一堆活，结果就可以看到，厨师更像厨师，洗碗工也更能证明自己是洗碗工。至于为什么叫做"旋转"，本章11.3将结合因子负荷图再做解释。

1. 正交旋转

因子旋转分为正交旋转和斜交旋转。"正交"表示因子之间不相关，因子轴之间保持90°角；"斜交"表示因子之间有相关，因子轴之间的夹角可以是任意角度。

正交旋转有三种主要方式：方差最大法、四次方最大法和等量最大法。

（1）方差最大法（Varimax）。这一方法要求旋转后每个因子的负荷尽可能拉开距离。从因子负荷矩阵看，方差最大法让各列负荷平方的方差达到最大，以求尽可能少的测量变量在单一因子上有较高负荷，这样就便于解释因子的含义。

（2）四次方最大法（Quartimax）。这一方法要求旋转后每个测量变量对应的因子负荷尽可能拉开距离。从因子负荷矩阵看，四次方最大法让各行负荷平方的方差达到最大，以求每个测量变量仅在尽可能少的因子上有较高负荷，在其他因子上的负荷尽可能低，这样也便于解释因子的含义，同时也便于解释测量变量本身。

（3）等量最大法（Equamax）。等量最大法结合了方差最大法和四次方最大法。它可以使尽可能少的测量变量对应于尽可能少的因子。当只有2个因子时，等量最大法的结果与方差最大法完全一致。

2. 斜交旋转

正交旋转有一个关键的前提，那就是因子之间无相关。但是在实际应用中，这个前提未必成立。而**斜交旋转允许因子之间有相关，所以比正交旋转更具一般性**，也使得因子结构更简洁。

斜交旋转时，先求出正交模型下的因子负荷矩阵，再对其进行斜交转换，得到斜交因子负荷矩阵。最常见的求斜交因子解的方法称为 Oblimin 法和 Proxmax 法。两种方法的目的都是让因子负荷图上各个测量变量尽可能靠近因子轴。

无论是正交旋转还是斜交旋转，它们都不会改变每个测量变量的公因子方差，不会改变因子模型对数据的拟合程度。

11.3 因子分析应用举例

因子分析的前提是测量变量之间有关联，否则就不存在公因子，所以在开展因子分析时，首先要考察该前提是否满足；接下去才是选择测量变量进行降维处理，确定因子个数、导出因子负荷矩阵，必要时还要进行因子旋转，使因子的含义更加明显；如果需要，还可以计算因子得分。

为了更方便地说明上述过程，同时帮助读者更具体地了解前面讲过的原理，本节采用一套模拟的数据,用例题的方式介绍因子分析的步骤。

【例题 11.1】

假定某研究者搜集了 60 名参试者 5 个方面的数据:操作智力得分(IQp)、言语智力得分(IQv)、大脑皮质总面积的估计量(ZCortex)、情绪调节能力得分(EmoReg)和沟通能力得分(Comm),数据存入文件"例题 1101-智力情社-EFA.sav"中。他认为,这 5 个变量可以简化为 2—3 个因子,但是,具体是 2 个因子还是 3 个因子更合适,需要因子分析才能做出判断。此时,研究者应该如何进行分析?

【解答】

以下各个步骤都是用 SPSS 上的因子分析功能完成的。

11.3.1 准备工作:检验是否满足因子分析的前提

首先,打开数据文件,依次点击菜单项

Analyze → Dimension Reduction → Factor…

可以看到因子分析的主界面,将变量操作智力得分(IQp)、言语智力得分(IQv)、大脑皮质总面积的估计量(ZCortex)、情绪调节能力得分(EmoReg)和沟通能力得分(Comm)选为参与因子分析的变量(如图 11.2 所示)。后面 5 个 Zscore 变量分别是这 5 个变量的标准分,不过 SPSS 其实不需要将原始数据转换成标准分。

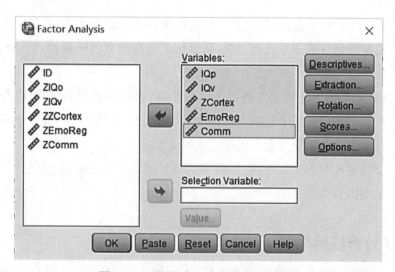

图 11.2 因子分析主界面操作结果

如果这时点击 OK 按钮,就可以进行因子分析了,但这只是用主成分分析得到初始因子、提取因子的标准是 λ>1,且不做因子旋转的结果。一般情况下,我们还需要加入一些选项。

点击 Descriptives… 按钮,可以看到描述统计界面。软件已经勾选了"Initial solution"

（初始解）选项，我们还可以勾选其他选项，这里仅勾选"Correlation Matrix"（相关矩阵）下面的"Coefficients"（相关系数矩阵）、"KMO and Bartlett's test of sphericity"（KMO 值和巴特利特球形度检验）、"Anti-image"（反映像矩阵）。如图 11.3 所示。

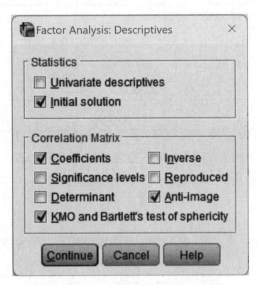

图 11.3　因子分析描述统计界面操作结果

回到主界面，点击 OK 按钮，就可以看到分析结果。SPSS 输出的主要内容是相关系数矩阵（如表 11.2 所示）、KMO 值和巴特利特球形度检验表（如表 11.3 所示）和反映像矩阵（如表 11.4 所示）。

从表 11.2 可以看到，前三个变量相互关联程度较高，相关系数均高于 0.75，后两个变量也有中等偏高的相关（0.613），但是前 3 个和后 2 个之间的相关都很低。测量变量之间有较高相关，故可以进行因子分析。

表 11.2　相关系数矩阵
Correlation Matrix

		IQp	IQv	ZCortex	EmoReg	Comm
Correlation	IQp	1.000	.784	.907	−.049	−.073
	IQv	.784	1.000	.807	−.143	−.233
	ZCortex	.907	.807	1.000	−.073	−.100
	EmoReg	−.049	−.143	−.073	1.000	.613
	Comm	−.073	−.233	−.100	.613	1.000

表 11.3 也提示可以进行因子分析。KMO 值越接近 1，越适合进行因子分析；如果 KMO 小于 0.5，这时变量间相关较低，不宜进行因子分析。巴特利特球形度检验结果显著，适合进

行因子分析。

表 11.3 KMO 值和巴特利特球形度检验表
KMO and Bartlett's Test

Kaiser-Meyer-Olkin Measure of Sampling Adequacy.		.690
Bartlett's Test of Sphericity	Approx. Chi-Square	191.327
	df	10
	Sig.	.000

反映像矩阵的上半部分是协方差矩阵,下半部分是相关矩阵。反映像矩阵的元素是负的偏相关系数,如果有很多较大的系数,则不适合做因子分析。这个表中的元素只有少数几个偏大,另外还可以主要看相关矩阵的对角线上的框起来的值,它们都大于 0.5。这都说明因子分析的前提是满足的。

表 11.4 反映像矩阵
Anti-image Matrices

		IQp	IQv	ZCortex	EmoReg	Comm
Anti-image Covariance	IQp	.168	−.052	−.119	−.004	−.024
	IQv	−.052	.308	−.078	−.007	.098
	ZCortex	−.119	−.078	.154	.008	−.011
	EmoReg	−.004	−.007	.008	.624	−.362
	Comm	−.024	.098	−.011	−.362	.588
Anti-image Correlation	IQp	.704[a]	−.230	−.740	−.012	−.075
	IQv	−.230	.851[a]	−.359	−.017	.230
	ZCortex	−.740	−.359	.687[a]	.026	−.037
	EmoReg	−.012	−.017	.026	.530[a]	−.597
	Comm	−.075	.230	−.037	−.597	.517[a]

a. Measures of Sampling Adequacy(MSA).

总之,上面三张表的结果都建议我们进一步开展因子分析。其实,无论前提是否满足,SPSS 都会直接呈现因子分析的结果。不过我们还是回到主界面,添加一些别的选项。

11.3.2 确定因子数

点击 Extraction 按钮,可以看到因子提取方法界面。最上面的"Method"(方法)已经默认选择了"Principal components"(主成分分析法),如果想换用其他方法,可以下拉菜单选择。在"Display"(呈现)下,除了原来已经勾选的"Unrotated factor solution"(未旋转因子解)外,再勾选"Scree plot"(碎石图)选项。在下半部分的"Extract"(因子提取方式)栏,选择确定因子数的准则,可以采用默认的"Based on Eigenvalue"(特征值标准),还可以设定特征值的具体标准,默认情况下是1,即$\lambda>1$。也可以点选"Fixed number of factors"(指定因子个数),并在后面的小方框中填入指定的数字。本题仍采用默认选项($\lambda>1$)。最终界面如图11.4所示。

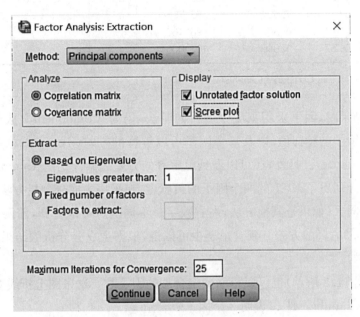

图 11.4　因子分析因子提取界面操作结果

回到主界面,点击OK按钮,除了本节前述的"准备工作:检验是否满足因子分析的前提"中可以看到的内容外,SPSS报告了以下结果(如表11.5和表11.6所示)。表11.5中的公因子方差指的是各个测量变量方差中可以由因子解释的比例。测量变量都是标准化的,故5个初始方差(Intial)都是1,其中能够被所有因子解释的比例列在"Extraction"之下。可以看到每个测量变量能被因子解释的比例都超过了80%。

表 11.5　公因子方差

Communalities

	Initial	Extraction
IQp	1.000	.913
IQv	1.000	.845
ZCortex	1.000	.925
EmoReg	1.000	.803
Comm	1.000	.809

Extraction Method: Principal Component Analysis.

表 11.6 因子可以解释的方差表
Total Variance Explained

Component	Initial Eigenvalues			Extraction Sums of Squared Loadings		
	Total	% of Variance	Cumulative %	Total	% of Variance	Cumulative %
1	2.733	54.666	54.666	2.733	54.666	54.666
2	1.562	31.235	85.901	1.562	31.235	85.901
3	.395	7.894	93.795			
4	.218	4.365	98.160			
5	.092	1.840	100.000			

Extraction Method: Principal Component Analysis.

SPSS 输出结果时，因子采用主成分分析的叫法，仍为"Component"（成分）。从表 11.6 中可以看到各个因子的特征值，以及每个因子可以解释的方差（Total）占总方差（本题为 5）的比例（% of Variance）。另外，还可以看到可解释的方差之累计比例（Cumulative %）。

表格右半部分列出了 λ＞1 的两个因子的贡献度，在采用主成分分析方法时，右半部分数字与左半部分相同。（如果是其他方法，左右数字是不同的。）可以看到，前两个 λ＞1 的因子累计可以解释 85.901% 的方差。到这里至少可以说，根据主成分分析的结果，最终提取两个因子是比较合适的。

碎石图（如图 11.5 所示）也可以帮助确定合理的因子数。这张图上折线变平坦前的因子编号（Component number）是 2，说明 2 个因子较合适。

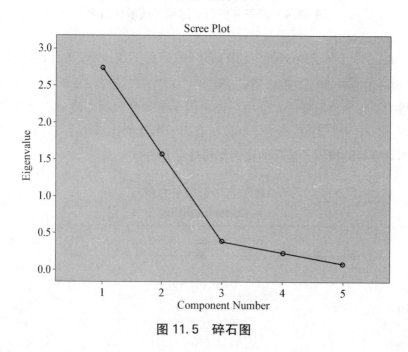

图 11.5 碎石图

如果还想试试其他求解因子的方法，可以在因子提取方法界面最上面的"Method"（方法)那里下拉菜单选择。表 11.7 列出了 11.2.2 中提到的所有方法的结果。可以看到,主成分分析法解释方差的累积百分比略高于其他方法,这种差距在测量变量比较少的情况下更明显。

表 11.7　各种因子求解法的公因子方差和前 2 个因子解释方差的累积百分比(贡献度)

测量变量	主成分法	主轴因子法	普通最小二乘法	广义最小二乘法	最大似然法	α 因子提取法	映象分析法
IQp	.913	.887	.887	.886	.886	.886	.806
IQv	.845	.724	.722	.723	.723	.723	.677
ZCortex	.925	.927	.928	.929	.929	.927	.819
EmoReg	.803	.510	.377	.378	.377	.515	.309
Comm	.809	.735	.999	.999	.999	.731	.337
前 2 个因子累积百分比	85.901	75.657	78.232	78.248	78.247	75.636	58.977

11.3.3　导出因子负荷矩阵

确定要提取的因子数后,就可以看到相应的因子负荷矩阵(如表 11.8 所示)。

表 11.8　因子负荷矩阵

Component Matrix

	Component	
	1	2
IQp	.926	.237
IQv	.917	.061
ZCortex	.939	.209
EmoReg	−.249	.861
Comm	−.304	.847

Extraction Method: Principal Component Analysis.

表 11.8 告诉我们,用主成分分析法提取两个因子,各个测量变量在两个因子上的负荷分别有多大。在两个因子不相关的情况下,这些因子负荷就是因子与测量变量之间的相关系数。可以看到,因子 1 与操作智力、言语智力和大脑皮质总面积的估计量有密切关联,而因子 2 与情绪调节能力和沟通能力有密切联系。故可以将因子 1 看成智力因素,将因子 2 看成社交与情绪因素。

11.3.4　因子旋转

不过,从初始的因子负荷矩阵来看,因子 1 也在一定程度上解释了情绪调节能力和沟通能力,如果希望因子与测量变量间的对应关系更鲜明,可以进行因子旋转。

在因子分析主界面上点击 Rotation 按钮,打开因子旋转界面,就可以设定因子旋转方式和输出结果。我们在"Method"(旋转方法)部分点选"Varimax"(方差最大法),在"Display"(呈现)部分勾选"Rotated solution"(旋转解)和"Loading plot(s)"(因子负荷图),如图11.6所示。

图11.6　因子分析因子旋转界面操作结果

点击 Continue 回到主界面,再让 SPSS 运行一遍因子分析,就可以看到,公因子方差没有变化,仍为0.913、0.845、0.925、0.803和0.809。因子可以解释的方差表、因子负荷矩阵也和不做因子旋转时相同。但是接下来出现了旋转后的因子负荷矩阵(如表11.9所示)。表中的因子负荷与初始的未做旋转的因子负荷略有差别。可以看到,表11.8中负荷较高的部分,在表11.9中大多变得更高;反之亦然。这样就使两个因子对应的测量变量更明确,因子的含义也更好解释。

表11.9　旋转后的因子负荷矩阵
Rotated Component Matrix

	Component	
	1	2
IQp	.956	.003
IQv	.904	−.166
ZCortex	.961	−.028
EmoReg	−.030	.896
Comm	−.087	.895

Extraction Method: Principal Component Analysis.
Rotation Method: Varimax with Kaiser Normalization.

如果以两个因子为轴,以各个测量变量对应的因子负荷为坐标,可以画出因子负荷图

（如图 11.7 所示）。

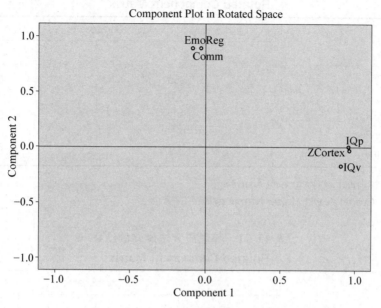

图 11.7　旋转后的因子负荷图

不做因子旋转时，也可以进入因子旋转界面勾选"Loading plot(s)"，从而得到未旋转的因子负荷图（如图 11.8 所示）。可以看到，如果不做因子旋转，5 个测量变量的点离因子轴都比较远。

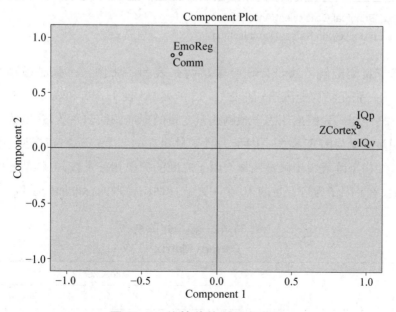

图 11.8　旋转前的因子负荷图

其他两种正交旋转方式的结果与方差最大法很接近，如表 11.10 和表 11.11 所示。本题因子数＝2，等量最大法的结果与方差最大法完全一致。

表 11.10 四次方最大法旋转的结果
Rotated Component Matrix

	Component	
	1	2
IQp	.955	.016
IQv	.906	-.153
ZCortex	.962	-.015
EmoReg	-.042	.895
Comm	-.099	.894

Extraction Method: Principal Component Analysis.
Rotation Method: Quartimax with Kaiser Normalization.

表 11.11 等量最大法旋转的结果
Rotated Component Matrix

	Component	
	1	2
IQp	.956	.003
IQv	.904	-.166
ZCortex	.961	-.028
EmoReg	-.030	.896
Comm	-.087	.895

Extraction Method: Principal Component Analysis.
Rotation Method: Equamax with Kaiser Normalization.

  如果选择了斜交旋转方法，SPSS 会输出两张表和一张图。一张是模型矩阵表（如表 11.12 所示），另一张是结构矩阵表（如表 11.13 所示）。表 11.12 和表 11.13 是 Oblimin 旋转法的结果。模型矩阵表给出用因子预测测量变量的标准偏回归系数，这里的 5 组系数就是分别以 5 个测量变量为因变量、2 个因子为自变量建立的 5 个二元回归模型中的 10 个标准偏回归系数。结构矩阵表给出测量变量与因子之间的简单相关系数，也就是分别以 5 个测量变量为因变量、单个因子为自变量的 10 个一元线性回归模型的标准回归系数。

表 11.12 模型矩阵表
Pattern Matrix

	Component	
	1	2
IQp	.962	.066
IQv	.899	-.107
ZCortex	.966	.035

续表

	Component	
	1	2
EmoReg	.028	.899
Comm	−.030	.895

Extraction Method: Principal Component Analysis.
Rotation Method: Oblimin with Kaiser Normalization.

表 11.13　结构矩阵表
Structure Matrix

	Component	
	1	2
IQp	.953	−.058
IQv	.913	−.223
ZCortex	.961	−.089
EmoReg	−.088	.896
Comm	−.145	.899

Extraction Method: Principal Component Analysis.
Rotation Method: Oblimin with Kaiser Normalization.

图 11.9 是 SPSS 给出的斜交旋转后的因子负荷图，从中可以看到，5 个测量变量的点离因子轴的距离比正交旋转的结果更近些。

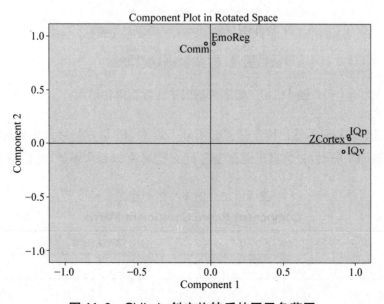

图 11.9　Oblimin 斜交旋转后的因子负荷图

在斜交旋转的情况下,SPSS 还给出了因子之间的相关系数矩阵(如表 11.14 所示)。两个因子之间相关系数仅为 -0.129,两者间相关不强。

表 11.14　因子间相关矩阵
Component Correlation Matrix

Component	1	2
1	1.000	-.129
2	-.129	1.000

Extraction Method: Principal Component Analysis.
Rotation Method: Oblimin with Kaiser Normalization.

11.3.5　因子计分

如果需要了解每个个体的因子分(Factor scores),可以在主界面上点击 Score 按钮,并在弹出的界面中勾选因子分的计算方法等选项,如图 11.10 所示。

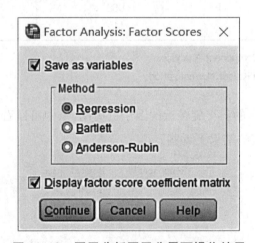

图 11.10　因子分析因子分界面操作结果

SPSS 运行因子分析后,输出因子分系数矩阵。表 11.15 是方差最大化旋转得出的因子分系数矩阵。计算因子分时,先将各个测量变量的 Z 分数乘以相应系数,然后累加起来即可。

表 11.15　因子分系数矩阵
Component Score Coefficient Matrix

	Component	
	1	2
IQp	.366	.064
IQv	.335	-.044

续 表

	Component	
	1	2
ZCortex	.366	.045
EmoReg	.047	.557
Comm	.025	.553

Extraction Method: Principal Component Analysis.
Rotation Method: Varimax with Kaiser Normalization.
Component Scores.

SPSS 计算的各个因子分以"REGR factor score 1 for analysis 1"和"REGR factor score 2 for analysis 1"为变量名存入数据表中。变量名中的"REGR"表示采用回归方法求得因子分,"factor score 1"表示因子 1 得分,"factor score 2"表示因子 2 得分,"for analysis X"用于区分多次因子分析的因子分结果。

得到因子分后,我们就可以将因子看作新的变量,一视同仁地让它们与已有的变量一起加入以后的分析。例如,表 11.16 是本题 2 个因子和 5 个测量变量之间的相关系数矩阵。可以看到,表中框起来的相关系数就是表 11.9 中旋转后的因子负荷。这就验证了 11.2.1 关于因子负荷的性质——两个因子互不相关时,因子负荷就是测量变量与因子之间的相关系数。

表 11.16 因子和测量变量之间的相关系数矩阵
Correlations

		REGR factor score 1 for analysis 1	REGR factor score 2 for analysis 1	IQp	IQv	ZCortex	EmoReg	Comm
REGR factor score 1 for analysis 1	Pearson Correlation	1	.000	.956**	.904**	.961**	−.030	−.087
	Sig. (2-tailed)		1.000	.000	.000	.000	.820	.508
	N	60	60	60	60	60	60	60
REGR factor score 2 for analysis 1	Pearson Correlation	.000	1	.003	−.166	−.028	.896**	.895**
	Sig. (2-tailed)	1.000		.982	.206	.833	.000	.000
	N	60	60	60	60	60	60	60

续 表

		REGR factor score 1 for analysis 1	REGR factor score 2 for analysis 1	IQp	IQv	ZCortex	EmoReg	Comm
IQp	Pearson Correlation	.956**	.003	1	.784**	.907**	−.049	−.073
	Sig. (2-tailed)	.000	.982		.000	.000	.708	.582
	N	60	60	60	60	60	60	60
IQv	Pearson Correlation	.904**	−.166	.784**	1	.807**	−.143	−.233
	Sig. (2-tailed)	.000	.206	.000		.000	.277	.073
	N	60	60	60	60	60	60	60
ZCortex	Pearson Correlation	.961**	−.028	.907**	.807**	1	−.073	−.100
	Sig. (2-tailed)	.000	.833	.000	.000		.581	.449
	N	60	60	60	60	60	60	60
EmoReg	Pearson Correlation	−.030	.896**	−.049	−.143	−.073	1	.613**
	Sig. (2-tailed)	.820	.000	.708	.277	.581		.000
	N	60	60	60	60	60	60	60
Comm	Pearson Correlation	−.087	.895**	−.073	−.233	−.100	.613**	1
	Sig. (2-tailed)	.508	.000	.582	.073	.449	.000	
	N	60	60	60	60	60	60	60

**. Correlation is significant at the 0.01 level (2-tailed).

11.3.6 使用因子分析时要注意的问题

1. 因子分析与其他多元分析方法的结合使用

在第7章我们曾经提到,聚类分析可以将较高相关的变量归为同类,而相关较高的变量背后很可能存在某种共同的因子,所以,变量聚类已经有点像因子分析了。如果对例题

11.1 的 5 个测量变量做聚类分析，可以看到，当类别数为 2 时，第一类也是与因子 1 对应的 3 个变量（操作智力、言语智力、大脑皮质总面积），第二类正是与因子 2 对应的 2 个变量（情绪调节能力、沟通能力）。但是，聚类分析的根本目的仅限于归类，而不是找出相似变量背后的因子。在实际应用中，可以将变量聚类分析作为一种探索方式，为因子分析做准备。

因子分析的数学模型非常类似于多元线性回归模型。从某种意义上讲，因子负荷就相当于回归系数。但是我们要明白，多元线性回归模型中的变量都是显变量，研究者可以通过测量得到变量值，甚至可以操纵自变量的值。而因子分析模型往往以多个测量变量为因变量（或显变量），以不能直接测量的因子为自变量、潜变量。

本章讲的因子分析，完整名称是探索性因子分析。探索性的研究往往是"数据先行"，数据已经收集妥当，但是研究者对因子还不甚明了。不过，纯粹的、绝对的探索性研究也是不存在的。天下有那么多变量，为什么独独收集了这一堆"繁杂"的变量？很多情况下，我们总是先想到某种因子，然后收集可能与之相关的测量变量。例如，我们先假定人格有五个维度，然后根据各个维度的意义来设计测验项目。因子分析的目的很大程度上不是寻找因子，而是验证这些因子是否存在、是否相关，以及各个题项能不能很好地反映原本想定的因子。从这个意义上讲，探索性因子分析也是对理论的一种验证。

验证性因子分析与探索性因子分析的重要区别之一在于"验证"和"探索"的程度。验证性因子分析之所以能冠以"验证"之名，主要是因为它可以不断修正并检验理论，其理论的"自由度"更高。验证性因子分析可以假定因子之间有相关（斜交）或无相关（正交），可以假定某测验只受某个或少数几个因子制约，而与其他因子的关联被指定为零等。所以，很多情况下是先用探索性因子分析确定若干因子，然后改进测量方式（增删题项或测量变量），并进行验证性因素分析，以求得一个尽可能简洁但拟合程度又足够满意的理论模型。本书将在第 12 章"结构方程建模"介绍完整意义上的验证性因子分析。

2. 关于因子分析的样本容量等问题

与多元线性回归分析一样，因子分析因涉及较多变量，往往需要较大的样本容量。样本容量小于 50 时，往往得不到理想的效果。一种说法是，样本容量应为测量变量数的 5 倍至 10 倍。因此，对一个由 30 个题项（每个题项即为 1 个变量）组成的测验进行因子分析，样本容量至少为 150，甚至为 300 乃至更多。不过，抽样的目的之一就是尽量降低研究成本，提高工作效率，从这个意义上讲，样本容量绝非越大越好。

虽然因子分析有一些关于如何确定因子数的规定，但是也要结合实际情况。既然因子分析的主要目的是"降维"，那么就要尽可能地减少因子；但是，因子少了，能解释方差的比例自然也就低了，这就需要把握好两者之间的平衡。

有人认为，负荷低于 0.3 的因子实在解释不了多少方差，不宜将其勉强看作一个因子。为了简洁地呈现结果，可以设定 SPSS 输出结果时不要列出低于 0.3 的因子负荷，在 SPSS 的因子分析界面上点击 Options... 按钮进入选项界面可设定最低因子负荷。

有一种特殊情况需要注意:在完成因子旋转后,如果发现某因子只与一个测量变量有关联,与其他变量对应的负荷接近0。这样的因子就不宜看作公因子,它更像特殊因子。而因子分析是不关心特殊因子的。但此时还要考虑到,这个因子还会不会与其他未进入研究者视野的测量变量有关,加入新测验后,这个因子会不会就成为公因子?要回答这样的问题,除了要了解统计学,还要具备相关学科的理论素养。

因子分析允许因子间存在相关,而且实际生活中的因子间往往确实相关。所以,在实际进行因子旋转时,斜交旋转更具一般性,用了似乎不会犯错误。这确实是斜交旋转的优势。但是需要指出的是,因子之间本不应该有高度的相关,因为我们可以将两个高度相关的因子看作同一个潜变量。从这个意义上讲,斜交旋转更具一般性的优势几乎被消解殆尽。而且到目前为止,也没有足够的理由说哪一种旋转方法一定优于其他方法。如果研究者面对诸多选项无所适从,不如先采用软件指定的默认方法或同行常用的方法,例如方差最大法。

11.4 综合应用举例——人格测验 3 个分量表的因子分析

【例题 11.2】

某研究机构在编制一个人格量表时,想定了 A、B、C 三种人格特质,并针对每一种特质编制了一组(8 个)题项(ItemA1—8、ItemB1—8、ItemC1—8)。假定研究者收集了 170 名被试这 3 种特质的测量结果(数据文件名:例题 1102 - TestABC. sav)。现在要考察这些题项能否很好地反映其背后的特质,请问可以怎么做?

【解答】

本例题仅根据教学需要介绍较简单的分析过程,不排除有更全面、更合理的分析。

要判断题项能否反映想要测验的特质,可以对上述 24 个测量变量进行因子分析。

首先看一下因子分析的前提是否满足。让 SPSS 输出 KMO 值和巴特利特球形度检验表(如表 11.17 所示)。KMO 值几近于 1,球形度检验亦显示极其显著意义,可以进行因子分析。

表 11.17 KMO 值和巴特利特球形度检验表
KMO and Bartlett's Test

Kaiser-Meyer-Olkin Measure of Sampling Adequacy.		.879
Bartlett's Test of Sphericity	Approx. Chi-Square	1724.368
	df	276
	Sig.	.000

接下来看公因子方差表(如表 11.18 所示)。可以看到,部分测量变量的公因子方差较低

(低于0.5),其中ItemA3和ItemB4更是低于0.3。这说明部分题项与因子间关系不够密切。

表11.18 公因子方差表
Communalities

	Initial	Extraction
ItemA1	1.000	.553
ItemA2	1.000	.450
ItemA3	1.000	.295
ItemA4	1.000	.680
ItemA5	1.000	.669
ItemA6	1.000	.551
ItemA7	1.000	.666
ItemA8	1.000	.566
ItemB1	1.000	.533
ItemB2	1.000	.489
ItemB3	1.000	.478
ItemB4	1.000	.296
ItemB5	1.000	.431
ItemB6	1.000	.558
ItemB7	1.000	.463
ItemB8	1.000	.483
ItemC1	1.000	.609
ItemC2	1.000	.594
ItemC3	1.000	.461
ItemC4	1.000	.466
ItemC5	1.000	.569
ItemC6	1.000	.426
ItemC7	1.000	.461
ItemC8	1.000	.584

Extraction Method: Principal Component Analysis.

表11.19给出因子能够解释方差的百分比和累积百分比。可以看到前3个因子能解释的方差都超过1,合计解释了51.371%的方差。

看到这样的结果,我们会觉得不甚满意。前文提到,选取的因子数应该使这些因子累积解释的方差占总方差的比例达到70%以上。而现在前3个解释力最强的因子解释的方差没有超过60%,加上部分题项的公因子方差较低,我们可以认为,并非每个题项都能很好地反映其背后的因子。

表 11.19 因子可以解释的方差表

Total Variance Explained

Component	Initial Eigenvalues			Extraction Sums of Squared Loadings			Rotation Sums of Squared Loadings[a]
	Total	% of Variance	Cumulative %	Total	% of Variance	Cumulative %	Total
1	7.217	30.071	30.071	7.217	30.071	30.071	5.505
2	2.986	12.444	42.514	2.986	12.444	42.514	4.938
3	2.126	8.857	51.371	2.126	8.857	51.371	5.222
4	1.116	4.649	56.020				
5	1.039	4.328	60.348				
6	.915	3.812	64.161				
7	.848	3.531	67.692				
8	.823	3.427	71.119				
9	.727	3.029	74.149				
10	.617	2.570	76.719				
11	.612	2.548	79.267				
12	.556	2.315	81.582				
13	.521	2.170	83.752				
14	.508	2.117	85.869				
15	.461	1.922	87.791				
16	.436	1.815	89.606				
17	.422	1.760	91.366				
18	.365	1.519	92.885				
19	.342	1.427	94.312				
20	.327	1.361	95.673				
21	.288	1.198	96.871				
22	.279	1.160	98.032				
23	.243	1.014	99.045				
24	.229	.955	100.000				

Extraction Method: Principal Component Analysis.

a. When components are correlated, sums of squared loadings cannot be added to obtain a total variance.

表 11.20 为初始因子负荷矩阵。为简洁起见，表中低于 0.3 的因子负荷未列出。观察这个矩阵，可以发现因子与题项的对应关系很不清楚，难以解释因子的含义，故须进行因子旋转。考虑到 3 个因子之间可能有较高的相关，故本题采用 Promax 法进行斜交旋转。

表 11.20 初始因子负荷矩阵

Component Matrix[a]

	Component		
	1	2	3
ItemA1	.584	.447	
ItemA2	.421	.518	
ItemA3	.510		
ItemA4	.353	.723	
ItemA5	.623	.519	
ItemA6	.432	.474	.374
ItemA7	.645	.496	
ItemA8	.548	.513	
ItemB1	.557	−.342	.324
ItemB2	.485		.432
ItemB3	.599		
ItemB4	.347	−.415	
ItemB5	.536		.325
ItemB6	.584		.422
ItemB7	.469		.481
ItemB8	.550		.423
ItemC1	.630		−.395
ItemC2	.677		−.320
ItemC3	.411	−.383	−.381
ItemC4	.568		−.325
ItemC5	.681		
ItemC6	.610		
ItemC7	.537		−.383
ItemC8	.615	−.380	

Extraction Method: Principal Component Analysis.
a. 3 components extracted.

表 11.21 为斜交旋转后的因子负荷矩阵。经过因子旋转，3 个因子与题项之间的对应清楚了很多。下面的因子相关矩阵(如表 11.22 所示)也验证了前面关于因子间有较高相关的推测。

表 11.21 斜交旋转后的因子负荷矩阵

Pattern Matrix

	Component		
	1	2	3
ItemA1		.687	
ItemA2		.687	
ItemA3		.321	.310

续 表

	Component		
	1	2	3
ItemA4		.872	
ItemA5		.773	
ItemA6	-.357	.605	.396
ItemA7		.756	
ItemA8		.722	
ItemB1			.681
ItemB2			.729
ItemB3			.612
ItemB4	.334		.343
ItemB5			.622
ItemB6			.741
ItemB7			.719
ItemB8			.673
ItemC1	.781		
ItemC2	.711		
ItemC3	.734		
ItemC4	.667		
ItemC5	.668		
ItemC6	.533		
ItemC7	.687		
ItemC8	.715		

Extraction Method: Principal Component Analysis.
Rotation Method: Promax with Kaiser Normalization.

表 11.22 因子间相关矩阵
Component Correlation Matrix

Component	1	2	3
1	1.000	.285	.445
2	.285	1.000	.312
3	.445	.312	1.000

Extraction Method: Principal Component Analysis.
Rotation Method: Promax with Kaiser Normalization.

不过，题项 ItemA3、ItemB4 对应的因子负荷相对较低，如果将它们剔除，结果会怎样呢？

在剔除测量变量（即这里的题项）时，最好逐个剔除，每剔除一个变量都考察一下其他变量对应的因子负荷的变化。这里仅为简洁起见，直接将题项 ItemA3、ItemB4 一次性全部剔除。表 11.23 是剔除这 2 个题项后的因子负荷矩阵。从这个表来看，剔除上述 2 个题项后，留下的题项都在对应的因子上有较高负荷,这将更有利于研究者解释因子含义。

表 11.23 剔除部分题项后的因子负荷矩阵
Pattern Matrix

	Component		
	1	2	3
ItemA1		.686	
ItemA2		.677	
ItemA4		.872	
ItemA5		.785	
ItemA6	−.355	.616	.392
ItemA7		.765	
ItemA8		.733	
ItemB1			.684
ItemB2			.722
ItemB3			.603
ItemB5			.616
ItemB6			.747
ItemB7			.732
ItemB8			.680
ItemC1	.781		
ItemC2	.717		
ItemC3	.725		
ItemC4	.676		
ItemC5	.678		
ItemC6	.540		
ItemC7	.677		
ItemC8	.722		

Extraction Method: Principal Component Analysis.
Rotation Method: Promax with Kaiser Normalization.

另外,因子可以解释的方差表(此处不再列出)显示,前3个因子可以解释的方差达到 53.794%,略高于未剔除题项前的比例(51.371%)。这都是剔除因子负荷较低的题项的好处。当然,题项过少可能会加大测量误差。所以,如有必要,还须补充编制合适的题项。

通过这个例题我们可以看到,探索性因子分析可以在一定程度上检验和优化测验或问卷的题项设计。不过,更合适的检验优化还有赖于验证性因子分析或结构方程建模。

第 12 章　结构方程建模

本章内容

结构方程建模是回归分析、通径分析和因子分析等方法的推广,但是其主要目的和优势还是研究潜变量之间的关系。它可以同时展现标识(潜变量的观察指标)和潜变量(因子)之间的关系,以及外生与内生潜变量之间、多个内生潜变量之间的复杂关系。参与建模的变量可以是类别变量、等级变量,也可以是等距或比率水平的变量。

学习要点

1. **结构方程建模的目的**:结构方程建模的目的;结构方程模型的组成(测量模型和结构模型)。

2. **结构方程建模的原理**:基本思路;模型识别的三种情况——过度识别、恰好识别和不能识别;识别模型的必要条件;模型估计的常用方法(最大似然法、广义最小二乘法、加权最小二乘法、未加权最小平方法、自由尺度最小平方法和渐进性自由分布法等)。

3. **结构方程建模的步骤及应用**:模型设定;模型可识别性判断;模型估计(确定各种估计方法);模型评价;模型修正;结构方程建模与其他多元分析方法的关系等。

4. **结构方程建模的主要结果(指标)**:拟合优度;拟合优度指数;调整后的 GFI;标准拟合指数;校正后的 NFI;非标准拟合指数;比较拟合指数;简约拟合指数;近似误差均方根;赤池信息标准;B-C 信息标准;贝叶斯信息标准;一致性 AIC;期望交叉证实指数等。

12.1　结构方程建模的目的和组成

12.1.1　结构方程建模的目的

因子分析方法引入了一个新的概念——潜变量。因子分析可以根据多个测量变量找出其背后的因子。这些因子就是潜变量,它们不能直接测量,但是可以通过可观察的变量(测量变量,即潜变量的观察指标)的测量结果间接地推知并赋值。可见,因子实际上是更本质的变量,测量变量只是因子的外在表现,所以测量变量还有一个称号——"标识"(indicator)。在结构方程建模的语汇中,"潜变量"和"标识"的使用频率更高一些,故本章多数情况下也称因子为"潜变量",称测量变量为"标识"。

虽然因子分析已经可以较好地展现标识和潜变量之间的关系,但是,探究潜变量之间的关系仍需要更有力的数学工具。这个工具就是结构方程建模(Structural Equation Modeling,缩写为 SEM);同时,结构方程建模还可以用于分析测量误差。

实际上，回归分析、通径分析和因子分析等方法都可以说是结构方程建模的特例。本书第 6 章 6.1 曾有一个结构方程模型的示意图(如图 6.5 所示)，读者可以回过头去看一看，琢磨一下里面哪些成分分别体现了回归分析、通径分析和因子分析。

与前几种分析方法相比，结构方程建模的重要优点在于其限制条件比较少。例如，建立线性回归模型的前提之一是自变量不能存在测量误差，但是结构方程建模允许自变量和因变量存在测量误差。多元分析和通径分析只能处理观测变量，不能处理潜变量，而结构方程建模可以同时处理这两类变量。

12.1.2 结构方程模型的组成

介绍因子分析已经提到，因子分析的模型相当于一个多元回归方程组：

$$\begin{cases} Z_1 = a_{11}F_1 + a_{12}F_2 + \cdots + a_{1m}F_m + d_1u_1 \\ Z_2 = a_{21}F_1 + a_{22}F_2 + \cdots + a_{2m}F_m + d_2u_2 \\ \cdots\cdots \\ Z_p = a_{p1}F_1 + a_{p2}F_2 + \cdots + a_{pm}F_m + d_pu_p \end{cases}$$

这个方程组中的每一个方程都有相同的自变量(公因子 F)，外加 1 个特殊因子(u)，所以，因子模型可以进一步概括为以下通式：

$$Z = \sum aF + du$$

而在结构方程模型中，潜变量可以作为自变量，也可以作为因变量。潜变量作为因变量时，因其受模型内部的自变量的"影响"，被称为**内生潜变量**(endogenous latent variable)，其标识相应地称为**内生标识**(endogenous indicator)；作为自变量的潜变量，其可能的"影响"因素来自模型之外，被称为**外生潜变量**(exogenous latent variable)，其标识相应地就称为**外生标识**(exogenous indicator)。学者们用不同的符号区分这两种潜变量和标识，过去一般用希腊字母 ξ 表示外生潜变量，η 表示内生潜变量；用英文字母 x 表示外生标识，y 表示内生标识。本书借用 Amos 软件介绍结构方程建模，为避免读者在不同符号体系的转换上浪费时间，故以下正文采用与 Amos 一致的命名方法。同时，考虑到读者可能需要参考其他文章和软件，表 12.1 列出了 Amos 软件采用的符号和对应的希腊字母。

表 12.1　结构方程部分术语、符号及其含义

名称	Amos 符号	希腊字母	含义
外生潜变量	FX	ξ	模型中作为自变量的潜变量
外生标识	x		外生潜变量的标识
外生标识的测量误差	ex	δ	外生标识的测量误差
外生潜变量间的相关	C	Φ	外生潜变量之间的相关系数(或协方差)
内生潜变量	FY	η	模型中作为因变量的潜变量

续 表

名称	Amos 符号	希腊字母	含义
内生标识	y		内生潜变量的标识
内生标识的测量误差	ey	ε	内生标识的测量误差
回归系数	WX	λ_x	连接标识与潜变量、潜变量与潜变量的系数,其中:
	WY	λ_y	WX(λ_x)连接 FX 和 x
	WQ	β	WY(λ_y)连接 FY 和 y
	WP	γ	WQ(β)连接两个不同的 FY
			WP(γ)连接 FX 和 FY
结构方程误差项	r	ζ	FY 的预测误差(残差)

利用上述符号,我们可以列出结构方程的 3 大组成部分:

(1) x=WX*FX+ex。

这个方程表示任一外生标识 x 与其对应的外生潜变量 FX 之间的回归模型,回归系数记为 WX,残差记为 ex。

(2) y=WY*FY+ey。

同样,y=WY*FY+ey 就是任一内生标识 y 与其对应的内生潜变量 FY 之间的回归模型,回归系数记为 WY,残差记为 ey。

(3) FY=WP*FX+WQ*FY+r。

这个方程表示任一内生潜变量 FY 与外生潜变量 FX 和其他内生潜变量 FY 之间的回归模型,这两种回归系数分别记为 WP 和 WQ,残差记为 r。

方程(1)和(2)体现的是标识与潜变量之间的关系,称为测量模型;方程(3)体现的是各个潜变量之间的关系,称为结构模型(亦称潜变量模型)。图 12.1 是图 6.5 的 Amos 形式。

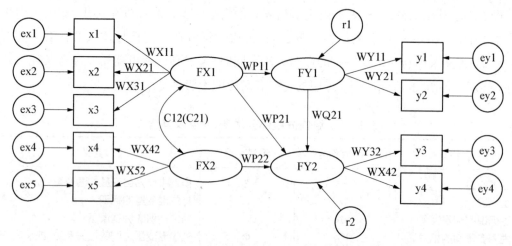

图 12.1 与图 6.5 对应的结构方程模型 Amos 风格示意图

图12.1的左半部分体现了上述方程(1),图的右半部分体现了方程(2),中间4个潜变量之间的关系体现了方程(3)。而研究潜变量之间的关系正是结构方程建模最重要的功能。

12.2 结构方程建模的原理

本节介绍结构方程建模的主要思想方法,并不是其具体的演算过程。如果你对其数学演算过程感兴趣,可以参阅相关数学教材。不过,不了解演算过程并不影响我们的运用。

12.2.1 估计结构方程模型的基本思路

前文提到,完整的结构方程模型分为两组测量模型和一组结构模型。

测量模型要估计各个标识与潜变量之间的系数(WX和WY),以及各个标识测量误差之间的协方差(各个x之间的VEX和各个y之间的VEY)。

结构模型要估计各个内生潜变量之间的回归系数(WQ)、外生潜变量与内生潜变量之间的系数回归(WP),以及内生潜变量误差r的协方差(R)。

此外,建模时还要求出各个外生潜变量之间的相关系数(C),尽管在上述两种模型中都没有列出来。这样一来,一个完整的结构方程建模就需要求出8组参数,每组参数都可以构成一个矩阵,如表12.2所示。

表12.2 结构方程建模须求出的8个基础参数矩阵

矩阵名	Amos 符号	希腊字母	含义
LAMDA-X	[WX]	Λ_x	x对FX的因子负荷,为($p \times m$)阶矩阵
LAMDA-Y	[WY]	Λ_y	y对FY的因子负荷,为($q \times n$)阶矩阵
BETA	[WP]	B	FY间回归系数矩阵,为($n \times n$)阶矩阵
GAMMA	[WQ]	Γ	FX对FY回归系数,为($m \times n$)阶矩阵
PHI	[C]	Φ	FX间的协方差,为($m \times m$)阶矩阵
PSI	[R]	Ψ	FY残差(r)间协方差,为($n \times n$)阶矩阵
THETA-DELTA	[VEX]	Θ_δ	x测量误差(ex)间协方差,为($p \times p$)阶矩阵
THETA-EPSILON	[VEY]	Θ_ε	y测量误差(ey)间协方差,为($q \times q$)阶矩阵

注:x的个数为p,FX的个数为m;y的个数为q,FY的个数为n。

模型中的参数可以是固定(fixed)参数,也可以是自由(free)参数。固定(fixed)参数为研究者指定,而自由参数才是研究者感兴趣的对象,要根据实测数据加以估计。有时,研究者还将一个参数限制(restricted)为与另一些参数等值。

12.2.2 模型识别

1. 模型识别的三种情况——过度识别、恰好识别和不能识别模型

所谓模型识别,就是**根据实测数据判断模型中每一个自由参数能否求得唯一解作为估计值**。模型识别的原理并不复杂,就好像我们要判断下面这个方程有没有唯一解

$$9 = x + y$$

很显然,可以有无数对 x 和 y 的组合满足方程的要求。这时,我们可以加入一定的限制条件,例如令 $y=0$,那么这个方程就有了唯一解($x=9$, $y=0$)。

结构方程建模中的模型识别也是同样的道理,研究者可以将一个或多个参数固定为常数,如此就可能得到自由参数的唯一解。用结构方程建模的术语来讲,如果一个未知参数至少可以由标识的协方差矩阵(S)中的一个或多个元素的代数函数来表达,它就是一个可以识别(identified)的参数。如果**模型中所有自由参数都被识别**了,这个模型就是**识别模型**。

很多情况下,一个参数可以由多个不同的函数来表达,就好像我们不仅知道 $9=x+y$ 且 $y=0$,还知道 $12=x+z$ 且 $z=3$,这样一来,我们有 2 种途径求得 x 的值,这就是过度识别(over identified)。一个**存在过度识别参数的模型**就是**过度识别模型**。如果模型的**所有参数都可识别且不存在过度识别的参数**(just identified),这个模型就被称为**恰好识别模型**。如果模型中有**任一参数不能识别**,该模型就是**不能识别模型**(unidentified, under-identified, not identified)。

2. 识别模型的必要条件

模型能否识别与样本容量无关,所以,不要寄希望于加大样本量。模型能否识别与数据点的个数(所有标识的方差和协方差个数)有关。如果外生标识 x 的个数为 p,内生标识 y 的个数为 q,则数据点个数是

$$(p+q)(p+q+1)/2$$

即方差协方差矩阵中对角线上的方差个数+对角线之外的一半协方差个数。

要得到一个识别模型,第一个必要条件就是**自由参数的个数不能大于数据点个数**。多数情况下,研究者都会限制自由参数的个数,使其小于数据点个数,从而得到过度识别模型。

另一个必要条件是为**每个潜变量建立一个测量尺度**(measurement scale)。这里又有两种做法。第一种较常用的做法,是从潜变量的标识中任取一个,将其因子负荷(WX 或 WY)设定为常数(通常为 1)。第二种做法是将潜变量的方差设定为 1(将潜变量标准化)。

需要强调的是,上述两个条件是必要条件,但不是充分条件。即使满足了这两个条件,也不能保证模型能得到识别。

关于**模型识别的充分条件**,有这样两种准则。

(1) 三指标准则——每个潜变量有 3 个或更多标识;每个标识只测量一个潜变量;测量误差之间相互独立。

(2) 二指标准则——每个潜变量有 2 个或更多标识;每个标识只测量一个潜变量;测量误差之间相互独立;至少有两个潜变量且至少两个潜变量之间存在相关。

识别复杂的模型需要满足更多条件,但是判断模型能否识别需要大量的计算,非人工所能胜任,好在统计软件会提示模型能否识别。

综合以上条件,研究者在建立模型时能做到的检查,就是看看两个必要条件是否得到满

足,以及每个潜变量是否具备足够的标识。至于测量误差之间是否相互独立等,研究者可以根据软件运算结果做判断。

3. 如何避免不能识别模型

如果模型识别出现问题,统计软件会发出警示。当然,与其等待软件报警,不如提前预防问题的发生。

在建立模型时,我们就应该考虑尽量简化模型,即减少自由参数,仅保留那些绝对必要的参数。就如同解应用题时,能用一元一次方程求解,就不用二元一次方程。一旦该模型得到识别,再向其中加入别的参数。这样做有两个好处:其一,可以极大地提高工作效率;其二,在尽量保证精度的前提下精简模型,模型的简洁性也是科学研究的一个追求。

在面对一个不能识别模型时,可以增加数据点,即增加标识的个数,从而增加方差和协方差的个数。如果不能增加数据点,也可以增加固定参数和限制参数的个数,减少自由参数。这两种做法的原理是一致的,都有望得到识别模型。前一小节提到的将因子负荷设定为 1 或将潜变量方差设定为 1,都是增加固定参数;另外,减少潜变量之间的路径(将路径系数设定为 0),也是增加固定参数。增加限制参数的情况较少。

此外,模型中的变量之间如果存在循环或双向关系,即 X 影响 Y,Y 反过来也影响 X,这就是一个非递归的模型。除去少数特殊情况,这种模型是不能识别的。

即使能够得到自由参数的唯一解,模型也可能是无效的,主要有以下几种情形:

(1) 误差方差为负;

(2) 相关系数大于 1;

(3) 协方差矩阵非正定;

(4) 标准化系数接近或大于 0.95;

(5) 标准误极大或极小。

12.2.3 模型估计

1. 模型估计的常用方法

模型得到识别后,就可以得到模型与数据之间的拟合程度。不过,与尽量缩小预测值和观察值之间残差的传统拟合方法不同,结构方程建模是尽量缩小样本的方差协方差与模型估计的方差协方差之间的残差。

如果将样本的方差协方差矩阵记为 S,模型估计的方差协方差矩阵记为 Σ,模型估计就是将固定参数和自由参数的估计值代入结构方程,推导出矩阵 Σ(亦称为引申(implied)的方差协方差矩阵),使 Σ 中的每一个元素都接近于 S 中的对应元素。如果设定的模型比较符合实测数据(理论符合实际),Σ 和 S 就非常接近。

为了让 Σ 和 S 之间的差异尽量小,研究者提出了多种方法,主要有**最大似然法**(maximum likelihood,缩写为 ML)、**广义最小二乘法**(generalized least squares,缩写为 GLS)、**加权最小二乘法**(weighted least squares,缩写为 WLS)、**未加权最小平方法**

(unweighted least squares，缩写为 ULS)、**自由尺度最小平方方法**(scale-free least squares，缩写为 AFLS)和**渐进性自由分布法**(asymptotically distribution free，缩写为 ADF)。大多数情况下，研究者采用 ML，其次是 GLS。本书不介绍上述方法的具体细节，有兴趣的读者可以参阅相关文献。这里仅列出各种方法对数据的要求(使用前提)、特点和使用建议，如表 12.3 所示。

表 12.3 SEM 的各种估计方法

方法	数据要求	特点	使用建议
ML	各标识为连续变量，且服从多元正态分布	其估计兼具无偏性、有效、一致性；其参数估计值的分布随样本扩大而渐近正态分布，且不受测量单位的影响；对数据要求较高	此法最常用，应尽可能通过剔除极端数值、变量转换等方式使数据符合要求
GLS	同 ML	若标识不服从多元正态分布，其估计仍比较强韧	次常用，结果与 ML 很接近
WLS	允许偏态分布	无须多元正态分布，但要求很大样本容量(1000 以上)	ML、GLS 不可用，且样本容量很大时采用
ULS	不要求某种分布	结果稳定，要求很大样本	同 WLS
AFLS		参数估计值的改变只反映被分析的标识量尺单位的改变	较少使用
ADF		要求很大样本容量	较少使用

2. 模型评价的常见指数

对于模型的评价，就是根据拟合度指标判断模型与实际数据相符合的程度。模型估计的任务是使矩阵 Σ 中的每一个元素都接近于矩阵 S 中的对应元素，两者之差(残差矩阵)越接近于 0，模型的拟合度就越高。为了从整体上描述模型的拟合度，统计学家设计了多种指标，如表 12.4 所示。虽然指标众多，但是目前没有理由认为哪一个是最优指标，所以在实际工作中，最好将这些指标结合起来使用。

表 12.4 各种拟合度指标及其评价标准

符号	名称	评价标准
χ^2	拟合优度	$\chi^2/df < 2$ 时，模型拟合较好
GFI	拟合优度指数	取值 0~1，越接近 1 越好；数值大于 0.9，模型拟合较好
AGFI	调整后的 GFI	同 GFI
NFI	标准拟合指数	同 GFI；受样本容量影响大，小样本时易低估
IFI	校正后的 NFI	同 GFI；不易受样本容量影响
TLI, NNFI	非标准拟合指数	同 GFI；有时超出 0~1 的范围，有时与其他指标相矛盾
CFI	比较拟合指数	同 GFI；对小样本亦表现良好
PGFI, PNFI, PCFI	简约拟合指数	大于 0.5，表示拟合良好
RMSEA	近似误差均方根	RMSEA≤0.05，且其 90% CI 的上限≤0.08，则模型拟合较好；P 值应大于 0.05

续　表

符号	名称	评价标准
AIC	赤池信息标准	数值越小说明模型拟合越好,但是没有明确标准,可用于模型之间的比较
BCC	B-C信息标准	同AIC
BIC	贝叶斯信息标准	同AIC
CAIC	一致性AIC	同AIC
ECVI	期望交叉证实指数	同AIC
MECVI		同AIC

如果拟合度指标普遍偏低,只能认为模型不够合理,这时可以修改模型,重新进行模型识别和参数估计。

但是,如果得到了较高的拟合度,是不是就能做出模型正确、可靠、有用甚至最优的结论呢？绝对不能！这是因为,**模型的拟合度高,只能说明模型隐含的协方差矩阵接近样本协方差矩阵**,根据样本数据尚难以拒绝假设模型,而不能证明模型一定正确,也不能证明模型可靠、有用,更不能证明模型为最优。

12.3　结构方程建模的主要步骤

12.3.1　模型设定

模型设定需要与实际问题相关的理论和经验的指导,绝不是数学或统计学可以代劳的。如果你是一位研究者,不妨多读点书,广泛涉猎和研读文献,向同行请教；而更重要的因素可能还是自己的研究经验——以往的初步探索(尤其是探索性因子分析的结果),这是模型设定的基础。

设定的模型可以是完整的结构方程模型,即两个测量模型(分别反映外生、内生潜变量及其标识之间关系的模型)和一个结构模型(反映潜变量间关系的模型),也可以仅仅是一个测量模型,不涉及内生与外生潜变量之间的关系。本章的例题12.1就是一个完整的结构方程模型,例题12.2仅仅是一个测量模型。

本节通过例题12.1介绍如何建立一个完整的结构方程模型。

【例题12.1】

某研究者试图考察智力和情绪社会能力对学业成绩和职业成就的影响。为了测量这4个方面的情况,研究者将每个方面都看作是一个潜变量,分别用2个测量变量作为潜变量的标识,总共有8个标识,它们分别是：

测量智力(intelligence)的言语智商(IQv)和操作智商(IQp)；

测量情绪社会能力(socialemo)的情绪调节能力(EmoReg)和沟通能力(Comm)；

测量学业成绩(School)的文科成绩(arts)和理科成绩(science);

测量职业成就(Job)的薪资水平(salary)和同行评价(peerev)。

数据文件名为"例题1201-智力情社学业职业-SEM.sav"。

这位研究者应该设立一个怎样的模型呢?

【解答】

第一步,设立一个初始模型。根据测量的方式以及研究目的,将初始模型设定为如图12.2所示的模型。

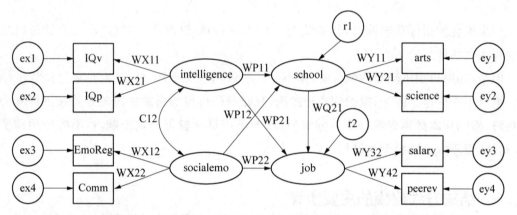

图12.2 假想的智力和情绪社会能力对学业成绩和职业成就的影响模型图

根据图12.2的模型,可以列出其数学形式:

(1) $IQv = WX11 * intelligence + ex1$,

(2) $IQp = WX21 * intelligence + ex2$,

这两个方程是外生潜变量intelligence与其标识之间的测量模型。

(3) $EmoReg = WX32 * socialemo + ex3$,

(4) $Comm = WX42 * socialemo + ex4$,

这两个方程是外生潜变量socialemo与其标识之间的测量模型。

同样的,对于2个内生潜变量与其标识,也可以列出以下4个方程作为测量模型:

(5) $arts = WY11 * school + ey1$;

(6) $science = WY21 * school + ey2$;

(7) $salary = WY32 * job + ey3$;

(8) $peerev = WY42 * job + ey4$。

根据结构模型列出的方程是:

(9) $School = WP11 * intelligence + WP12 * socialemo + r1$;

(10) $Job = WQ21 * school + WP21 * intelligence + WP22 * socialemo + r2$。

列出以上方程只是为了加深读者对模型的认识,使用Amos软件时,只需画出模型图,无须列出这些方程。

另外，intelligence 和 socialemo 之间还要计算一个相关系数 C12(=C21)。这也是一个自由参数，但不能列方程，因为两者间不是预测(自变量)和被预测(因变量)的关系。

12.3.2 初步判断模型能否识别

第二步是判断模型能否识别，即能否得到唯一解。前面提到，模型可识别有两个必要条件。其一是自由参数的个数不能大于数据点个数，其二是为每个潜变量建立一个测量尺度。

本例有 4 个外生标识和 4 个内生标识，数据点个数为：

$$(p+q)(p+q+1)/2=(4+4)(4+4+1)/2=36$$

为满足这两个条件，将模型中部分路径的参数设定为 1(本例共有 14 个参数被固定)。这样就剩下 22 个待估计的自由参数，分别是：

2 个 WX：WX21，WX42；

2 个 WY：WY21，WY42；

4 个 WP：WP11，WP12，WP21，WP22；

1 个 WQ：WQ21；

1 个 C：C12；

12 个方差(V)：V1—V12，其中有 ex1—ex4，ey1—ey4，r1—r2 的方差以及 intelligence 和 socialemo 的方差。

自由参数的个数(22)小于数据点个数(36)，模型的自由度 $df=36-22=14$，如图 12.3 所示。

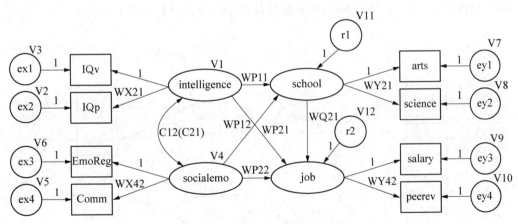

图 12.3　用于检验的假设模型

上述两个必要条件满足后，模型有望(但不是一定)能得到唯一解。

接下来就是在统计软件中描述设定模型。有的软件(例如 Lisrel、Mplus 等)以编程方式将模型描述为软件可以识别的形式，有的软件(例如 Amos)则长于图形界面，可以让使用者在其界面上构画模型。

要进入 Amos 图形界面,可以在 SPSS 中依次点击菜单项 Analyze → SPSS Amos,也可以直接在 Windows 中找到 Amos 软件直接运行。

Amos 软件提供了很多工具,方便绘制模型图。本书仅对部分常用的工具做简单介绍,如表 12.5 所示。

表 12.5 Amos 软件常用工具按钮

按钮	功　　能
□ ○ ❣	分别用于绘制标识、潜变量,以及一个潜变量带多个标识
← ↔	分别用于绘制连接两个变量的路径和连接两个外生潜变量的协方差
↥	为标识或内生潜变量加上误差项
☝ ✋ ✊	分别用于选择单个对象、选择全部对象、取消选择
	选择对象后,即可对其进行移动等操作
🖨 🚚 ✗	分别用于复制、移动、删除对象
↻	点击潜变量,可让所属全部标识顺时针绕其旋转 90 度,可令图形布局更加美观

利用上述工具,即可根据图 12.3 的模型,在 Amos 中绘制各个潜变量和标识;然后点击 ▦ ,在弹出的界面中选择数据文件,本题文件名为"例题 1201 -智力情社学业职业- SEM. sav"。

点中对象单击鼠标右键,Amos 会弹出一个对象属性窗口,可以在其中为各个对象命名,还能设置其参数值,可按图 12.3 模型的要求命名各个变量,并将部分参数值固定为 1。最后形成的模型如图 12.4 所示。如果想画出图 12.3 中带标签的模型,可以用 Amos 提供的 Plugins(插件)下的 Name Parapeters(参数命名)功能,为各个参数加上标签。

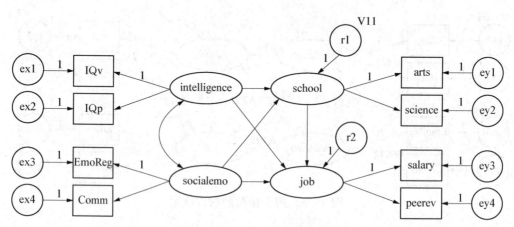

图 12.4 Amos 中构画的假设模型

12.3.3 模型估计

第三步是确定模型估计的方法。在 Amos 图形界面左侧的快捷按钮中找到 ▦ 并点击,

在弹出的"Analysis Properties"(分析方法设定)界面的第一个选项卡下,可以看到5种模型估计选项:

Maximum likelihood,即最大似然法(ML);
Generalized least squares,即广义最小二乘法(GLS);
Unweighted least squares,即未加权最小平方法(ULS);
Scale-free least squares,即自由尺度最小平方法(AFLS);
Asymptotically distribution free,即渐进性自由分布法(ADF)。

默认选择 ML。

在"Output"(输出)选项卡下,可以根据需要勾选多方面的指标。这里仅勾选"Standardized estimates"(标准估计值)和"Modification Indices"(修正指数)。

做完上述设定后,点击 按钮即可进行模型估计。如果点击该按钮后,中间小窗口顶部的图符从一个彩色 变成两个都是彩色,就说明模型得到识别。否则,可以点击按钮 ,查看 Amos 输出的文本结果"Notes for Model"(关于模型的提示)。如果模型未能识别,它会给出提示和建议,例如:

The model is probably unidentified. In order to achieve identifiability, it will probably be necessary to impose 2 additional constraints. (模型可能无法识别,若想识别,可能须增加 2 项限制。)

如果模型无效,例如方差为负值等,它也会给出相应的提示。

本题数据文件中有 500 个个体的数据,分为两组(group=1,2)。在不分组的情况下,模型得到了识别,结果如图 12.5 所示。

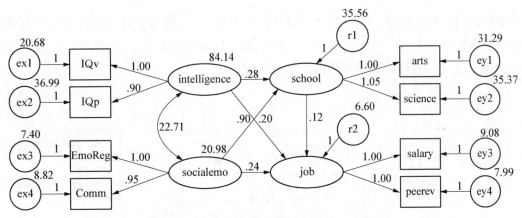

图 12.5　模型中的估计值($n=500$,不分组)

我们还可以对这 500 个个体分组,然后进行模型估计。图 12.6 和图 12.7 分别是用第 1 组和第 2 组数据算出的结果。分组估计让研究者能够比较子样本的参数。如果这两组分别是男性组和女性组,研究者就可以得知男女两性是否依从不同的模型。

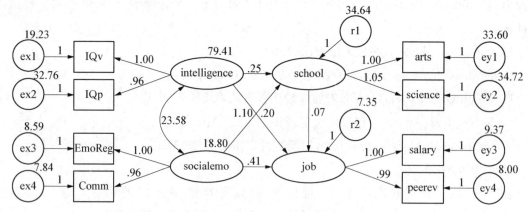

图 12.6 模型中的未标准化估计值($n=250$,group=1)

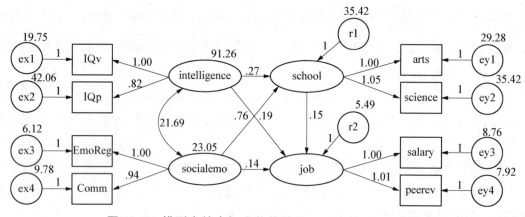

图 12.7 模型中的未标准化估计值($n=250$,group=2)

如同回归分析可以得到回归系数和标准回归系数一样,模型估计也可以得到未标准化的估计值和标准估计值。图 12.5—12.7 中列出的都是未标准化的估计值,图 12.8 和图 12.9 分别列出了用这两组数据算出的标准估计值。

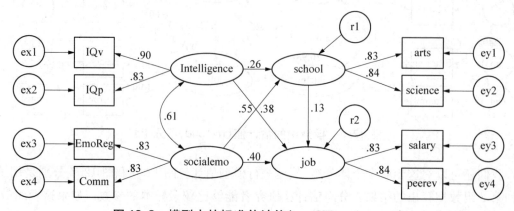

图 12.8 模型中的标准估计值($n=250$,group=1)

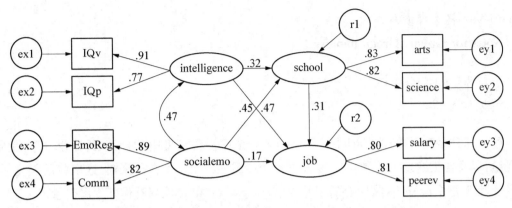

图 12.9　模型中的标准估计值（$n=250$，group$=2$）

12.3.4　模型评价

第四步是评价模型的拟合优度。模型拟合度高，说明模型隐含的方差协方差矩阵接近样本的方差协方差矩阵，即根据目前的样本数据难以拒绝假设模型。这里我们要再强调一遍：拟合度高并不意味着模型一定是合理的、可靠的，因为可能存在更合理、更简洁、拟合优度更高的模型。

Amos 在图形界面中仅报告卡方值和自由度（例如：Chi-square$=60.6850$，df$=14$），但是更多更详细的拟合度指标都在文本报告中。

点击按钮 ，即可查看 Amos 输出的文本报告，该报告包括许多内容。本例在确定模型估计的方法时，曾在 Output 选项卡下，勾选了"Standardized estimates"（标准估计值）和"Modification Indices"，故 Amos 可以在默认的内容之外，列出各个估计参数的标准估计值表和修正指数表。如果对其他结果感兴趣，还可以增选其他选项。就实际应用而言，很多使用者还会勾选"Squared multiple correlations"（复相关系数的平方，即复确定系数）和"Indirect, direct & total effects"（间接效应、直接效应与总效应，可用于考察模型中的中介效应）等选项。

下面简单介绍一下本例第 2 组数据的分析结果。

第一部分是分析概述（Analysis Summary），报告程序运行的时间和输出报告的名称（文件名后缀为 AmosOutput）。

Analysis Summary

Date and Time
Date：2020 年 12 月 24 日
Time：14:08:21
Title
例题 1201-智力情社学业职业：2020 年 12 月 24 日　02:08　下午

第二部分是组别注释（Notes for Group），这里是第二组数据的结果：本例模型是递归的

(recursive)，样本容量为 250。

Notes for Group（Group number 1）

> The model is recursive.
> Sample size=250

第三部分是变量概述（Variable Summary），依序报告模型中的标识、外生潜变量和内生潜变量，以及各类变量的个数。原报告中每个变量占一行，为节省篇幅，这里将同类变量用逗号连起来呈现。Amos 将所有的误差项（各个 ex、ey 和 r）也都看作外生潜变量。

Variable Summary（Group number 1）

> Your model contains the following variables (Group number 1)
> Observed, endogenous variables（观察变量）
> IQp, IQv, Comm, EmoReg, arts, science, salary, peerev
> Unobserved, endogenous variables（内生潜变量）
> school, job
> Unobserved, exogenous variables（外生潜变量）
> intelligence, ex2, ex1, socialemo, ex4, ex3, ey1, ey2, ey3, ey4, r1, r2
> Variable counts (Group number 1)
> Number of variables in your model（变量个数）:22
> Number of observed variables（观察变量数，即标识个数）:8
> Number of unobserved variables（潜变量数）:14
> Number of exogenous variables（外生变量数）:12
> Number of endogenous variables（内生变量数）:10

第四部分是参数概述（Parameter summary），表格按行报告模型中的固定参数、带标签的参数和无标签的参数个数，按列报告模型中的权重（通径系数）、协方差、方差、平均数和截距的个数。本例总共有 36 个参数，其中被固定的有 14 个，无标签的参数 22 个（其中 9 个是通径系数，1 个是 intelligence 和 socialemo 之间的协方差，12 个是方差）。本例没有带标签的参数。

Parameter summary（Group number 1）

	Weights	Covariances	Variances	Means	Intercepts	Total
Fixed	14	0	0	0	0	14
Labeled	0	0	0	0	0	0
Unlabeled	9	1	12	0	0	22
Total	23	1	12	0	0	36

第五部分是模型注释（Notes for Model），用于报告默认模型（Default model，即假设模

型)的情况。本例报告了样本矩的个数(36)，须估计的参数个数(22)和自由度(14)，以及模型的卡方值(60.6850)、自由度(14)和相应的 P 值($P<0.0001$)。

如果模型不能识别，这部分将做出解释并提出建议，例如增加固定参数。

Notes for Model (Default model)

Computation of degrees of freedom (Default model)

Number of distinct sample moments：36

Number of distinct parameters to be estimated：22

Degrees of freedom (36 - 22)：14

Result (Default model)

Minimum was achieved

Chi-square=60.6850

Degrees of freedom=14

Probability level=.0000

Group number 1 (Group number 1-Default model)

第六部分是假设模型中各个自由参数的估计结果(Estimates)，包括以下几个部分：

Regression Weights(回归系数)部分报告它们的估计值(Estimate)、标准误(S.E.)、临界比例(C.R.＝Estimate/S.E)和 P 值(如果有显著意义就用星号代替)。如果有带标签的参数，还会在 Label 下呈现参数的名称。

Standardized Regression Weights(标准回归系数)部分报告上述参数值的标准化值。

Covariances(协方差)和 Correlations(相关系数)部分报告外生潜变量之间的相关。

Variances(方差)部分报告各个方差。

Regression Weights：(Group number 1-Default model)

	Estimate	S.E.	C.R.	P	Label
school<---intelligence	.2728	.0662	4.1185	***	
school<---socialemo	.7559	.1367	5.5299	***	
job<---socialemo	.1412	.0667	2.1174	.0342	
job<---school	.1497	.0447	3.3476	***	
job<---intelligence	.1901	.0345	5.5156	***	
IQp<---intelligence	.8247	.0743	11.0969	***	
Comm<---socialemo	.9356	.0834	11.2212	***	
EmoReg<---socialemo	1.0000				
arts<---school	1.0000				
science<---school	1.0480	.0951	11.0226	***	
salary<---job	1.0000				
peerev<---job	1.0087	.0875	11.5334	***	
IQv<---intelligence	1.0000				

Standardized Regression Weights:（Group number 1-Default model）

	Estimate
school<---intelligence	.3249
school<---socialemo	.4525
job<---socialemo	.1739
job<---school	.3081
job<---intelligence	.4660
IQp<---intelligence	.7720
Comm<---socialemo	.8207
EmoReg<---socialemo	.8889
arts<---school	.8290
science<---school	.8161
salary<---job	.7964
peerev<---job	.8130
IQv<---intelligence	.9067

Covariances:（Group number 1-Default model）

	Estimate	S.E.	C.R.	P	Label
intelligence<-->socialemo	21.6931	3.7554	5.7766	***	

Correlations:（Group number 1-Default model）

	Estimate
intelligence<-->socialemo	.4730

Variances:（Group number 1-Default model）

	Estimate	S.E.	C.R.	P	Label
intelligence	91.2559	11.7671	7.7552	***	
socialemo	23.0503	3.0706	7.5068	***	
r1	35.4233	5.9964	5.9074	***	
r2	5.4892	1.1305	4.8555	***	
ex2	42.0600	5.8245	7.2213	***	
ex1	19.7467	6.7646	2.9191	.0035	
ex4	9.7765	1.7278	5.6584	***	
ex3	6.1227	1.7874	3.4255	***	
ey1	29.2803	5.3703	5.4522	***	
ey2	35.4205	6.0465	5.8580	***	
ey3	8.7603	1.2711	6.8922	***	
ey4	7.9249	1.2405	6.3887	***	

第七部分是修正指数(Modification Indices),有两个表格,分别与协方差(Covariances)和回归系数(Regression Weights)有关。表格中每一行都表示将某个固定参数改为自由参数后,模型的卡方值的减少幅度(MI)和参数的变化情况(Par Change)。默认情况下,呈现的是减少幅度超过 4 的参数。本例中,最大的修正指数是 ex2<-->ex3 对应的 24.7337,意思是,如果将 ex2 和 ex3 这两个误差方差之间的关系从固定改为自由——即不再认为两者相互独立,让软件计算两者之间的相关——模型的卡方值将减少 24.7337。第二大的修正指数是 EmoReg<---IQp 对应的 15.2900,意味着如果建立从 IQp 指向 EmoReg 的路径,估计其回归系数,可以使卡方值减少 15.2900。

Modification Indices(Group number 1-Default model)

Covariances:(Group number 1-Default model)

	M.I.	Par Change
ey2<-->ey3	5.2685	-3.6915
ey1<-->ey3	4.0845	3.0305
ex3<-->r1	4.2357	-3.2912
ex4<-->r1	5.4252	3.9441
ex4<-->ey2	5.2948	3.8920
ex1<-->socialemo	4.0653	-4.0716
ex1<-->ey4	4.4035	3.1014
ex1<-->ey2	6.2761	7.9542
ex1<-->ex3	6.3232	-3.8703
ex2<-->socialemo	6.7880	5.6064
ex2<-->r1	6.2167	-8.2983
ex2<-->ey2	7.2388	-8.9073
ex2<-->ex3	24.7337	7.9799
ex2<-->ex4	5.1016	-3.7868

Variances:(Group number 1-Default model)

	M.I.	Par Change

Regression Weights:(Group number 1-Default model)

	M.I.	Par Change
EmoReg<---IQp	15.2900	.0855
Comm<---IQp	6.1400	-.0566
IQv<---EmoReg	5.0968	-.1829
IQp<---socialemo	4.8875	.2256
IQp<---EmoReg	11.7641	.2895

第八部分报告模型最小化过程(Minimization History)。这部分初学者可不必关注。

Minimization History(Default model)

Iteration		Negative eigenvalue	Condition #	Smallest eigenvalues	Diameter	F	NTries	Ratio
0	e	8		-.2598	9999.0000	1097.0811	0	9999.0000
1	e*	3		-.0563	2.4037	320.1793	20	.6340
2	e	0	345.1636		.8208	95.5006	5	.7483
3	e	0	40.7058		.8049	80.9318	3	.0000
4	e	0	25.8201		.3488	62.6901	1	1.0261
5	e	0	28.5215		.1230	60.7630	1	1.0814
6	e	0	29.2183		.0235	60.6853	1	1.0396
7	e	0	29.2703		.0020	60.6850	1	1.0035
8	e	0	29.2705		.0000	60.6850	1	1.0000

第九部分是模型摘要(Model Fit Summary),报告各种拟合优度指标。其中 Default 表示默认的假设模型;Saturated 表示恰好识别模型,模型中的参数都可识别且不存在过度识别的参数;Independence 表示独立模型(自由参数最少的基线模型)。使用时主要看假设模型的数据。其中备注栏为作者所加,提示拟合度良好的标准,略免读者翻检之劳。若备注栏空白,则看假设模型指标与恰好识别模型和独立模型的差异,越接近恰好识别模型越好。本例的假设模型估计22个参数,结果卡方值(CMIN)为60.685,自由度(DF)为14,P<0.0001,CMIN/DF(χ^2/df)为4.3346>2,拟合度不甚理想。

Model Fit Summary

CMIN

Model	NPAR	CMIN	DF	P	CMIN/DF	备注
Default model	22	60.6850	14	.0000	4.3346	CMIN/DF<2 为好
Saturated model	36	.0000	0			
Independence model	8	1000.1292	28	.0000	35.7189	

RMR,GFI

Model	RMR	GFI	AGFI	PGFI	备注
Default model	2.2574	.9440	.8559	.3671	GFI、AGFI> 0.9, PGFI> 0.5 为好
Saturated model	.0000	1.0000			
Independence model	26.4764	.3978	.2257	.3094	

Baseline Comparisons

Model	NFI Delta 1	RFI rho 1	IFI Delta 2	TLI rho 2	CFI	备注
Default model	.9393	.8786	.9527	.9040	.9520	指数大于0.9为好
Saturated model	1.0000		1.0000		1.0000	
Independence model	.0000	.0000	.0000	.0000	.0000	

Parsimony-Adjusted Measures

Model	PRATIO	PNFI	PCFI	备注
Default model	.5000	.4697	.4760	PNFI、PCFI>0.5为好
Saturated model	.0000	.0000	.0000	
Independence model	1.0000	.0000	.0000	

NCP

Model	NCP	LO 90	HI 90	备注
Default model	46.6850	26.2510	74.6672	
Saturated model	.0000	.0000	.0000	
Independence model	972.1292	872.4817	1079.1718	

FMIN

Model	FMIN	F0	LO 90	HI 90	备注
Default model	.2437	.1875	.1054	.2999	
Saturated model	.0000	.0000	.0000	.0000	
Independence model	4.0166	3.9041	3.5039	4.3340	

RMSEA

Model	RMSEA	LO 90	HI 90	PCLOSE	备注
Default model	.1157	.0868	.1464	.0002	RMSEA<0.05, PCLOSE>0.05为好
Independence model	.3734	.3538	.3934	.0000	

AIC

Model	AIC	BCC	BIC	CAIC	备注
Default model	104.6850	106.3350	182.1571	204.1571	用于模型间比较,数值越小说明模型拟合越好
Saturate model	72.0000	74.7000	198.7726	234.7726	
Independence model	1016.1292	1016.7292	1044.3008	1052.3008	

ECVI

Model	ECVI	LO 90	HI 90	MECVI	备注
Default model	.4204	.3384	.5328	.4270	用于模型间比较,数值越小说明模型拟合越好
Saturated model	.2892	.2892	.2892	.3000	
Independence model	4.0808	3.6806	4.5107	4.0832	

HOELTER

Model	HOELTER .05	HOELTER .01	备注
Default model	98	120	表示0.05和0.01显著性水平下接受某一模型的最大样本容量,超过此容量,拟合度就差
Independence model	11	13	

12.3.5 模型修正

如果模型拟合度不够理想,可以修改模型,使模型的方差协方差矩阵更接近样本的方差协方差矩阵。修改模型可以采用两种方式。

一种方式是做"加法",即根据修正指数表的提示,将能最大幅度减少卡方值的参数改成自由参数,然后重新进行上述过程,查看拟合度的变化。如果仍不满意,就继续从修正指数表中找出最大幅度减少卡方值的参数,将其改成自由参数,直至拟合度达到满意为止。不过,新加入的路径虽然可以提高拟合度,但是未必有实际的意义。有时候,我们即使牺牲一点拟合度,也不能将原本简洁而有意义的模型变得路径繁乱且难以解释。

就本例而言,初始模型的卡方值与自由度之比(CMIN/DF)达到4.3346,且RMSEA等指标亦不太理想(RMSEA=.1157),所以需要进行模型修正。

考察修正指数表,发现最大的修正指数是ex2<-->ex3对应的24.7337,这时不妨尝试着在ex2和ex3之间画上表示要求计算协方差(相关)的双向箭头,然后再次点击▥▥按钮进行模型估计。结果可以看到,新模型的CMIN/DF降到达到了2.5869,且RMSEA降到0.0798。参考其他指标,这个拟合度虽然不是很高,但也说得过去了。

如果仍不满足,可以看修正后模型的修正指数表,发现最大的修正指数是 ey2<-->ey3 对应的 5.3735。将该协方差变为自由参数后进行模型估计,CMIN/DF 降到达到了 2.2635,RMSEA 降到了 0.0712。

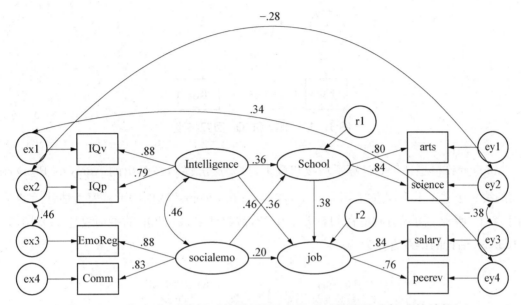

图 12.10　加入多重关系后的模型(图中呈现的数据均为标准估计值)

如果继续根据修正指数表来增加自由参数,依次将 ex2<-->ey2 和 ex1<-->ey4 这两个协方差设定为自由参数,终于使 CMIN/DF 降到 1.3615,RMSEA 降到了 0.0381(P 值大于 0.05)。这已经是很高的拟合度了。但是,此时的模型也比初始模型复杂了不少,如图 12.10 所示。如果研究者难以解释这些新加入的关系,倒不如想一想自己的理论假设有何缺陷,潜变量的标识是否合理,而不是一味地做"加法"。

另一种方式是做"减法",即剔除一些不合理的标识甚至潜变量。但是与增加自由参数不同,做"减法"未必能提高拟合度。而且,那些原本就很简单的模型已几乎减无可减。本例中每个潜变量都只有 2 个标识,去掉任何一个标识,其对应的潜变量就失去了因子的意义。尽管有学者认为,一个潜变量也可以只有一个标识,只不过标识的误差项为 0 而已,而且 Amos 也允许建立这种模型,但是最好还是避免这种情况。

12.4　综合应用举例

12.4.1　结构方程建模与其他多元分析方法的结合使用

本章开头在介绍结构方程建模的目的时提到,回归分析、通径分析和因子分析等方法都可以说是结构方程建模的特例。换言之,**利用 Amos 软件可以进行多种多元分析**。

例如，用本章例题 12.1 的数据中的两个变量言语智力（IQv）和操作智力（IQp）做回归分析，以 IQp 为自变量，以 IQv 为因变量，在 Amos 中回归模型图可以这样画（如图 12.11 所示）：

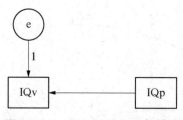

图 12.11　IQv 和 IQp 回归模型

Amos 允许模型估计时计算平均数和截距，只要点击 ![icon]，在弹出的 Analysis Properties 界面的第一个选项卡下勾选"Estimate means and intercepts"选项即可。模型估计后的结果如图 12.12 所示。可见方程的回归系数是 0.72，截距是 27.27，IQp 的平均数是 100.18，方差是 105.31，估计的误差方差为 50.24。

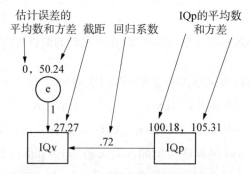

图 12.12　IQv 和 IQp 回归模型的估计值

而用 SPSS 进行回归分析和相关分析，得到的输出结果（表 12.6—12.8 中带方框的部分）与图 12.12 一致，仅有些许舍入误差。

表 12.6　回归系数

Coefficients[a]

Model		Unstandardized Coefficients		Standardized Coefficients	t	Sig.
		B	Std. Error	Beta		
1	(Constant)	27.265	3.117		8.748	.000
	IQp	.720	.031	.722	23.262	.000

a. Dependent Variable: IQv.

表 12.7 回归模型显著性检验

ANOVA[a]

	Model	Sum of Squares	df	Mean Square	F	Sig.
1	Regression	27293.654	1	27293.654	541.141	.000[b]
	Residual	25117.728	498	50.437		
	Total	52411.382	499			

a. Dependent Variable: IQv.
b. Predictors: (Constant), IQp.

表 12.8 相关系数

Correlations

		IQv	IQp
IQv	Pearson Correlation	1	.722**
	Sig. (2-tailed)		.000
	Sum of Squares and Cross-products	52411.382	37909.752
	Covariance	105.033	75.971
	N	500	500
IQp	Pearson Correlation	.722**	1
	Sig. (2-tailed)	.000	
	Sum of Squares and Cross-products	37909.752	52655.072
	Covariance	75.971	105.521
	N	500	500

**. Correlation is significant at the 0.01 level (2-tailed).

要在 SPSS 输出的相关系数表中加入协方差(Covariance),可以依次点击菜单项 Analyze → Corelate → Bivariate...

进入双变量相关分析主界面,点击其中的 Options... 按钮,在其选项界面勾选"Cross-product deviations and covariance"(交叉乘积和与协方差),交叉乘积和除以自由度(样本容量−1)即为协方差)。

但是,这并不意味着其他多元分析方法就被淘汰了,一如 t 检验是方差分析的特例但是没有被方差分析淘汰。在不涉及潜变量的情况下,研究者无需采用结构方程建模,仍可采用操作方便、结果明了易懂的回归分析等方法。

12.4.2 因子分析与结构方程建模的关系

因子分析被看作探索性的研究方式,而结构方程建模被看作是验证性的。所以,同样是因子分析,用传统的因子分析方法来做,被称为探索性因子分析,用结构方程建模来做,被称为验证性因子分析。

探索性因子分析的优势在于揭示可能存在的因子。由于因子都是潜变量,但是可以通过测量变量(标识)间接地体现出来,所以当研究者对一组测量变量背后有哪些因子都不甚了了时,往往先采用传统的因子分析方法,根据因子解释测量变量方差的能力确定因子个数,根据测量变量的共同度(公因子方差)以及因子负荷等参数,判断测量变量背后可能有哪些因子,并根据测量的内容解释因子的含义并对其命名。

结构方程建模的优势在于验证研究者预先想定的关于潜变量(及其标识)之间关系的理论、模型或设想是否符合实际。作为结构方程建模的特例,验证性因子分析是测验研制者手中的利器之一,可以用来检验测验的效度、信度、等价性等。因此,研究者往往是在探索性因子分析的基础上,待因子比较明朗之后,再采用结构方程建模进行验证性因素分析,甚至进一步研究潜变量之间的复杂关系。不过,既然是模型,必然是现实世界关系的某种简化。因此,研究者总会将自己认为不重要的关系排除在模型外,从而形成一个简约的模型。这种忽略往往造成初始假设模型的拟合度比较低,根据修正指数加入各种先前被忽略的重要关系后,拟合度就迅速提高。而且,初始模型尽量简约,也可以少走弯路,大大缩短得到最终模型的时间。

初学者在看待探索性因子分析和验证性因子分析的关系时,经常会出现一些绝对化的误解,认为前者只是用于探索,后者全然用于验证。其实,探索性因子分析也是验证性因子分析的特例。反过来说,**验证性因子分析也有一定的探索性**,其表现就是在拟合度不高时,研究者会在模型中加入更多关系或剔除一些不合适的标识,以期自己的模型通过拟合度检验。

传统的被认为是**探索性的因子分析也有一定的验证性**。第一,在因子分析时,研究者可以指定因子个数,这种情况往往出现在测验编制过程中,研究者心目中已经将作为测量变量的题项分为多个分测验,进行因子分析的目的就是想验证一下自己的想法是否符合实际。第二,因子分析也可以剔除一些因子负荷较低的题项,以提高因子可解释方差的比例,这其实也是一种提高拟合度的手段。例题 11.2 就是这样,研究者将 24 个题项分为 3 组,各组对应 1 个因子,最后剔除了 2 个题项。另外,研究者在做因子旋转时还可以假定因子间相互独立,即做正交旋转而不是斜交旋转,即相当于在结构方程建模中将两个潜变量之间的相关固定为零。

探索性因子分析和验证性因子分析可以结合使用。有些研究者将样本一分为二,一半用来做探索性因子分析,产生因子结构;另一半用验证性因子分析对模型进行比较。

12.4.3 关于模型的重复验证和最终选择

统计学者普遍认为,最终确定的模型还需抽取新的样本做重复验证。这是因为,分析过程中对于模型的所有修正都是针对旧样本进行的,最终模型仅与旧样本拟合度高,就相当于为旧样本量身定制了一套衣服,但是这套衣服换个人未必穿得服帖。重复验证符合研究结果可重复性的要求——**如果新样本与模型仍能较好拟合,这个模型就有了很强的泛化能力。**

只是,初学者往往因此产生了一个新的误解,认为只有结构方程建模得到的模型才需要新样本重复验证。本章12.2.3中介绍模型评价的常见指数时曾强调,模型拟合度高,只能说明根据样本数据尚不能拒绝该模型而已,并不能证明模型是正确的。这一论断其实适用于所有统计检验方法,任何一项研究都只能说其结果仅适合于其抽取的样本,都可以、也应该开展重复研究,检验其可重复性。为此,有些研究者在统计分析时采用所谓"交叉验证"(又称为"复核效化",cross-validation analysis)的方式,即以一定比例的数据作为"训练样本",利用其数据建立模型,然后对剩下的数据(被称为"保留样本")进行预测,考察其模型的泛化能力。甚至有所谓"k 重交叉验证"——将样本划分为 k 个子样本,其中 $k-1$ 个子样本轮流作为训练样本,剩下的那个子样本作为保留样本,进行多次验证。这样一来,一个研究中就可能得出多个模型,研究者最终选择的不是拟合度最高的模型,而是合理的、简洁的、拟合度满意且能拟合更多新样本的模型。

至于一个研究之内是不是一定要抽取新样本做验证或进行交叉验证,属于科学方法论的范畴,见仁见智,未见得一定要强求一律。

12.4.4 结构方程建模的局限性

结构方程建模也有其局限性。首先是**样本容量问题**。结构方程建模是通过比较协方差矩阵的方式拟合模型的。**在样本容量较小的情况下,得到的结构不够稳定,所以需要较大的样本。**

其次是模型的**可识别问题**。结构方程建模的前提是模型可识别。从理论上判断一个模型是否可识别是一个非常复杂的过程,好在统计软件在经过计算后可以报告能否识别。但是,如果软件报告不能识别,也没有什么简明的准则能告诉我们该怎么改进模型,使之一定得到识别。

即使模型可以识别,也不能说明模型很好地拟合了实际数据。为了提高拟合度,统计软件会建议加入一些路径(自由参数)。但是这也有弊端:一是这些新加入的路径使模型变得更加复杂,不利于实际应用;二是即使新加入的路径能大幅提高拟合度,研究者有时也难以做出合理的解释。**为了维护模型的合理性和简洁性,研究者经常不得不牺牲一些拟合度。**

12.4.5 综合应用举例——某测验3个分量表的结构方程建模

11.4 介绍了例题 11.2,当时用传统的探索性因子分析方法考察了 24 个题项与 3 个因子的对应关系,最终剔除了因子负荷较低的两个题项(ItemA3 和 ItemB4)。本节我们用结构方程建模分析同样的数据,看看有没有新的有趣的发现。

【例题 12.2】
某研究机构在编制一个人格量表时,想定了 A、B、C 三种人格特质,并针对每一种特质编制了一组(8 个)题项(ItemA1—8、ItemB1—8、ItemC1—8)。假定研究者收集了 170 名被试这 3 种特质的测量结果(数据文件名:例题 1202-TestABC.sav)。现在要用结构方程建模的方法考察这些题项能否很好地反映其背后的特质,请问可以怎么做?

【解答】

如果运用结构方程建模来考察测验及题项的合理性,可以假定存在 3 个潜变量(FX1、FX2 和 FX3),它们分别对应于 3 组题项(ItemA1—8、ItemB1—8、ItemC1—8),在 Amos 中绘制的模型图如图 12.13 所示。

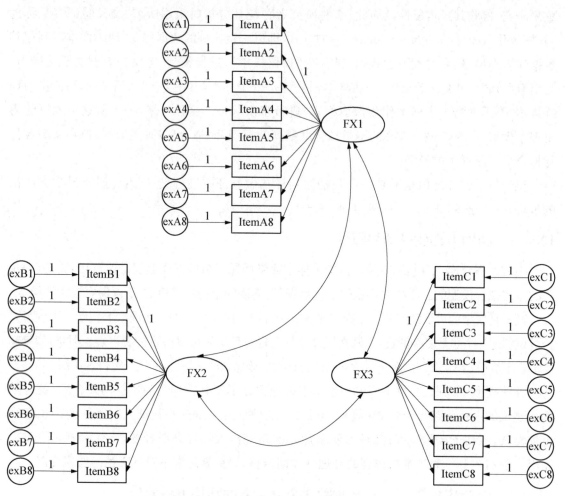

图 12.13 初始的结构方程模型

这是一个只有外生潜变量及其标识的测量模型。

该模型可识别,拟合度也还可以:$\chi^2=437.870$,$df=249$,$\chi^2/df=1.759<2$,RMSEA$=0.067>0.05$。

在观察修正系数表时,可以发现部分题项在 2 个因子上都有一定的负荷(交叉负荷),ItemA4<---FX2 的修正指数最高,为 20.3191。因此,先加入 ItemA4<---FX2,考察拟合度的变化情况。结果是:$\chi^2=408.0$,$df=248$,RMSEA$=0.065$。

再根据新的修正系数表,找到题项与因子间最高的修正指数(ItemA3<---FX2,7.6992),加入 ItemA3<---FX2,拟合度结果是:$\chi^2=397.40$,$df=247$,RMSEA$=0.0600$。

此时可以看到,各题项的交叉负荷都很低,题项间的相互关联对拟合度的影响凸显出来，为此，依次将 ItemC6＜---ItemC3，ItemB8＜---ItemA6 和 ItemB6＜--ItemB7 加入模型，得到如下结果：

加入 ItemC6＜---ItemC3(M. I.＝18.0184)后，χ^2＝369.8，df＝246，RMSEA＝0.0546；

加入 ItemB8＜---ItemA6(M. I.＝13.4115)后，χ^2＝353.9，df＝245，RMSEA＝0.0513；

加入 ItemB6＜--ItemB7(M. I.＝11.8674)后，χ^2＝333.2，df＝244，RMSEA＝0.0465。此时 RMSEA 对应的 P 值为 0.6708，远高于 0.05。这个模型（如图 12.14 所示）的拟合度应该说是非常不错的了。

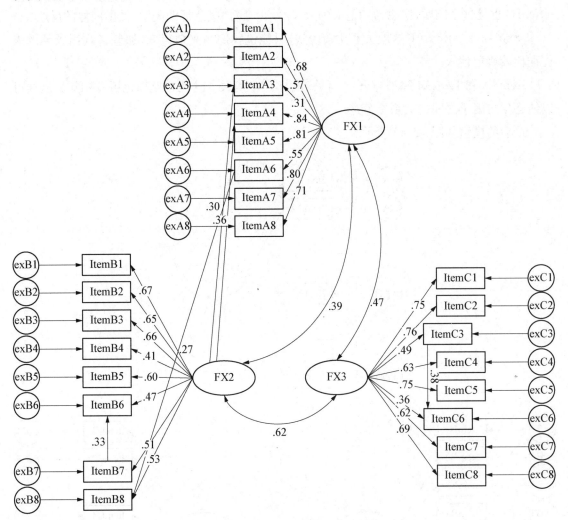

图 12.14 加入部分路径后的模型

接下来，我们还可以结合题项的内容考察新加入的关系。

ItemA3：我知道如何鼓励他人做我要做的事情；

ItemA4：我很享受领导他人；

ItemA6：我喜欢成为群体中的领导者；

ItemB6：我总是愿意帮助同学；

ItemB7：我随时愿意帮助他人；

ItemB8：我尊重他人，礼貌待人；

ItemC3：我很难进行想象；

ItemC6：我的想象力很好。

根据这些内容，就可以发现题项编制中的部分问题。先说 ItemC6＜---ItemC3 这一关系。两题内容其实正好相反，很同意 ItemC3 说法的人自然会不同意 ItemC6 的说法。所以，如果不是为了检验被试的认真程度或反应倾向，这两个题项可以去掉一个。另外，ItemB6＜---ItemB7 也是这个问题，愿意帮助他人的人，自然也会对"愿意帮助同学"做出同样的反应。

ItemB8＜---ItemA6 这层关系比较费解，只能说我们高兴地得知，那些喜欢当领导的人往往比较尊重他人。

ItemA3 和 ItemA4 除了与 FX1 有关，也与 FX2 有关。这两个题项也可以剔除。这样可以使题项与因子之间的关系更清楚。

最后的模型如图 12.15 所示。

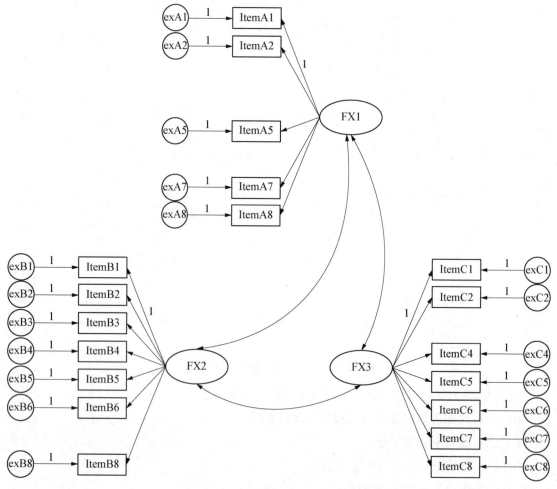

图 12.15　剔除部分题项后的模型

图 12.15 中模型的拟合度结果是：$\chi^2=178.3$，$df=149$，RMSEA$=0.0341$（其 90% 置信水平下的置信区间为 (0.0000, 0.0516)，$P=0.9305$）。此时修正指数表中也没有较大的数字,应该说这个模型很可以接受了。

与例题 11.2 相比,采用结构方程建模后没有剔除 ItemB4,事实上该题项的因子负荷较低,说明该题测量误差比较大,也可以考虑剔除,而且剔除后模型拟合度变化也不大。

可见,**编制测验时既应注意避免因子负荷较低的题项,避免在多个因子上有较大负荷的单个题项——尽量做到一个题项只测量一个因子;还要注意题项之间相互独立**,除非为了检查被试是否认真答题或考察被试的反应倾向。

第 13 章 多层线性模型

本章内容

多层线性模型用于研究多水平嵌套数据。在嵌套数据结构中,个体的相关性导致以个体数据独立性为前提的统计方法产生偏差。如果研究中有两个甚至更多随机因素,有一定程度的跨级相关,就应该建立多层线性模型,这样可以避免单水平回归分析导致更高的 I 型错误或 II 型错误概率。多层回归分析的常见模型包括最简单的无条件模型与常见的随机系数模型和随机截距模型,以及可以考察不同水平的自变量是否存在交互作用的模型。

学习要点

1. **多层线性模型的目的**:多层数据与独立性问题;多层线性回归分析的目的。
2. **多层线性模型的原理**:最简单的多层回归模型;跨级相关;无条件模型;条件模型;随机截距模型。
3. **多层线性模型的应用**:数据要求;无条件模型(零模型);随机系数模型和随机截距模型;有第二水平的变量和交互作用项的模型。
4. **多层线性模型的主要结果(指标)**:因变量总平均数(γ_{00});第一水平残差方差(σ^2);自变量与因变量之间的相关(回归系数 γ_{10});群组平均数(β_{0j})的方差(τ_{00});斜率(回归系数 β_{1j})的方差(τ_{11});平均数与斜率的协方差(τ_{01})等。

13.1 多层线性模型的目的

13.1.1 多层数据与独立性问题

心理学研究者有时需要研究所谓的"嵌套"(nested)数据。这种情况往往发生在多阶段抽样的研究中。例如,研究者先抽取了几十所学校,然后又在各所学校分别随机抽取了几十名学生作为被试。这样一来,学生就被嵌套在学校当中。类似的例子有很多,例如工人嵌套在工厂中,病人嵌套在医院中,市民嵌套在城市中,被试嵌套在研究中(元分析),总之就是个体嵌套在其所在的群组之中。

嵌套数据结构之所以被另眼相看,是因为各个群组内的个体可能具有较大的相似性,换言之,**各群组内部的数据有可能是相关的而不是独立的**。例如,同一个学校内学生的数据就可能是相关的;对同一个学生做出的多次测量之间也可能是相关的;就元分析而言,不同研究招募的被试往往有不同的特点,故各个研究内部被试的数据也可能是相关的。

一方面,嵌套数据结构中个体数据的相关性普遍存在,另一方面,不幸的是几乎每一种统计分析技术都要求个体数据具有独立性。学过初级心理统计方法的人都知道,当个体数据违反独立性前提时,我们就会引入"相关样本"这一概念。从 t 检验开始,我们就知道了相关样本 t 检验。方差分析也有相关样本的情形(但被称为随机区组设计、重复测量设计、被试内设计等),卡方检验和其他非参数检验也都有相关样本的情形。

方差分析中经常看到"固定"因素和"随机"因素这样的提法。所谓**固定因素**,是说**无论怎么进行重复研究,这个因素的所有水平都不会变化**。例如,研究三种教材的阅读效率,不论以后谁来重复这个研究,都会用到这三种教材;又如,研究计算能力的性别差异,无论谁重复这个研究,都会采用相同的关于性别的分类。像教材、性别这样的因素,就称为固定因素。相反,**随机因素无法被固定在若干水平下进行重复研究**。例如,为了研究不同类型的学校学生对三种教材的感受,就要抽取若干学校,然后从各个学校再抽取若干学生。这时,学校和学生都成为随机因素,因为下一次重复研究几乎肯定会抽到另一批学校和学生。

简单的线性回归分析也要求个体数据的独立性。**回归方程中的自变量最好是固定因素**,例如学校类型(普通高中和职业高中);但是,如果我们从不同学校抽取学生,学校和学生就成了随机因素,而**当研究中有两个甚至更多随机因素时,就应该考虑建立多层线性模型**(Hierarchical Linear Model,缩写为 HLM;或 Multilevel Linear Model,缩写为 MLM)。该方法有多种名称,如"多层线性回归分析""分层线性模型""混合效应模型""随机系数回归模型"等。

13.1.2 多层线性回归分析的目的

在多层线性回归分析方法出现之前,研究者只能在不同水平(如学生水平和学校水平)分别用单水平回归分析法考察变量之间的关系。这样做可能会造成一些严重的失误。

仍以研究者从几十所不同类型的学校分别随机抽取几十名学生为例。这里,学生属于第一水平(个体),学校属于第二水平(群组)。假定研究者测量了每个学生的好奇心水平(因变量)和自我效能感(自变量),在单水平回归分析时,研究者要么只考虑第一水平的学生而忽略第二水平的学校,要么只考虑学校而忽略学生。

如果忽略第二水平的因素(学校层面),那就意味着不考虑各校内部学生的相关性,好像每个学生是从全体学生中完全随机地抽取得到的一样。这样做固然可以建立学生水平的回归方程,即学生好奇心水平与自我效能感之间的回归方程。但是同样影响着学生好奇心水平的学校因素就混进了误差中。其结果是,第二水平因素(学校层面)的预测变量(如学校类型)效应的估计量标准误将被大大低估,从而**放大Ⅰ型错误的概率**。

如果忽略第一水平的因素(学生层面),仅建立学校水平的回归方程,即以各个学校学生平均好奇心水平为因变量,以各个学校学生平均自我效能感为自变量建立回归方程,这将浪费各学校内学生之间的差异信息,统计功效(检验力)可能会打折扣——**放大Ⅱ型错误的概率**,由此得出的理论推断的生态效度也可能会被削弱。

对同类研究开展的元分析就是一种第二水平的研究,因为它忽略了嵌套在每一个研究下的第一水平(个体)的数据。

多层线性回归分析建立的多层线性模型可以避免上述缺陷,因为这种方法既考虑第一水平因素,也考虑第二水平的因素。结合上面的例子来说,**多层线性模型能体现以下结果:**

(1) 第二水平各个群组(学校)的截距(学校平均数)有无显著差异,即学生的平均好奇心水平有无显著的校际差异。

(2) 第二水平各个群组(学校)的回归系数有无显著差异,即学生的好奇心水平与自我效能感之间的关联程度有无显著的校际差异。

(3) 两个水平的自变量是否存在交互作用。例如学校的类型(第二水平变量)与学生的自我效能(第一水平变量)对学生的好奇心水平的影响有无交互作用。

13.2 多层线性模型的原理

13.2.1 多层回归分析的基本思想

1. 最简单的多层回归模型

让我们从最简单的多层回归模型入手,理解多层回归分析的含义。

假定我们从某城市 75 所学校里各抽取一定数目的高中学生,测量其好奇心水平和自我效能感。现在有一位该城市的在读高中生(小林),你认为他的好奇心水平应该是多少?

要回答这样一个问题,我们必须得到更多信息。第一步,假定我们已经知道,该城市高中学生的好奇心平均得分为 $\gamma_0=500$。这时,我们就可以预测,作为该城市的在读高中生小林,在没有任何其他信息的情况下,他的好奇心得分就是 500。令 $\hat{Y}$ 为小林的好奇心得分估计值,可以列出最简单的、不考虑个别差异的截距模型

$$\hat{Y}=\gamma_0=500$$

显然,小林的真实得分(Y)不大可能刚好等于全市平均分,应该存在一定的随机误差(残差 e),所以,考虑了个别差异的截距模型就是

$$Y=\gamma_0+e$$

第二步,如果我们得到各个学校学生好奇心得分的平均数,并且知道了小林同学来自该市第 168 中学,而该中学学生好奇心得分的平均数比全市高 50。令 β_0 为第 168 中学平均分,第 168 中学相对于全市平均分的差值 $\mu_j=50$,则

$$\beta_0=\gamma_0+50=550$$

这样一来,我们就可以将 550 作为小林的好奇心得分预测值

$$\hat{Y}=\beta_0=\gamma_0+50=550$$

再考虑到校内的个别差异(e'),小林的真实得分就可以用以下式子表示

$$\begin{cases} Y = \beta_0 + e' \\ \beta_0 = \gamma_0 + \mu_j \end{cases}$$

这个式子就体现了多层分析的含义:第一层次——根据全市学校的信息求得小林所在学校的平均数 β_0,第二层次——根据小林所在学校的信息求得小林的分数 Y。

上述例子只涉及全市和各学校的平均数,回归模型中只有截距,没有其他回归系数。如果我们还测量了高中生的自我效能感,就可以完成以下两个层次的分析:

(1) 建立各个学校学生平均好奇心得分与平均自我效能感的回归模型,求出第 168 中学学生的平均好奇心;

(2) 建立第 168 中学学生的好奇心得分与自我效能感的回归模型,预测小林的好奇心得分。

2. 跨级相关

从理论上讲,如果群组之间没有显著差异,就不需要进行多层分析。在上述例子中,如果发现全市各个学校的平均分很接近,各个学校单独建立的回归模型中的回归系数也很接近,就可以把这 75 个学校看成 1 个学校,只建立学生水平的回归模型就够用了。

但是,学校之间如果差异显著,那就意味着每个学校内的个体数据相关较高。那么,如何衡量这种相关呢?一个常用的指标就是所谓的"**跨级相关**"(intra-class correlation,缩写为 ICC)。**群组之间的平均水平相差越大,意味着群组因素对个体数据的影响越大,ICC 就越高**。只要 ICC 高到一定程度,就应该构建多层线性模型。

当嵌套数据有两个水平(如学校、学生)时,ICC 就是群组间的差异占总差异之比率

$$ICC = \tau/(\tau + \sigma^2)$$

式中,τ 为群组之间的差异,σ^2 为群组内部的差异。

我们知道,方差分析可以检验群组间有无显著差异。根据方差分析算出的群组间方差(MS_b)和群组内方差(MS_w)就可以推算跨级相关系数

$$ICC = \frac{MS_b - MS_w}{MS_b + (n-1)MS_w}$$

一般情况下,ICC 为正值。有学者指出,不太起眼的 ICC 也能导致实际 I 类错误率被成倍放大[①]。故 ICC 值越大,意味着群组之间的差异越大,群组因素对个体因变量的关联就越强,就越需要采用多层线性模型。

13.2.2 多层回归分析的常见模型

1. 无条件模型

本节第一部分讨论的对高中生小林好奇心得分的估计,其实就是一种**无条件模型**

[①] Scariano, S., & Davenport, J. (1987). The effects of violations of the independence assumption in the one way ANOVA. *American Statistician*, 41,123-129.

(unconditional model)，亦称**零模型**(null model)。这种模型**不包括自变量(预测变量)**，只包括截距。其一般数学表达形式是

$$\begin{cases} Y_{ij} = \beta_{0j} + e_{ij} \\ \beta_{0j} = \gamma_{00} + \mu_{0j} \end{cases}$$

其含义是：(1)第 j 组第 i 个个体的观察值 Y_{ij} 可以表达为第 j 组平均数 β_{0j} 与该个体在所属群体内的残差 e_{ij} 之和；(2)第 j 组的平均数 β_{0j} 可以表达为总平均数 γ_{00} 与该组平均数效应值 μ_{0j}（群组对平均数产生的影响）之和。将上述两式合并，即

$$Y_{ij} = \gamma_{00} + \mu_{0j} + e_{ij}$$

统计学上也将这种模型称为方差成分模型(Variance Components Model)，其自变量为学校。各个学校的平均分的平均分即为 γ_{00}。

2. 条件模型

条件效应模型至少包含一个预测变量(自变量)，这个预测变量可以位于任意水平。很多多层线性模型往往在第一水平建立条件模型，在第二水平建立无条件模型。条件模型有多种形式，最常见的是随机系数模型(random coefficient model)。

以小林同学为例。如果我们发现学生的自我效能感可以较好地预测其好奇心水平，自然会希望建立两者间的回归模型。于是，我们向第一水平的模型中加入学生的自我效能感(SEF)作为一个预测变量。该模型就变成

$$Y_{ij} = \beta_{0j} + \beta_{1j}(SEF_{ij} - \overline{SEF_j}) + e_{ij}$$

它的意思是，第 j 组第 i 个个体的观察值 Y_{ij} 可以表达为第 j 组平均数 β_{0j}、该个体因 SEF 与群组平均 SEF 之差而产生的差异 $\beta_{1j}(SEF_{ij} - \overline{SEF_j})$，以及个体残差 e_{ij} 之和。也就是说，我们可以根据小林所在学校的平均好奇心得分，结合小林的自我效能感，从而得到一个更接近真实情况的估计值。

接下来要问的是，这个第 j 组（小林所在学校）的平均好奇心得分 β_{0j} 和回归系数 β_{1j} 又该怎样求得呢？这里要加入两个第二水平的无条件模型

$$\begin{cases} \beta_{0j} = \gamma_{00} + \mu_{0j} \\ \beta_{1j} = \gamma_{10} + \mu_{1j} \end{cases}$$

其中 $\beta_{0j} = \gamma_{00} + \mu_{0j}$ 与原来含义相同，即第 j 组的平均数可以表达为总平均数与该组效应值（群组对平均数产生的影响）之和。$\beta_{1j} = \gamma_{10} + \mu_{1j}$ 的含义是，第 j 组的因变量与自变量之间的回归系数可以表达为第一水平的平均回归系数与该组回归系数效应值（群组对回归系数产生的影响）之和。这样一来，我们在预测任一学生的好奇心得分时，都可以利用该生所在学校的平均数和该校特有的回归系数，从而提高估计的精确性。

将上面第一水平的条件模型和第二水平的无条件模型合起来，就是：

$$Y_{ij} = \gamma_{00} + \mu_{0j} + (\gamma_{10} + \mu_{1j})(SEF_{ij} - \overline{SEF}_j) + e_{ij}$$

或

$$Y_{ij} = \gamma_{00} + \gamma_{10}(SEF_{ij} - \overline{SEF}_j) + \mu_{0j} + \mu_{1j}(SEF_{ij} - \overline{SEF}_j) + e_{ij}$$

3. 随机截距模型

如果将随机系数模型中的 $\beta_{1j} = \gamma_{10} + \mu_{1j}$ 改为 $\beta_{1j} = \gamma_{10}$，即仅考虑截距的校际差异(γ_{10})，不再考虑斜率的校际差异(μ_{1j})，就是**随机截距模型**(random intercept model)。这其实是对**随机系数模型的简化**，就上述例子而言，它意味着最终回归模型变成了

$$Y_{ij} = \gamma_{00} + \gamma_{10}(SEF_{ij} - \overline{SEF}_j) + \mu_{0j} + e_{ij}$$

即小林的好奇心得分由 4 部分组成：全体学生的平均分(γ_{00})，加上以平均斜率计算的自我效能感产生的差异，再加上所在学校所造成的平均分差异，最后加上小林本人的残差。

除了上述两个水平的模型之外，我们还可以建构更多水平的模型。例如在学校水平之上再加一个"学区"因素，或者在学校和学生之间加一个"班级"因素；也可以引入更多的自变量，例如学校的类型、师资水平等。此外，与单水平回归分析一样，多层线性模型中也可以加入自变量之间的交互作用项。

本章根据一个假想的研究案例(例题 13.1)，由浅入深地介绍 3 个模型。

13.3 多层线性模型的应用

13.3.1 数据要求

【例题 13.1】

研究者开展青少年社会与情感能力研究，取得了包括学生好奇心水平(CUR)、自我效能感(SEF)等指标在内的大量数据。表 13.1 列出了高中阶段部分学校(含普通高中和职业高中)参试学生的部分数据，完整数据见数据文件"例题 1301-多层线性模型.sav"。

表 13.1　例题 13.1 的前 15 名参试数据

SchID	StudID	CUR	CSEF	CMSEF	SchType
001	211001001	845.91	458	-2.71	1
001	211001002	540.77	-31	-2.71	1
001	211001003	629.67	181	-2.71	1
001	211001004	582.12	-14	-2.71	1
001	211001005	525.28	-63	-2.71	1
001	211001006	588.41	11	-2.71	1
001	211001008	611.97	-19	-2.71	1
001	211001009	560.25	-12	-2.71	1

续 表

SchID	StudID	CUR	CSEF	CMSEF	SchType
001	211001011	580.66	−30	−2.71	1
001	211001012	501.76	6	−2.71	1
001	211001013	561.82	−27	−2.71	1
001	211001014	542.34	−40	−2.71	1
001	211001015	556.16	35	−2.71	1
001	211001016	725.11	127	−2.71	1
001	211001017	632.57	33	−2.71	1
……	……	……	……	……	……

数据文件中有6个主要变量：(1)SchID——学校编号；(2)StudID——学生编号；(3)CUR——好奇心得分，这是一个原始得分；(4)CSEF——学生自我效能中心化得分，即每个学生的自我效能得分 SEF 减去学生所在学校被抽中学生的自我效能平均分 MSEF（或 $SEF_{ij} - \overline{SEF_j}$）；(5)CMSEF——学校平均自我效能中心化得分，即每个学校的平均自我效能得分减去全部学校被抽中学生的总平均分（$\overline{SEF_j} - \overline{\overline{SEF}}$）。(6)SchType——学校类型(0-普通高中，1-职业高中)。文件后面的变量 SEF、MSEF 等用于 CSEF 和 CMSEF 的计算。

现在要求建立以 CUR 为因变量，SEF 为自变量的回归模型，并且要求考虑学校、学校类型对 CUR 的影响。

【解答】

首先，要注意多层回归分析对数据的缺失比较敏感，尤其是第二水平或更高水平的数据，最好没有缺失。本次测试在学生水平出现了极少量缺失值，但是学校水平没有缺失值。为了方便叙述，我们将缺失数据的学生全部剔除，得到75所高中3611名学生的数据。表13.2是以学生为单位计算出的统计量；表13.3是以学校为单位计算出的统计量。

表13.2 学生水平数据的描述统计结果

	Minimum	Maximum	Mean	Std. Deviation
CUR	224.51	867.88	575.9871	77.31843
CSEF	−230	472	.00	83.555
Valid N (listwise)				

表13.3 学校水平数据的描述统计结果

	Minimum	Maximum	Mean	Std. Deviation
CMSEF	−42.43	58.32	.0000	19.20913
SchType	0	1	.22	.417
Valid N (listwise)				

其次，要注意作为连续变量的预测变量 SEF 不能直接用于建立模型，需要对其做中心化处理。第一水平 SEF 的中心化就是将每一个学生的 SEF 减去所属学校的平均 SEF，数据表中用 CSEF 代表学生的中心化 SEF；同样，作为第二水平的预测变量（校平均分 MSEF）也要中心化，将其减去总平均分，即可得到中心化校平均分，数据表中的变量名为 CMSEF。

另外，类别变量应采用虚拟变量的方式表示。这个数据文件中有一个类别变量——学校类型，它已经用虚拟变量形式表示了（0-普通学校，1-职业学校），可以直接使用。

13.3.2 无条件模型(零模型)

依次点击菜单项

Analyze → Mixed Models → Linear...

进入线性混合模型指定被试和重复界面，将变量 SchID 选入 Subject（被试）框中。（虽然学校不是被试，但这是约定俗成的表达。）这样，学校就成了第二水平变量。

接着点击 Continue 按钮，在其打开的界面上将变量 CUR 选为 Dependent Variable（因变量），如图 13.1 所示。再点击 Random... 按钮打开随机效应界面，勾选 Include Intercept（包含截距）选项，在 Subject Groupings（被试群组）下，将 SchID 选入右侧的 Combination（组合）框，结果如图 13.2 所示。

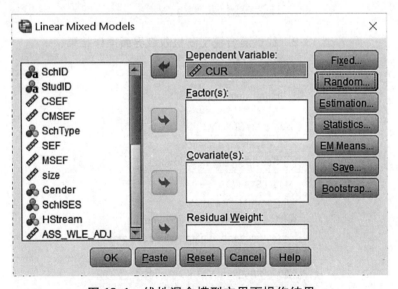

图 13.1　线性混合模型主界面操作结果

点击 Continue 按钮回到主界面，点击 Statistics...（统计量）按钮进入统计量界面，在下面的 Model Statistics（模型统计量）部分，勾选 Parameter estimates（参数估计）、Tests for covariance parameters（协方差参数检验）和 Covariances of random effects（随机效应协方差）这三个选项，如图 13.3 所示。

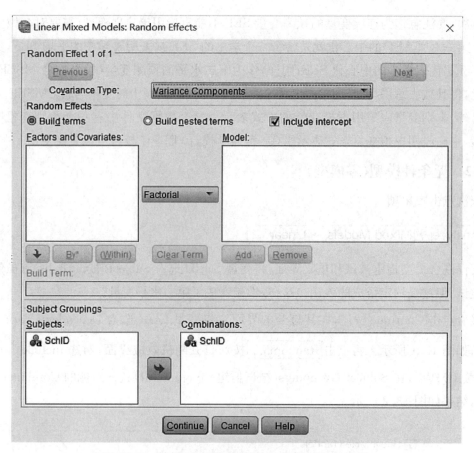

图 13.2　线性混合模型随机效应界面操作结果

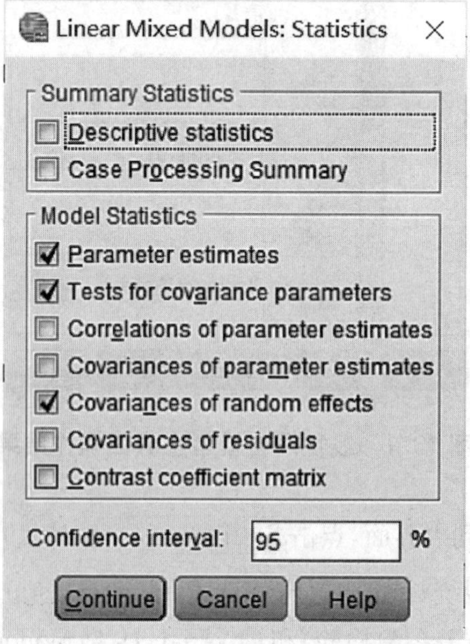

图 13.3　线性混合模型统计量界面操作结果

最后，点击 Continue 按钮回到主界面，再点击 OK 按钮，即可看到运行结果。

下面介绍 SPSS 输出的主要结果（如表 13.4—13.8 所示）。表 13.4 是信息准则表（Information Criteria），其中列出了用于衡量模型拟合优度的各种信息准则。这些准则的数值越小越好。

表 13.4 信息准则表
Information Criteria[a]

−2 Restricted Log Likelihood	41555.878
Akaike's Information Criterion (AIC)	41559.878
Hurvich and Tsai's Criterion (AICC)	41559.881
Bozdogan's Criterion (CAIC)	41574.261
Schwarz's Bayesian Criterion (BIC)	41572.261

The information criteria are displayed in smaller-is-better form.
a. Dependent Variable: CUR.

表 13.5 是固定效应的检验表（Tests of Fixed Effects）。由于是无条件模型，表中只有关于截距的显著性检验。结果表明，截距具有显著意义。

表 13.5 固定效应的检验表
Type III Tests of Fixed Effects[a]

Source	Numerator df	Denominator df	F	Sig.
Intercept	1	73.267	59056.297	.000

a. Dependent Variable: CUR.

表 13.6 是固定效应的参数估计（Estimates of Fixed Effects）。截距项的估计值为 575.94，也就是说，各个学校平均分（截距）的平均数（γ_{00}）为 575.94，其标准误为 2.37。表 13.5 和表 13.6 都说明，不同学校的学生的 CUR 有显著差异。

表 13.6 固定效应的参数估计
Estimates of Fixed Effects[a]

Parameter	Estimate	Std. Error	df	t	Sig.	95% Confidence Interval	
						Lower Bound	Upper Bound
Intercept	575.940625	2.369980	73.267	243.015	.000	571.217553	580.663698

a. Dependent Variable: CUR.

表 13.7 是协方差参数的估计结果。结果表明，第一水平（学生）方差（σ^2）为 5682.35，第二水平（学校）的方差（τ_{00}）为 303.01。也就是说，学校因素造成的差异 τ_{00} 占总差异（τ_{00} +

σ^2)的比例(跨级相关系数)为

$$ICC = \tau_{00}/(\tau_{00}+\sigma^2) = 303.01/(303.01+5682.35) = 0.051$$

这个 ICC 值看上去不大，但是由于各学校参试学生数较大，犯Ⅰ类错误的概率还是很高的。此时应当采用多层线性模型。

表 13.7　协方差参数的估计值
Estimates of Covariance Parameters[a]

Parameter		Estimate	Std. Error	Wald Z	Sig.	95% Confidence Interval	
						Lower Bound	Upper Bound
Residual		5682.351061	135.154438	42.043	.000	5423.532848	5953.520425
Intercept [subject = SchID]	Variance	303.012331	69.645455	4.351	.000	193.115461	475.448584

a. Dependent Variable: CUR.

表 13.8 是随机效应协方差结构表(Random Effect Covariance Structure)，其中列出了包括截距在内的回归系数之间的协方差。无条件模型中只有一个回归参数，其结果是各校截距(Intercept | SchID)的方差，即学校因素造成的差异 $\tau_{00}=303.01$。

表 13.8　随机效应协方差结构表
Random Effect Covariance Structure (G)[a]

	Intercept | SchID
Intercept | SchID	303.012331

Variance Components.
a. Dependent Variable: CUR.

至此，我们可以写出无条件模型如下

$$\begin{cases} CUR_{ij} = \overline{CUR}_j + e_{ij} \\ \overline{CUR}_j = 575.94 + \mu_{0j} \end{cases}$$

或

$$CUR_{ij} = 575.94 + \mu_{0j} + e_{ij}$$

13.3.3　随机系数模型

下面，我们将引入预测变量——学生的自我效能感(SEF)，以期提高预测 CUR 的效果。

本例数据中的连续型的预测变量(SEF)已经完成了中心化，得到了学生水平的 CSEF 和学校水平的 CMSEF，故可以直接使用。

这里要注意的是,如果预测变量采用原始尺度,且其零点有实际意义,可以无需中心化转换。但是本例预测变量 SEF 为自我效能感,其零点没有明确含义,所以要做中心化转换。

第一水平预测变量的中心化转换可以用总平均数作为中心,即

每个个体的中心化值＝个体观察值－总平均数

也可以用群组平均数作为中心,即

每个个体的中心化值＝个体观察值－所在组平均数

或者干脆将个体的标准分数作为中心化值,即

每个个体的中心化值(Z 分数)＝(个体观察值－总平均数)/全部个体的标准差

在实际应用中,以上**中心化方法应根据研究目的做出选择**,以能够最合理地解释数据为原则。建立随机系数模型时,**一般以群组平均数为中心**。它表示群组内的离差对因变量的影响。

第二水平预测变量也需要中心化。在建立随机系数模型时,应将群组平均数(本例中的学校平均数)减去总平均数作为中心化值。

用 SPSS 建立随机系数模型时,可以依照零模型的步骤进行设定,其区别在于:

(1) 在主界面,将 CSEF 选为 Covariate(协变量),注意不是选为 Factor(因素);

(2) 在固定效应界面和随机效应界面,将 Factors and Covariates(因素与协变量)中的 CSEF 选入 Model(模型)框中;

(3) 在随机效应界面,将 Factors and Covariates(因素与协变量)中的 CSEF 选入 Model(模型)框中,并将 Covariance Type(协方差类型)选为 Unstructured(该选项表示要估计第二水平变量的方差-协方差矩阵)。

以上操作的结果界面如图 13.4—13.6 所示。SPSS 输出的结果如表 13.9—13.13 所示。

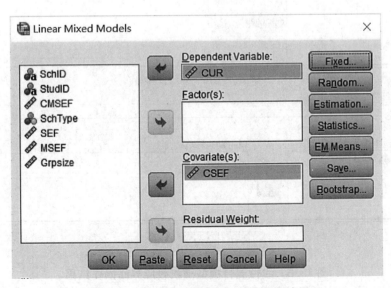

图 13.4　线性混合模型主界面操作结果

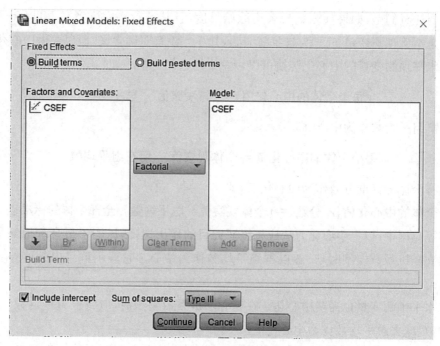

图 13.5　线性混合模型固定效应界面操作结果

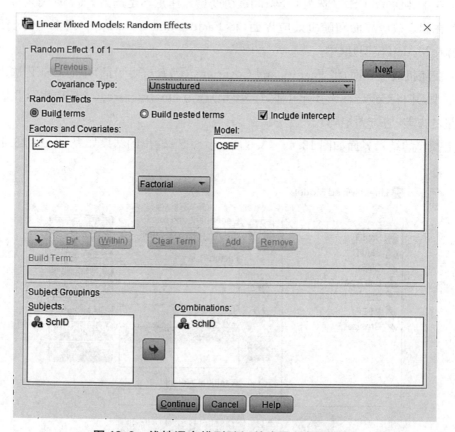

图 13.6　线性混合模型随机效应界面操作结果

表 13.9 是信息准则表(Information Criteria),其中列出用于衡量模型拟合优度的各种信息准则。前一节曾提到,这些准则的数值越小越好。比较表 13.4 和表 13.9 中的数值,可以看到它们从 41000 多下降到了 39000 多,这说明加入自我效能感这一预测变量后,模型的拟合优度有了一定的进步。

表 13.9 信息准则表
Information Criteria[a]

−2 Restricted Log Likelihood	39065.227
Akaike's Information Criterion (AIC)	39073.227
Hurvich and Tsai's Criterion (AICC)	39073.238
Bozdogan's Criterion (CAIC)	39101.991
Schwarz's Bayesian Criterion (BIC)	39097.991

The information criteria are displayed in smaller-is-better form.
a. Dependent Variable: CUR.

表 13.10 是固定效应的检验表(Tests of Fixed Effects)。模型中除了原有的关于截距的显著性检验外,还加入了 CSEF 作为预测变量。结果表明,截距和 CSEF 的回归系数都具有显著意义。

表 13.10 固定效应的检验表
Type III Tests of Fixed Effects[a]

Source	Numerator df	Denominator df	F	Sig.
Intercept	1	73.616	58750.446	.000
CSEF	1	76.669	1288.519	.000

a. Dependent Variable: CUR.

表 13.11 是固定效应的参数估计(Estimates of Fixed Effects)。截距项的估计值为 575.93,也就是说,各个学校平均分(截距)的平均数(γ_{00})为 575.93,其标准误为 2.38;各个学校 CSEF 的回归系数的平均数(γ_{10})为 0.64,其标准误为 0.018。表 13.10 和表 13.11 都说明,不同学校的学生的 CUR 有显著差异,CSEF 对 CUR 的回归模型也有显著意义。

表 13.11 固定效应的参数估计
Estimates of Fixed Effects[a]

Parameter	Estimate	Std. Error	df	t	Sig.	95% Confidence Interval	
						Lower Bound	Upper Bound
Intercept	575.933322	2.376110	73.616	242.385	.000	571.198408	580.668236
CSEF	.642961	.017912	76.669	35.896	.000	.607292	.678631

a. Dependent Variable: CUR.

表 13.12 是协方差参数的估计值。结果表明,第一水平(学生)的方差(σ^2)为 2746.03,第二水平(学校)的截距方差(τ_{00})为 366.27,截距与 CSEF 回归系数的协方差(τ_{01})为 0.27,CSEF 回归系数的方差(τ_{11})为 0.015。截距与 CSEF 回归系数的协方差没有显著意义(Sig.=0.463)。

表 13.12 协方差参数的估计值
Estimates of Covariance Parameters[a]

Parameter		Estimate	Std. Error	Wald Z	Sig.	95% Confidence Interval	
						Lower Bound	Upper Bound
Residual		2746.030147	65.961504	41.631	.000	2619.744053	2878.403926
Intercept + CSEF [subject = SchID]	UN (1, 1)	366.274535	69.805830	5.247	.000	252.105244	532.146943
	UN (2, 1)	.270797	.368571	.735	.463	-.451589	.993183
	UN (2, 2)	.015001	.003797	3.951	.000	.009134	.024635

a. Dependent Variable: CUR.

表 13.13 是随机效应协方差结构表(Random Effect Covariance Structure),其中包括了各个方差和协方差。这个表用"|SchID"表示各校的截距或各校 CSEF 回归系数,比表 13.12 用 UN(1,1)等能更清楚地表示何者的方差和哪两者之间的协方差。

表 13.13 随机效应协方差结构表
Random Effect Covariance Structure (G)[a]

	Intercept	SchID	CSEF	SchID
Intercept	SchID	366.274535	.270797
CSEF	SchID	.270797	.015001

Unstructured.

a. Dependent Variable: CUR.

至此,我们可以写出模型如下:

$$CUR_{ij} = \beta_{0j} + \beta_{1j}(SEF_{ij} - \overline{SEF}_j) + e_{ij}$$

其中

$$\begin{cases} \beta_{0j} = 575.93 + \mu_{0j} \\ \beta_{1j} = 0.64 + \mu_{1j} \end{cases}$$

或

$$CUR_{ij} = 575.93 + 0.64(SEF_{ij} - \overline{SEF}_j) + \mu_{0j} + \mu_{1j}(SEF_{ij} - \overline{SEF}_j) + e_{ij}$$

特例：随机截距模型

如果在构建随机系数模型时，去掉体现校际差异的 μ_{1j}，就形成了一个随机截距模型。在 SPSS 中操作时，只需跳过在随机效应界面将 CSEF 选入 Model 框这一步骤，其余操作仍按照随机系数模型设定步骤即可。你可以试着自行完成分析，其最终回归模型是

$$CUR_{ij} = 575.93 + 0.63(SEF_{ij} - \overline{SEF_j}) + \mu_{0j} + e_{ij}$$

13.3.4 更复杂的模型

在例题 13.1 的数据中，还有一个第二水平的变量——学校类型。它将高中学校分为普通高中和职业高中两类，采用 01 编码，职业高中为 1，普通高中为 0。另外，变量间的交互作用也还没有考察过。如果加入这些内容，就可以建立更复杂的模型。

不过，任何模型都源于一定的研究目的，不是越复杂越好。现在假定，我们通过理论研究，认为有必要研究学校的类型对学生好奇心水平的影响，学校类型与学生自我效能感在影响好奇心中的交互作用，以及学校平均自我效能感与学生自我效能感在影响好奇心时的交互作用，可以将这些内容加入前面已有的随机系数模型，形成一个更复杂的模型。

在 SPSS 操作中，要在随机系数模型中加入上述内容，需要附加以下操作。

(1) 在主界面，将 SchType、CSEF、CMSEF 选入 Covariate(s) 框中，结果如图 13.7 所示。

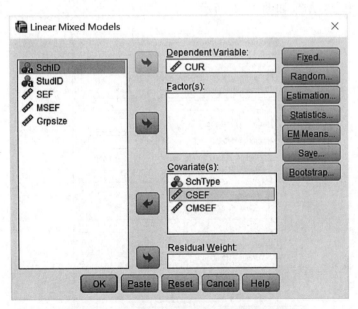

图 13.7 线性混合模型主界面操作结果

(2) 在固定效应界面，选中左边方框(Factors and Covariates)中的全部自变量，保持中间的 Factorial 选项不变，点击右边框下面的 Add (加入) 按钮，可以看到右边框中出现了所有可能的变量组合，选中其中不需要分析的项目，点击 Remove (去除) 按钮，结果如图 13.8 所示。

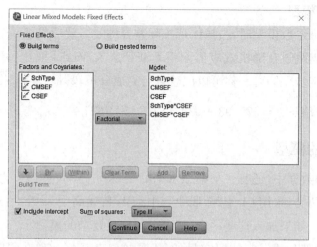

图 13.8　线性混合模型固定效应界面操作结果

(3) 在随机效应界面,将协方差类型选为 Unstructured。

(4) SPSS 在计算时可以自行设定迭代次数。点击图 13.7 主界面上右边的 Estimation... (估计)按钮,在打开的界面中找到 Iterations(迭代)框,修改其中的 Maximum iterations(最大迭代次数)和 Maximum step-halvings(最大逐步二分次数),本题可依次改为 200 和 20,结果如图 13.9 所示。

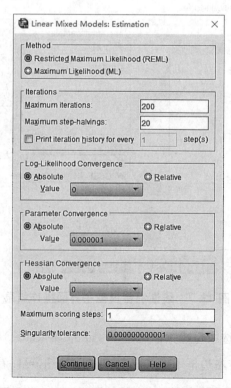

图 13.9　线性混合模型估计界面操作结果

SPSS 输出的结果如表 13.14—13.8 所示。

表 13.14 信息准则表
Information Criteria[a]

-2 Restricted Log Likelihood	38937.241
Akaike's Information Criterion (AIC)	38945.241
Hurvich and Tsai's Criterion (AICC)	38945.252
Bozdogan's Criterion (CAIC)	38974.001
Schwarz's Bayesian Criterion (BIC)	38970.001

The information criteria are displayed in smaller-is-better form.
a. Dependent Variable: CUR.

从表 13.4 可以看出，模型的拟合度进一步提高。

表 13.15 固定效应的检验表
Type III Tests of Fixed Effects[a]

Source	Numerator df	Denominator df	F	Sig.
Intercept	1	69.947	251534.284	.000
SchType	1	71.106	21.092	.000
CMSEF	1	71.509	270.422	.000
CSEF	1	60.597	963.773	.000
SchType * CSEF	1	58.290	2.343	.131
CMSEF * CSEF	1	59.887	2.565	.114

a. Dependent Variable: CUR.

表 13.15 结果表明，三个自变量对 CUR 都有显著的预测价值，但是两个交互作用项无显著意义。这一点从表 13.16 也可以看出来。

表 13.16 固定效应的参数估计
Estimates of Fixed Effects[a]

Parameter	Estimate	Std. Error	df	t	Sig.	95% Confidence Interval	
						Lower Bound	Upper Bound
Intercept	578.540177	1.153546	69.947	501.532	.000	576.239471	580.840882
SchType	-11.339637	2.469119	71.106	-4.593	.000	-16.262793	-6.416481
CMSEF	.880809	.053563	71.509	16.445	.000	.774021	.987596
CSEF	.664543	.021406	60.597	31.045	.000	.621733	.707353
SchType * CSEF	-.069109	.045152	58.290	-1.531	.131	-.159481	.021262
CSEF * CMSEF	-.001583	.000989	59.887	-1.602	.114	-.003561	.000394

a. Dependent Variable: CUR.

根据表 13.16，可以得知以下信息：

(1) 普通高中(SchType = 0)学生的平均 CUR 为 578.54。

(2) 在控制 CMSEF 的前提下，职业高中(SchType = 1)学生的平均分比普通高中低 11.34，两类学校平均分有显著差异。

(3) 在控制学校类型的前提下，校平均 CUR 与 CMSEF 之间的关系是，CMSEF 每加增 1 分，校平均 CUR 就增加 0.88 分。换言之，平均自我效能感越高的学校，学生的平均好奇心水平也越高。

(4) 对普通高中学生而言，CSEF - CUR 斜率为 0.66，这意味着普通高中学生的 SEF 每增加 1 分，其 CUR 就增加 0.66；如果换成职业高中，这个斜率要稍作调整，结果是 0.66 - 0.07 = 0.59，比普通高中略为平缓。然而两者并无显著差异(Sig. = 0.131)。

(5) 在控制学校类型的前提下，学校平均 SEF(即 CMSEF)与 CSEF - CUR 斜率之间的关联度仅为 -0.0016(Sig. = 0.114)，说明学校内部的 CSEF - CUR 斜率相差不大，学校平均自我效能感与学生自我效能感的交互作用不显著。

表 13.17 协方差参数的估计值
Estimates of Covariance Parameters[a]

Parameter		Estimate	Std. Error	Wald Z	Sig.	95% Confidence Interval	
						Lower Bound	Upper Bound
Residual		2745.605928	65.943876	41.635	.000	2619.353252	2877.943977
Intercept + CSEF [subject = SchID]	UN (1, 1)	19.680694	12.816363	1.536	.125	5.491933	70.527032
	UN (2, 1)	.574180	.187775	3.058	.002	.206149	.942212
	UN (2, 2)	.016752	.004587	3.652	.000	.009794	.028652

a. Dependent Variable: Curiosity.

根据表 13.17 可以得到知：学生水平的方差 σ^2 为 2745.61，学校水平的方差为 19.68(但没有显著意义：Sig. = 0.125)，截距与 CSEF 回归系数的协方差(τ_{01})为 0.57，而各个学校 CSEF - CUR 斜率的方差为 0.017。学校水平的方差比表 13.12(随机系数模型)中的 366.27 小了许多。

至此，我们可以写出模型如下：

$$CUR_{ij} = 578.54 - 11.34(SchType) + 0.88(\overline{SEF_j} - \overline{SEF}) + 0.66(SEF_{ij} - \overline{SEF_j})$$
$$- 0.07(SchType)(SEF_{ij} - \overline{SEF_j}) - 0.0016(\overline{SEF_j} - \overline{SEF_t})(SEF_{ij} - \overline{SEF_j}) + e_{ij}$$

去掉两个无显著意义的交互项，重新运行 SPSS，模型简化为：

$$CUR_{ij} = 578.53 - 11.35(SchID) + 0.88(\overline{SEF_j} - \overline{SEF}) + 0.63(SEF_{ij} - \overline{SEF_j}) + e_{ij}$$

13.3.5 关于样本容量问题

例题 13.1 的样本总容量达到 3611，学校达 75 所。一般情况下，研究者很难得到这么大的样本,所以,研究者在设计多层线性模型时首先想到的往往是样本容量问题。**就两个水平的研究而言,有一个所谓的 30/30 原则:30 个群组,每个群组 30 人,可以得到合适的估计值。但是霍(Hox)认为,如果模型还包含跨水平的交互作用,这一原则就不太够用了,而是应该采用 50/20 原则:50 个群组,每组 20 人。如果希望估计方差-协方差参数,最好采用 100/10 原则,100 个群组,每组 10 人**[①]。

不过,上述原则一般适用于采用充分最大似然估计法(Full maximum likelihood estimation,缩写为 FML)或有限最大似然估计法(Restricted maximum likelihood estimation,缩写为 RML)估计参数的情形。也有学者提出在样本容量较小时采用 RML 与 Kenward-Roger 法结合的方式估计参数,但这会降低统计功效——难以检测出比较微弱的效应。

目前也有一些软件可以用于计算合理的样本容量,例如 Optimal Design、PINT、MLPowSim 等。

13.3.6 模型及其待估参数小结

最后,我们用表 13.18 总结一下本节介绍的三种模型的形式和待估参数。

表 13.18 多层线性模型的基本形式和待估参数

水平	方程	待估参数
无条件模型(零模型)		
1	$Y_{ij} = \beta_{0j} + e_{ij}$	因变量总平均数(γ_{00})
2	$\beta_{0j} = \gamma_{00} + \mu_{0j}$	群组内方差(σ^2) 群组平均数(β_{0j})的方差(τ_{00})
随机截距模型		
1	$Y_{ij} = \beta_{0j} + \beta_{1j}(X_{ij} - \overline{X}_j) + e_{ij}$	因变量总平均数(γ_{00})
2	$\beta_{0j} = \gamma_{00} + \mu_{0j}$	第一水平残差方差(σ^2)
2	$\beta_{1j} = \gamma_{10}$	自变量与因变量之间的相关(回归系数 γ_{10}) 群组平均数(β_{0j})的方差(τ_{00})
随机系数模型		
1	$Y_{ij} = \beta_{0j} + \beta_{1j}(X_{ij} - \overline{X}_j) + e_{ij}$	因变量总平均数(γ_{00})
2	$\beta_{0j} = \gamma_{00} + \mu_{0j}$	第一水平残差方差(σ^2)
2	$\beta_{1j} = \gamma_{10} + \mu_{1j}$	自变量与因变量之间的相关(回归系数 γ_{10}) 群组平均数(β_{0j})的方差(τ_{00}) 斜率(回归系数 β_{1j})的方差(τ_{11}) 平均数与斜率的协方差(τ_{01})

[①] Hox, J. J. (2010). *Multilevel analysis: Techniques and applications* (2nd ed.). new York, NY: Routledge.

附录　例题 SPSS 操作指引

本附录按 SPSS 的菜单分类,列出了全书例题中介绍的 SPSS 各种分析方法对应的代码,以便于读者梳理和查询 SPSS 中各种统计处理的操作过程和命令。

本书所列内容纯为教学服务,如需全面学习 SPSS 软件,请参考软件说明书或专门的教材。

矩阵计算

在句法窗口进行矩阵运算:例题 1.5

```
MATRIX.
Compute X={8,14,9;10,13,10;9,18,12;9,13,10;6,14,8;6,11,8;9,12,9;13,17,13;
10,16,12;9,16,9}.
Compute Xbar={8.9,14.4,10;8.9,14.4,10;8.9,14.4,10;8.9,14.4,10;8.9,14.4,10;
8.9,14.4,10;8.9,14.4,10;8.9,14.4,10;8.9,14.4,10;8.9,14.4,10}.
Compute D=X—Xbar.
Print D.
Compute DTRANS=T(D).
Compute SCP=DTRANS*D.
Print SCP.
Compute S=1/9*SCP.
Print S.
END MATRIX.
```

数据管理

数据分组:例题 4.7

```
SORT CASES   BY Ltype.
SPLIT FILE SEPARATE BY Ltype.
```

数据加权:例题 5.8

```
WEIGHT BY f.
```

变量检测

变量正态性检验:例题 10.1

```
EXAMINE VARIABLES=TA SEF BY Gender
  /PLOT BOXPLOT STEMLEAF NPPLOT
  /COMPARE GROUPS
  /STATISTICS DESCRIPTIVES
  /CINTERVAL 95
  /MISSING LISTWISE
  /NOTOTAL.
```

交叉表

独立样本 χ^2 检验:例题 5.8

```
CROSSTABS
  /TABLES=gender BY PDlevel
  /FORMAT=AVALUE TABLES
  /STATISTICS=CHISQ
  /CELLS=COUNT
  /COUNT ROUND CELL
  /BARCHART.
```

t 检验

单样本 t 检验:例题 4.3

```
T-TEST
  /TESTVAL=60
  /MISSING=ANALYSIS
  /VARIABLES=CRE
  /CRITERIA=CI(.95).
```

单样本自助法 t 检验:例题 5.11

```
BOOTSTRAP
  /SAMPLING METHOD=SIMPLE
  /VARIABLES INPUT=CRE
  /CRITERIA CILEVEL=95 CITYPE=PERCENTILE  NSAMPLES=1000
  /MISSING USERMISSING=EXCLUDE.
T-TEST
  /TESTVAL=60
  /MISSING=ANALYSIS
  /VARIABLES=CRE
  /CRITERIA=CI(.95).
```

双独立样本 t 检验：例题 4.4

```
T-TEST GROUPS=WMC(0 1)
  /MISSING=ANALYSIS
  /VARIABLES=CRE
  /CRITERIA=CI(.95).
```

双相关样本 t 检验：例题 4.5

```
T-TEST PAIRS=CRE1 WITH CRE2 (PAIRED)
  /CRITERIA=CI(.9500)
  /MISSING=ANALYSIS.
```

方差分析

单因素方差分析：例题 4.6

```
DATASET ACTIVATE DataSet3.
ONEWAY social BY group
  /STATISTICS HOMOGENEITY
  /PLOT MEANS
  /MISSING ANALYSIS
  /POSTHOC=LSD ALPHA(0.05).
```

双因素方差分析（完全随机设计）：例题 4.7

```
UNIANOVA Math BY Ttype Ltype
  /METHOD=SSTYPE(3)
  /INTERCEPT=INCLUDE
  /PLOT=PROFILE(Ltype * Ttype)
  /PRINT=HOMOGENEITY
  /CRITERIA=ALPHA(.05)
  /DESIGN=Ttype Ltype Ttype * Ltype.
```

协方差分析:例题 4.8

```
UNIANOVA CRE3 BY WMC WITH CRE1
  /METHOD=SSTYPE(3)
  /INTERCEPT=INCLUDE
  /CRITERIA=ALPHA(0.05)
  /DESIGN=CRE1 WMC.
```

重复测量的方差分析:例题 4.9

```
GLM CRE1 CRE2 CRE3 BY WMC
  /WSFACTOR=factor1 3 Polynomial
  /METHOD=SSTYPE(3)
  /CRITERIA=ALPHA(.05)
  /WSDESIGN=factor1
  /DESIGN=WMC.
```

多元方差分析

单个 2 水平自变量的情形:例题 10.1

```
GLM TA SEF BY Gender
  /METHOD=SSTYPE(3)
  /INTERCEPT=INCLUDE
  /PRINT=RSSCP HOMOGENEITY
  /CRITERIA=ALPHA(.05)
  /DESIGN=Gender.
```

多水平自变量的情形：例题 10.2

```
GLM RE SA BY Type
  /METHOD=SSTYPE(3)
  /INTERCEPT=INCLUDE
  /PRINT=TEST(SSCP) HOMOGENEITY
  /CRITERIA=ALPHA(.05)
  /DESIGN=Type.
```

线性回归分析

一元线性回归：例题 6.1

```
REGRESSION
  /MISSING LISTWISE
  /STATISTICS COEFF OUTS R ANOVA
  /CRITERIA=PIN(.05) POUT(.10)
  /NOORIGIN
  /DEPENDENT IQ
  /METHOD=ENTER g.
```

多元线性回归：例题 6.2

```
DATASET ACTIVATE DataSet1.
REGRESSION
  /MISSING LISTWISE
  /STATISTICS COEFF OUTS R ANOVA
  /CRITERIA=PIN(.05) POUT(.10)
  /NOORIGIN
  /DEPENDENT Math
  /METHOD=STEPWISE AR VR NR.
```

分类变量的回归：例题 6.3

```
REGRESSION
  /MISSING LISTWISE
```

```
  /STATISTICS COEFF OUTS R ANOVA
  /CRITERIA=PIN(.05) POUT(.10)
  /NOORIGIN
  /DEPENDENT Math
  /METHOD=ENTER gender.

REGRESSION
  /MISSING LISTWISE
  /STATISTICS COEFF OUTS R ANOVA
  /CRITERIA=PIN(.05) POUT(.10)
  /NOORIGIN
  /DEPENDENT Math
  /METHOD=ENTER Class1 Class2 Class3.
```

多层线性模型

数据准备:例题 13.1

```
AGGREGATE
  /OUTFILE= * MODE=ADDVARIABLES
  /BREAK=schID
  /sef_mean=MEAN(sef).
COMPUTE sefgrpcen=sef-sef_mean.
EXECUTE.

AGGREGATE
  /OUTFILE= * MODE=ADDVARIABLES
  /BREAK=
  /sef_mean_mean=MEAN(sef_mean).
COMPUTE ScSEFcen=sef_mean-sef_mean_mean.
EXECUTE.
```

无条件模型(零模型):例题 13.1

```
MIXED CUR
  /FIXED=|SSTYPE(3)
  /METHOD=REML
  /PRINT=G SOLUTION TESTCOV
  /RANDOM=INTERCEPT|SUBJECT(SchID) COVTYPE(VC).
```

随机系数模型:例题 13.1

```
MIXED CUR WITH CSEF
  /FIXED=CSEF|SSTYPE(3)
  /METHOD=REML
  /PRINT=G  SOLUTION TESTCOV
  /RANDOM=INTERCEPT CSEF|SUBJECT(SchID) COVTYPE(UN).
```

随机截距模型:例题 13.1

```
MIXED CUR WITH CSEF
  /FIXED=CSEF|SSTYPE(3)
  /METHOD=REML
  /PRINT=G  SOLUTION TESTCOV
  /RANDOM=INTERCEPT|SUBJECT(SchID) COVTYPE(UN).
```

加入第二水平预测变量和交互作用项的模型:例题 13.1

```
MIXED CUR WITH SchType CMSEF CSEF
  /CRITERIA=CIN(95) MXITER(200) MXSTEP(20) SCORING(1)
   SINGULAR(0.000000000001) HCONVERGE(0,ABSOLUTE) LCONVERGE(0,
   ABSOLUTE) PCONVERGE(0.000001,ABSOLUTE)
  /FIXED=SchType CMSEF CSEF SchType*CSEF CMSEF*CSEF|SSTYPE(3)
  /METHOD=REML
  /PRINT=G SOLUTION TESTCOV
  /RANDOM=INTERCEPT CSEF|SUBJECT(SchID) COVTYPE(UN).
```

Logistic 回归分析

二项 Logistic 回归分析:例题 7.1

```
LOGISTIC REGRESSION VARIABLES STEM
  /METHOD=ENTER Math
  /METHOD=ENTER Learning Logic
  /PRINT=GOODFIT
  /CRITERIA=PIN(0.05) POUT(0.10) ITERATE(20) CUT(0.5).
```

多项 Logistic 回归分析:例题 7.2

```
NOMREG Happy(BASE=LAST ORDER=ASCENDING)BY Gender WITH P1_
TaskPerf P2_EmotionReg P3_Cooperative
    P4_Open P5_Commu
  /CRITERIA CIN(95) DELTA(0) MXITER(100) MXSTEP(5) CHKSEP(20)
LCONVERGE(0) PCONVERGE(0.000001)
      SINGULAR(0.00000001)
  /MODEL
  /STEPWISE = PIN(.05) POUT(0.1) MINEFFECT(0) RULE(SINGLE)
ENTRYMETHOD(LR) REMOVALMETHOD(LR)
  /INTERCEPT=INCLUDE
  /PRINT=PARAMETER SUMMARY LRT CPS STEP MFI.
```

序次 Logistic 回归分析:例题 7.2

```
PLUM Happy BY Gender WITH P1_TaskPerf P2_EmotionReg P3_Cooperative P4_
Open P5_Commu
  /CRITERIA=CIN(95) DELTA(0) LCONVERGE(0) MXITER(100) MXSTEP(5)
PCONVERGE(1.0E-6) SINGULAR(1.0E-8)
  /LINK=LOGIT
  /PRINT=FIT PARAMETER SUMMARY.
```

聚类分析

层次聚类(系统聚类):例题 8.1

```
CLUSTER   P1_TaskPerf P2_EmotionReg P3_Cooperative P4_Open P5_Commu
  /METHOD BAVERAGE
  /MEASURE=SEUCLID
```

```
    /ID=ID
    /PRINT SCHEDULE CLUSTER(3,5)
    /PLOT DENDROGRAM VICICLE.
```

K 中心聚类：例题 8.2

```
DATASET ACTIVATE DataSet1.
DATASET DECLARE   例题 0802Kmean.
QUICK CLUSTER P1_TaskPerf P2_EmotionReg P3_Cooperative P4_Open P5_Commu
  /MISSING=LISTWISE
  /CRITERIA=CLUSTER(3) MXITER(10) CONVERGE(0)
  /METHOD=KMEANS(NOUPDATE)
  /SAVE CLUSTER DISTANCE
  /PRINT ID(ID) INITIAL ANOVA CLUSTER DISTAN
  /FILE='DataSet2'
  /OUTFILE=例题 0802Kmean.
```

变量聚类：例题 8.1

```
DATASET DECLARE D0.13152035463180345.
PROXIMITIES   P1_TaskPerf P2_EmotionReg P3_Cooperative P4_Open P5_Commu
  /MATRIX OUT(D0.13152035463180345)
  /VIEW=VARIABLE
  /MEASURE=CORRELATION
  /PRINT NONE
  /STANDARDIZE=VARIABLE NONE.
CLUSTER
  /MATRIX IN(D0.13152035463180345)
  /METHOD BAVERAGE
  /PRINT SCHEDULE
  /PLOT VICICLE.
Dataset Close D0.13152035463180345.
```

判别分析

一般判别分析：例题 9.2

```
DISCRIMINANT
  /GROUPS=Type(1 3)
  /VARIABLES=RE SA
  /ANALYSIS ALL
  /SAVE=CLASS
  /PRIORS EQUAL
  /STATISTICS=UNIVF BOXM COEFF RAW
  /PLOT=COMBINED SEPARATE
  /CLASSIFY=NONMISSING POOLED.
```

逐步判别分析:例题 9.3

```
DISCRIMINANT
  /GROUPS=Type(1 3)
  /VARIABLES=P1_TaskPerf P2_EmotionReg P3_Cooperative P4_Open P5_Commu
  /ANALYSIS ALL
  /SAVE=CLASS
  /METHOD=WILKS
  /FIN=3.84
  /FOUT=2.71
  /PRIORS EQUAL
  /HISTORY
  /STATISTICS=UNIVF BOXM COEFF RAW
  /PLOT=SEPARATE
  /PLOT=CASES
  /CLASSIFY=NONMISSING POOLED.
```

因子分析

因子分析:例题 11.1

```
FACTOR
  /VARIABLES IQp IQv ZCortex EmoReg Comm
  /MISSING LISTWISE
  /ANALYSIS IQp IQv ZCortex EmoReg Comm
```

/PRINT INITIAL CORRELATION KMO AIC EXTRACTION ROTATION FSCORE
　　/PLOT EIGEN ROTATION
　　/CRITERIA MINEIGEN(1) ITERATE(25)
　　/EXTRACTION PC
　　/CRITERIA ITERATE(25)
　　/ROTATION VARIMAX
　　/SAVE REG(ALL)
　　/METHOD=CORRELATION.

非参数检验

单样本游程检验：例题 5.1

NPTESTS
　　/ONESAMPLE TEST（gender）RUNS（GROUPCATEGORICAL＝SAMPLE GROUPCONTINUOUS＝CUTPOINT(SAMPLEMEDIAN)）
　　/MISSING SCOPE＝ANALYSIS USERMISSING＝EXCLUDE
　　/CRITERIA ALPHA＝0.05 CILEVEL＝95.

正态分布拟合优度检验：例题 5.2

NPTESTS
　　/ONESAMPLE TEST（IQv IQp PDsize）KOLMOGOROV_SMIRNOV(NORMAL＝SAMPLE）
　　/MISSING SCOPE＝ANALYSIS USERMISSING＝EXCLUDE
　　/CRITERIA ALPHA＝0.05 CILEVEL＝95.

双独立样本——曼-惠特尼 U 检验和柯-斯(K - S)检验：例题 5.3

NPTESTS
　　/INDEPENDENT TEST（PDsize）GROUP（gender）MANN_WHITNEY KOLMOGOROV_SMIRNOV
　　/MISSING SCOPE＝ANALYSIS USERMISSING＝EXCLUDE
　　/CRITERIA ALPHA＝0.05　CILEVEL＝95.

单向秩次方差分析:例题 5.4

```
NPTESTS
  /INDEPENDENT TEST (social) GROUP (group)
KRUSKAL_WALLIS(COMPARE=PAIRWISE)
  /MISSING SCOPE=ANALYSIS USERMISSING=EXCLUDE
  /CRITERIA ALPHA=0.05   CILEVEL=95.
```

双相关样本——符号检验和符号秩次检验:例题 5.5

```
NPTESTS
  /RELATED TEST(CRE1 CRE2) SIGN WILCOXON
  /MISSING SCOPE=ANALYSIS USERMISSING=EXCLUDE
  /CRITERIA ALPHA=0.05   CILEVEL=95.
```

双向秩次方差分析:例题 5.6

```
NPTESTS
  /RELATED TEST(CRE1 CRE2 CRE3) FRIEDMAN(COMPARE=PAIRWISE)
  /MISSING SCOPE=ANALYSIS USERMISSING=EXCLUDE
  /CRITERIA ALPHA=0.05   CILEVEL=95.
```

单向 χ^2 检验:例题 5.7

```
NPAR TESTS
  /CHISQUARE=gender
  /EXPECTED=EQUAL
  /MISSING ANALYSIS.
```

相关样本 χ^2 检验——McNemar 检验:例题 5.9

```
NPTESTS
  /RELATED TEST(test1 test2) MCNEMAR(SUCCESS=FIRST)
  /MISSING SCOPE=ANALYSIS USERMISSING=EXCLUDE
  /CRITERIA ALPHA=0.05   CILEVEL=95.
```

Cochran Q 检验:例题 5.9

```
NPTESTS
   /RELATED TEST(test1 test2 test3) COCHRAN(SUCCESS=FIRST COMPARE=
PAIRWISE)
   /MISSING SCOPE=ANALYSIS USERMISSING=EXCLUDE
   /CRITERIA ALPHA=0.05   CILEVEL=95.
```

散点图

散点图：例题 6.1

```
GRAPH
   /SCATTERPLOT(BIVAR)=g WITH IQ
   /MISSING=LISTWISE.
```

散点图：例题 6.4

```
GRAPH
   /SCATTERPLOT(BIVAR)=X WITH Y BY gender
   /MISSING=LISTWISE.
```

散点图：例题 6.5

```
GRAPH
   /SCATTERPLOT(BIVAR)=X WITH Y BY ID (NAME)
   /MISSING=LISTWISE.
```

参考文献

1. 刁明碧.理论统计学[M].北京:中国科学技术出版社,1998.
2. 甘怡群,等.心理与行为科学统计[M].北京:北京大学出版社,2005.
3. 郭志刚.社会统计分析方法:SPSS软件应用(第二版)[M].北京:中国人民大学出版社,2015.
4. 何晓群.多元统计分析(第三版)[M].北京:中国人民大学出版社,2012.
5. 刘红云.高级心理统计[M].北京:中国人民大学出版社,2019.
6. 邵志芳.心理统计学(第三版)[M].北京:中国轻工业出版社,2017.
7. 王孝玲.教育统计学[M].上海:华东师范大学出版社,1993.
8. 王玲玲,周纪芗.常用统计方法[M].上海:华东师范大学出版社,1994.
9. 吴明隆.结构方程模型——AMOS的操作与应用[M].重庆:重庆大学出版社,2009.
10. 武松,潘发明,等.SPSS统计分析大全[M].北京:清华大学出版社,2014.
11. 谢龙汉,尚涛.SPSS统计分析与数据挖掘[M].北京:电子工业出版社,2012.
12. 袁震东,洪渊,林武忠,蒋鲁敏.数学建模[M].上海:华东师范大学出版社,1997.
13. 张厚粲,徐建平.现代心理与教育统计学(第4版)[M].北京:北京师范大学出版社,2009.
14. 张雷,雷雳,郭伯良.多层线性模型应用[M].北京:教育科学出版社,2003.
15. 周复恭,汪叔夜,黄运成.应用数理统计[M].北京:中央广播电视大学出版社,1987.
16. Robert I. Kabacoff. R语言实战[M].高涛,肖楠,陈钢,译.北京:人民邮电出版社,2013.
17. Howell, D. C. Fundamental Statistics for the Behavioral Sciences (nineth edition)[M]. Wadsworth: Cengage Learning, 2017.
18. Pituch, K. A., & Stevens, J. P. Applied multivariate statistics for the social sciences Analyses with SAS and IBM's SPSS (Sixth edition)[M]. London; New York: Routledge, Taylor & Francis Group, 2016.
19. Runyon, R. P., Coleman, K. A., & Pittenger, D. J. Fundamentals of behavioral statistics (ninth edition)[M]. New York: The McGraw Hill Companies, Inc, 2000.
20. Thorne, B. M., & Giesen, J. M. Statistics for the behavioral sciences (fourth edition)[M]. New York: McGraw-Hill Education, 2002.
21. Wilcox, R. Modern statisitics for the social and behavioral sciences (second edition)[M]. Boca Raton: CRC Press, Taylor & Francis Group, 2017.